U0149557

把氢气降温到 -253℃（约20K）左右可获得低温液态氢。从1898年詹姆斯·杜瓦（James Dewar）第一次在实验室里获得液氢至今，液氢技术发展已经有120多年的历史。俄罗斯科学家康斯坦丁·齐奥尔科夫斯基（Константин Эдуардович Циолковский）1903年就指出，液氢和液氧组成的燃料是火箭发射最高效的推进剂，具有最高的比推力。液氢火箭发动机技术已成功地被美、俄、中、法、日等航天大国所掌握。随着工业革命和氢能经济的发展，以美国为代表的发达国家，液氢的利用已经从航天领域扩展到民用工业、交通和能源领域。

大规模绿色制氢技术——电解水制氢技术的商业化，使得可再生能源产生的电力可以得到更加广泛的应用。在大力发展可再生能源利用和节能减排实现碳达峰、碳中和目标的未来过程中，绿色氢气（简称绿氢）的液化及其相关技术与装备在氢能产业链中将会发挥重要的作用。液氢具有最高的储氢密度和储运效率，同时保持了超纯氢的品质，使得氢气的大规模储运、高效储能和更广泛的应用成为可能。然而，中国的液氢应用数十年来一直局限于航空航天和科研试验领域，液氢民用技术发展还有很长的路要走。总结并借鉴发达国家的发展经验，为中国液氢技术的商业化发展提供参考，是编写本书的主要目的。

氢气与天然气的相同点在于不仅仅都是能源，同时还都是化工业和制造业的重要原料。可以预见，低温液化是氢气大规模应用下的技术趋势。而氢气所特有的物理化学性质，使它在液化、储运、转注与加注时具有区别于天然气的特点。液氢的温度已经远低于空气液化和凝固的温度，使得氢的液化、储运技术和安全生产、使用管理等全产业链环节，与传统的液氮、液氧和液化天然气有着较大的区别和更高的技术难度。氢的活性使得液氢环境下的材料不仅要耐受低温，还要耐受氢的还原性、渗透性等。液氢不仅仅是火箭发射的推进剂，更是重要的能源燃料和工业原料，在海上运输国际贸易和绿色交通运输终端中都扮演了重要的角色。为获得更高的储氢密度和更长的维持时间，减少液氢的汽化损失，在提高加注、转注效率的同时提高经济性，在液氢技术的基础上衍生出了深冷高压储氢技术和浆氢储运加注技术。这两项技术是产业链终端氢能利用领域的先进技术发展方向。

本书主要介绍与液氢相关的技术与装备，全面覆盖液氢产业链中的生产、储运、应用、安全管理等技术环节，通过技术方案分析、关键装备选型以及典型应用场景的阐述，完整展现了液氢产业链在全球的技术发展现状和未来发展趋势，本书内容有助于相关科研、工程技术人员全面了解液氢产业链上下游可能涉及的技术及装备特点。本书主要面向从事液氢技术研究和装备开发的科研、工程技术人员，从事液氢产业链战略分析、投资调研的技术分析人员，等等，也可作为高等院校低温工程和氢能、设备工程等专业本科生及研究生的参考书。

本书共分为9章：第1章为氢的主要特性与获得方法，第2章为氢液化技术与装备，第3章为液氢的绝热与真空技术，第4章为液氢环境用材料，第5章为液氢的储存与运输，第6章为液氢储氢型加氢技术与装备，第7章为交通运输终端氢能储供氢技术与装备，第8章为液氢安全技术与管理，第9章为浆氢技术与应用。最后附录给出了氢的基本热物理性质相关的图表。

本书的主要编著者、所在单位及其编写章节如下：上海交通大学胡鸣若、周正、王清，第1章、附录；中国科学院理化技术研究所胡忠军、龚领会，第2章及第4章；江苏国富氢能技术装备股份有限公司魏蔚，第3章、第4章、第9章、附录；中国特种设备检测研究院朱鸣，第5章；张家港氢云新能源研究院有限公司何春辉、王朝，第6章；东南大学严岩、李仕豪，第7章及第9章；张家港中集圣达因低温装备有限公司刘根仓，第8章。

上述主要编写者在氢能技术、低温技术与装备领域从事科研和工程实践多年，均具有高级职称或工学博士学位，主持或参与过国家级、省部级重大研发课题，并将科研技术成果成功应用到航天火箭推进剂发射和液氢装备商业化应用中。编写团队所在单位，是中国液氢技术研究与装备产业化的典型代表，全面覆盖液氢技术与装备行业涉及的教学、科研、产品设计制造和第三方检测等领域。

感谢王瑞铨先生、汪荣顺先生对作者魏蔚在液氢技术方面的启蒙，以及十多年毫无保留地悉心指导和提供各种资料。感谢广东卡沃罗氢科技有限公司、北京中科富海低温科技有限公司、上海正仲动力科技有限公司等企业在本书编写过程中所提供的帮助。你们的支持和信任是作者前进动力的源泉。

由于时间和水平所限，书中疏漏之处在所难免，敬请读者指正。

编著者
2023 年 1 月

目 录
CONTENTS

第1章
氢的主要特性与获得方法

1.1 氢的主要物理化学特性

1.1.1 氢和液氢概述

在通常条件下，氢气是无色、无味、无臭、易燃易爆的气体。氢气在空气中燃烧时火焰呈淡蓝色，因此在白天不易被发现。

氢是最轻的化学元素，在元素周期表中排第一位，原子量约为 1.008。氢气的分子量约为 2.016，在 273.15K 和 1atm❶ 下的摩尔体积为 22.43L/mol，此时 1L 氢气的质量为 0.0899g。氢气密度不到空气的 7%。

氢是气体中最轻的，它的分子运动比其他气体分子快。所以氢气具有最快的扩散速度，这也是它热导率大的原因。在常温和标准大气压（101325Pa）下，氢的热导率大约是空气的 7 倍，因此氢是非常好的气体冷却剂，可以用来冷却涡轮发电机、核反应堆等。

氢气不易溶于水，100mL 水中大约可以溶解 2~3mL 氢气。氢气没有毒性，欧盟和美国政府出版的关于氢气生物安全性的资料显示，常压下氢气对人体没有任何急性或慢性毒性。依据 GB 31633—2014《食品安全国家标准　食品添加剂　氢气》，氢气可作为食品添加剂。氢气在潜水领域的研究和应用已有 80 多年，在潜水过程中可以呼吸高压氢气来对抗水对身体的压迫。潜水医学研究证明，连续多日呼吸高压氢气对潜水员不会造成任何毒性损伤，它是一种安全的潜水使用气体。

液氢无色、透明、无味，密度只有水的 1/14。液氢的沸点为 20.3K，在真空条件下蒸发时可获得 14~15K 的低温，这一低温特性决定了除氦以外几乎所有的气体都会凝固在其中，凝固的气体颗粒物会堵塞狭窄空间或小孔（例如阀门）。当氧气在液氢中凝固时，有发生爆炸的潜在危险。

液氢是比推力最高的火箭推进剂燃料。发动机比推力越大，产生必需推力所消耗的燃料就越少，运载火箭的起飞质量也就越小。表 1-1 列出了几种液体火箭燃料所能提供的发动机比推力。在其他条件相同的情况下，发动机的比推力从 250kgf❷ • s/kg 提高到 300kgf • s/kg 时，运载火箭的起飞质量可以减少一半以上；而比推力提高到 400kgf • s/kg 时，起飞质量大约可减少五分之四。

---

❶ 1atm＝101325Pa。
❷ 1kgf＝9.80665N。

表1-1   几种液体火箭燃料的比推力

火箭燃料组分		比推力/(kgf·s/kg)
氧化剂	燃烧剂	
液氧	煤油	300
液氧	偏二甲肼	320
液氧	液氢	420
四氧化二氮	偏二甲肼	320
液氟	偏二甲肼	365
液氟	液氢	435

液氢作为高能效的火箭燃料在美国和苏联已经有近70年的使用历史。液氢具有比热容大、燃烧热值高等优点；缺点是比体积（曾称比容）大，储存、运输和使用困难。为了减少蒸发损失，最好将液氢维持在过冷状态下。由50%液氢和50%固氢组成的浆氢温度比液氢更低，被加热时先是固氢熔化，然后是液氢温度升高，最后才是逐渐汽化。因此浆氢的安全性比液氢更高，更便于储存和运输。工业化制取浆氢已经在美国和欧洲推广。

液氢广泛应用于各种科研试验研究领域，如宇宙飞行环境模拟舱、低温冷凝吸附真空泵、固体物理学、细胞低温保存、带电粒子轨迹测试、等离子体所需的高强磁场获得、超导元器件等。在化学工业、半导体与大规模集成电路、加氢站和燃料电池交通工具等领域，用液氢汽化可以获得极高纯度的氢气，比直接用常规氢气更能保证产品质量和系统寿命。近年来，液氢已经应用到超导储能和电力系统等领域。

1.1.2   氢的同位素

氢（hydrogen）的元素符号为H，其核外电子数量为1，是自然界中存在最多的元素。氢的同位素主要有三种，分别为氕、氘和氚，均具有一个质子（proton）和一个电子（electron），主要区别在于中子（neutron）数量不同。其原子结构如图1-1所示（参见文前彩插）。

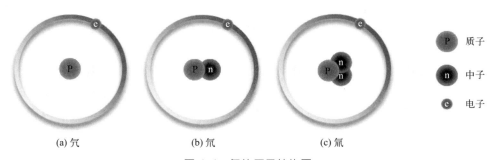

	质子
P	质子
n	中子
e	电子

(a) 氕   (b) 氘   (c) 氚

图 1-1   氢的原子结构图

其中，氕（protium）的元素符号为 ^{1}H，其原子核（nucleus）具有一个质子而没有中子。氕的原子质量约为1.0078Da（Dalton）❶。在地球上的氢元素中，氕的数量占据绝对优势，为氢元素总量的99.98%。

---

❶ Da为质量单位，$1Da = 1/N_A g$。N_A 为阿伏伽德罗常数（Avogadro constant），它的精确数值为 $6.02214076 \times 10^{23}$，一般计算时取 6.02×10^{23} 或 6.022×10^{23}。

　　氘（deuterium）又被称为重氢，其元素符号为 D 或 ^{2}H，其原子核具有一个质子和一个中子。氘原子质量约为 2.014Da，其数量占地球上氢元素总量的 0.016%。

　　氚（tritium）又被称为超重氢，其元素符号为 T 或 ^{3}H，其原子核具有一个质子和两个中子。氚原子质量约为 3.016Da。氚的数量很少，仅占地球上氢元素总量的 0.004%。此外，与氕和氘不同的是，氚具有放射性，其半衰期为 12.32 年。目前氚主要源于宇宙射线导致的大气层内核聚变、地壳中的核反应以及一些人为因素造成的核泄漏和核排放。

1.1.3　正氢和仲氢

　　正氢（ortho hydrogen）和仲氢（para hydrogen）是分子氢的两种自旋异构体，是由分子氢中两个氢原子的原子核自旋方向有两种可能而引起的。如图 1-2 所示，正氢的两个氢原子核的自旋方向相同，而仲氢的两个氢原子核的自旋方向相反。氢气由正氢和仲氢的平衡混合物组成。室温条件下，当处于热平衡态时，氢气中正氢和仲氢含量大约分别是 75% 和 25%，此状态下的氢称为标准氢。随着温度的降低，热平衡态下的氢气中仲氢含量会增加，当温度降低到约 20K 时，氢气中仲氢的含量接近 100%。虽然降低温度会使氢气迅速液化，但是正氢向仲氢的转化却无法迅速完成。在未使用催化剂干预的情况下，正氢、仲氢的转化反应通常发生在液化后 10～15 天内，完成于 25～30 天内。由于正氢的能级高于仲氢，所以该过程会释放出大量热量。正氢转化为仲氢的转化热见表 1-2。

表1-2　不同温度下正氢转化为仲氢的转化热

温度/K	10	20	20.39	30	90	150	300
转化热/（kJ/kg）	708.93	708.93	708.93	708.93	673.45	433.7	37.07

　　可以看出，在液氢温区，正氢转化为仲氢的转化热远大于液氢的汽化热（452kJ/kg），因此，没有完成转化的液氢会发生氢的汽化。现已发现，在无催化剂作用的情况下，由于正、仲氢的转化反应，10 天内会有多达 50% 的液氢发生汽化。因此，为避免液氢发生正、仲氢转换反应时导致液氢汽化，现常在液化过程中使用催化剂，以加快正氢转换为仲氢的速率，使存储的液氢接近 100% 仲氢状态。目前常采用 $Fe(OH)_3$、Al_2O_3 负载 CrO_2、水合氧化铁（hydrous ferric oxide，HFO）、SiO_2 负载 CrO_3 或 Ni 等催化剂。正氢与仲氢分子结构见图 1-2（参见文前彩插）。

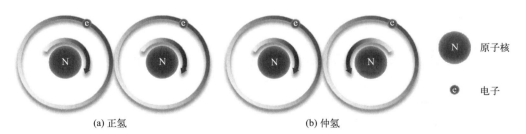

　　　　　　(a) 正氢　　　　　　　　　　(b) 仲氢　　　　　N 原子核　　e 电子

图 1-2　正氢与仲氢分子结构图

1.1.4　氢的热物理性质

　　氢具有无色、无味和无毒的基本特性，氢的基本热物理性质如附录所示。

由于氢的分子量很小（约为 2.02），所以其液态与气态密度均很小。标准状态下氢气密度为 0.0837kg/m³，与空气的密度之比为 0.0696，即在 1atm 下，当氢气与空气的体积相同时，前者的质量仅为后者的 7% 左右；当温度低于 -252.7℃时，氢气液化形成液态氢，液态氢的密度为 70.8kg/m³，是密度最小的液体燃料。此外，氢密度受到温度和压力变化的影响很大，降低温度或增加压力可以增加氢的密度（见附录中附图 1）。

氢的许多性质都是温度的函数。在不同温度下，氢气的热导率与绝对黏度见表 1-3 和表 1-4。

表1-3　氢气的热导率与温度的关系

温度/K	热导率/[10^{-3}W/(m·K)]	温度/K	热导率/[10^{-3}W/(m·K)]
73.15	51.46	323.15	202.11
123.15	84.91	373.15	228.83
223.15	146.36	423.15	254.38
273.15	174.23	473.15	290.39
293.15	185.85	573.15	296.20

表1-4　在 1atm 下气态氢的黏度

温度/K	黏度/(10^{-6}Pa·s)	温度/K	黏度/(10^{-6}Pa·s)	温度/K	黏度/(10^{-6}Pa·s)	温度/K	黏度/(10^{-6}Pa·s)
10	0.510	50	2.489	100	4.210	200	6.813
20	1.092	60	2.876	120	4.792	230	7.489
30	1.606	70	3.237	150	5.598	260	8.135
40	2.067	80	3.579	180	6.349	300	8.959

膨胀比是指某物质在储存时其气态（液态）的体积与该物质在常温和常压下的气态（液态）的体积之比。而对于常压下的液态氢而言，其与常温常压下气态氢的膨胀比为 1：848。对于气态氢而言，存储压力为 35MPa 时，其密度约为 21kg/m³，存储压力为 70MPa 时，其密度约为 42kg/m³，故两者的膨胀比分别约为 1：251 与 1：502。在常压下，氢的沸点约为 -252.88℃，此外，当其压力提高到 1.3MPa 时，氢的沸点约为 -240℃，此后，进一步增大压力，其沸点不会再改变。因此，氢液化需要极低温的冷源。如第 1.1.3 节所述，为避免液氢的汽化，制液氢过程中还需使用一定量的催化剂。具有一定膨胀比的高压气态储氢也是一种常用的储氢方式。

由于氢的分子量很小，因此，其扩散速度很快，且容易穿透其他物质。在 20℃时，氢气的扩散系数为 0.756cm²/s，远远大于水蒸气（0.242cm²/s）和甲烷（0.21cm²/s）。一方面，这一性质会导致氢气非常容易泄漏，产生安全隐患；而另一方面，在开放的空间中，氢气快速扩散的特性可以迅速降低其在某处的浓度，减小发生燃爆的概率。

在标准状态下，氢气的定压比热容与定容比热容分别为 14.29J/(g·K) 和 10.16J/(g·K)，远远大于空气的 1J/(g·K) 和 0.7J/(g·K)，也大于水的 4.18J/(g·K) 与 4.16J/(g·K)，因此氢气具有很好的冷却效果，其作为冷却剂在发电机上得到广泛的应用。低压时，比热容随着温度的升高而升高，高压时，最高比热容出现在室温附近（曲线图见附录中附图 2）。

氢最重要的化学性质体现在与氧气进行的燃烧反应和电化学反应之中。两者的总反应方程式相同，如式（1-1）所示。该反应的燃烧热以低热值（lower heating value，LHV）表示时为 $1.12 \times 10^8 \text{J/kg}$，以高热值（higher heating value，HHV）表示时为 $1.42 \times 10^8 \text{J/kg}$，前者的产物是气态水，后者是液态水。

$$2H_2 + O_2 \longrightarrow 2H_2O \tag{1-1}$$

表 1-5 将低热值（LHV）119643kJ/kg（$1.20 \times 10^8 \text{J/kg}$）作为氢的质量能量密度，对比了三种燃料的能量密度，可以看出，氢气的体积能量密度较低，但由于汽油和甲烷的密度比氢气大很多，因此，氢气的质量能量密度反而很高。例如，氢气的质量能量密度约为甲烷的 2.4 倍。

表1-5　各种燃料的能量密度对比

燃料	体积能量密度(LHV)/(kJ/m³)	密度/(kg/m³)	质量能量密度(LHV)/(kJ/kg)
氢	10050(1atm,15℃，气态)	0.084	119643
甲烷	32560(1atm,15℃，气态)	0.65	50092
汽油	32200000(1atm，15℃，液态)	700	46000

氢气的闪点为 $-253.15℃$。闪点是燃料挥发为气体并与空气混合后遇火焰燃烧的最低温度，闪点决定了燃料的最小点火能量，氢气的最小点火能量为 0.02mJ，只有汽油-空气混合物的 1/10。由此可见，氢气极易点燃。氢气在空气中的燃烧浓度范围为 4%～75%，爆炸浓度范围为 18.3%～59%；相较而言，氢的燃烧浓度范围比爆炸浓度范围更大。同时，氢气在氧气中的燃烧和爆炸浓度范围较之其在空气中的范围要更大。此外，如表 1-6 所示，在空气中氢的自燃温度为 585℃，较之其他碳氢燃料都要高。

表1-6　各种燃料的自燃温度对比

燃料	自燃温度/℃
氢	585
甲烷	540
丙烷	490
甲醇	385
汽油	230～480

1.1.5　氢进入金属及氢脆的影响

近几十年来，随着越来越多的科学技术得以发展，氢对金属材料机械退化的影响得到了越来越多的关注。在工业应用中，氢的来源是极为丰富的，例如水溶液中的腐蚀、进入潮湿输送管道的碳氢化合物、熔化和焊接过程中的污染物、电镀或阴极保护过程中的氢吸收，均加剧了机械退化问题。氢对于机械退化的影响主要表现在高强钢的断裂、铁素体不锈钢应力腐蚀开裂、核反应器中锆合金管材氢化物生成而造成的破坏等。与此同时，近年陆续推出的氢能发展规划也重点强调了氢气输运技术的重要性，因此氢对金属的影响需要重点关注。

氢在某些条件（如较高的温度和压力）下具有向金属中扩散的能力。氢被大多数金属（Fe、Co、Ni、Pt 和 Pd 等）吸收的量随着温度和压力的升高增大。当金属冷却和压力降低时，大部分被吸收的氢析出。氢在钯（Pd）中的吸附量最大，1 体积的钯可以吸附 850 体积的氢。在 1 个大气压下，当温度升高到 400℃左右时，纯氢开始向纯铁中扩散，当温度升高到 700℃时扩散现象十分明显，1 体积的铁中可以吸收 0.14 体积的氢。在 1450～1550℃温度范围内，氢的吸收量骤增，1 体积铁中氢的吸收量从 0.87 体积增至 2.05 体积，这与铁转变成聚集态有关（铁的熔点为 1593℃）。

金属对氢的吸附包括分子吸附与原子吸附两种方式，这与金属本身的性质有关。吸附氢后，许多金属和合金的品质大大降低，其硬度、耐热性、流动性、导电性、磁性等一般都会发生变化。氢对于金属最重要的影响是氢脆的产生。氢脆发生于氢进入金属以后，通常被认为是严重的力学退化，表现为抗断裂能力的降低，也是一种由机械场与氢相互作用引起的延性-脆性转变。

氢脆的第一步是氢进入金属。通常来讲，氢主要通过气固作用与液固作用进入金属。在气固作用下，氢进入金属分为三个步骤：物理吸附、化学吸附和吸收。物理吸附是金属表面和吸附剂之间的范德瓦尔斯力的结果，它是完全可逆的，通常是瞬间发生的，并伴随熔变。化学吸附通常是缓慢的，不可逆或者缓慢可逆的，它表现为表面原子和吸附剂分子之间发生化学反应。由于涉及近程化学力，化学吸附只限于单层。吸收作为氢进入金属的最后一步，意味着化学吸附的产物进入金属的晶格中，目前普遍认为氢以 H^- 的形式进入晶格中，而不是 H。

在液固作用下，氢进入金属的过程相对复杂。电解氢是一种常见的氢通过液固作用进入金属的方式。许多金属可以吸收氢，这种吸收为氢原子的化学或电化学解吸提供了另一种反应途径。通常只有阴极释放出的一小部分氢进入金属。氢的进入速率取决于许多变量：金属或合金的性质与成分、热历史、机械历史、表面条件、电解质成分、阴极电流密度、电极电位、温度、压力等。其反应过程如下：

$$H_3O^+ + M + e^- \xrightarrow[k_1]{缓慢} MH_{ads} + H_2O \tag{1-2}$$

$$MH_{ads} \underset{k_{-2}}{\overset{k_2}{\rightleftharpoons}} MH_{abs} \tag{1-3}$$

$$MH_{ads} + MH_{abs} \xrightarrow{k_3} H_2 + 2M \tag{1-4}$$

式中，MH_{ads} 为金属表面吸附的氢；MH_{abs} 为金属表面正下方吸附的氢；k_1、k_2、k_{-2} 和 k_3 分别为各步骤的反应速率常数。其中式(1-3) 与式(1-4) 是同时发生的，均发生于式(1-2) 之后。由此可以看出，渗透速率应与吸附的氢原子在金属表面的覆盖面积成正比，即式(1-2) 吸附的部分氢通过式(1-3) 进入金属，部分可以发生析氢反应 [式(1-4)]。

为定量分析氢脆对金属力学性能的影响，现引入三个力学性能参数：极限拉伸强度 σ_{UTS}、断裂应变 ε_f 和断裂面积缩小率 RA。对于这三个参数可以取三个对应的损伤系数 $\mathcal{D}$，如极限拉伸强度的损伤系数 $\mathcal{D}_{\sigma_{UTS}}$ 可以记为：

$$\mathcal{D}_{\sigma_{UTS}} = \frac{\sigma_{UTS_{(air)}} - \sigma_{UTS_{(hydrogen)}}}{\sigma_{UTS_{(air)}}} \tag{1-5}$$

式中，$\sigma_{UTS_{(air)}}$ 和 $\sigma_{UTS_{(hydrogen)}}$ 分别为空气和氢气环境下的极限拉伸强度。损伤系数越大，则氢造成的力学退化越明显。图 1-3 为不同的单晶和多晶超级合金的损伤系数条形图。从图 1-3 看出，氢对于图示的镍基超级合金至少有着一种明显的力学性能影响，如 CMSX-2 的延展性受影响较大，而 PWA 1480<100>的断裂应变受影响较大。

除上述的力学退化影响外，氢脆还会加剧金属的裂纹扩展。考虑氢对于裂纹扩展速率的影响，可以作应力强度因数 K_I[❶] 和裂纹扩展速率 $\dfrac{da}{dt}$ 关系如图 1-4（参见文前彩插）所示。

其中影响阈值记为 K_{TH}，临界应力强度因数记为 K_{IC}，裂纹扩展速率记为 $\dfrac{da}{dt}$，σ_{ys} 为屈服强度，C_H 为氢的浓度，T 为温度。①号曲线代表处于一定氢浓度的环境下，裂纹扩展速率随着应力强度因数改变而变化的情况。可将图 1-4 分为以下三个阶段。① 第一阶段，当应力强度因素低于影响阈值 K_{TH} 时，不发生裂纹的扩展，而当应力强度因数高于 K_{TH} 后，裂纹的扩展速率显著提高。K_{TH} 取决于断裂过程区中氢的平衡浓度和外加应力。② 第二阶段，裂纹扩展与应力强度 K_I 大小无关，当裂纹扩展速率增长到一定程度后，受限于氢气的传输速率，裂纹扩展速率达到稳定。③ 第三阶段，当应力强度因数进一步增加时，裂纹超出了氢的供应，应力局部集中，裂纹急剧扩展，导致材料失稳断裂，即表现为空气中的裂纹扩展行为。图中的②号曲线代表增加屈服强度与氢浓度对于裂纹扩展的影响，可以看出两者的增加会降低 K_{TH}，即裂纹更容易扩展，并在裂纹速度区达到更快的裂纹扩展速率。这是因为增加屈服强度会导致裂纹尖端处的局部氢含量增加，而氢浓度的增加也会增加整体的氢含量。图中③号曲线则代表增加温度对于裂纹扩展的影响，可以看到升温会导致 K_{TH} 的增加，即裂纹扩展会更难发生，这是由于升温会降低氢浓度。但是，由于氢气的输运速度也会随着温度的升高而加快，因此在裂纹速度区将会有更快的裂纹扩展速率。

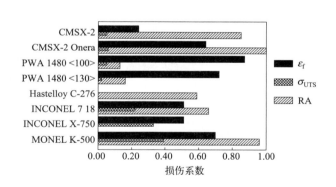

图 1-3　几种合金的损伤系数条形图

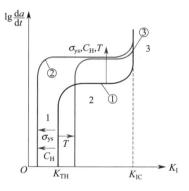

图 1-4　应力强度因数 (K_I) 和裂纹扩展速率 $\left(\dfrac{da}{dt}\right)$ 关系图

虽然氢脆对金属的影响基本相似，但根据氢脆产生的机制或者材料不同，氢脆可以分为有氢化物产生的氢脆与无氢化物产生的氢脆。无氢化物产生的氢脆意味着稳定的微观结构体系，即涉及体系中的金属-溶质氢效应。这种氢脆形成机制主要以氢致解离（hydrogen enhanced decohesion，HEDE）和氢致局部塑性变形（hydrogen enhanced localized plasticity，HELP）为代表。在 HEDE 模型中，氢在晶格内积累，从而降低了金属原子之间的内聚结合强度。在 HELP 模型中，固体溶液中的自由氢要么屏蔽位错与其他弹性障碍的相互作用，

---

❶　表征材料断裂的重要参量，是表征外力作用下弹性物体裂纹尖端附近应力场强度的一个参量。

从而使位错在较低应力下移动，要么降低叠错能量，减少交叉滑移的趋势，从而增强塑形破坏。而有氢化物产生的氢脆主要以ⅣB和ⅤB族金属为代表（如Ti、Zr、Hf、V、Nb、Ta等），这种氢脆形成机制以应力诱导氢化物形成为主，即氢化物首先在裂纹的应力场中成核。一般认为氢化物并不是由单个氢化物生长而增大的，而是通过一些小的氢化物聚集形成大的氢化物。

目前人们已经发现有几种化合物会促进氢从液态和气态环境进入金属中。为避免氢进入金属中，应尽量防止这几种化合物在氢的储运过程中出现，其分类如下。

① 下列元素的某些化合物：磷、砷和锑（属于ⅤA族），硫、硒和碲（属于ⅥA族）。

② 下列阴离子：CN^-（氰化物）、CNS^-（硫氰化物）和I^-（碘化物）。

③ 碳的下列化合物：CS_2（二硫化碳）、CO（一氧化碳）、CH_4N_2O（尿素）和CH_4N_2S（硫脲）。

采用含Cr、Mo、W、V等元素的合金钢有助于降低氢的扩散速率，可以消除氢脆带来的影响。

1.2　氢的大规模制取

根据氢的来源，现阶段制取的氢气可分为灰氢、蓝氢和绿氢。灰氢是指由化石燃料制取的氢气，此制取过程中伴随二氧化碳排放。蓝氢是指工业副产氢气或通过灰氢制取技术和碳捕集与封存（carbon capture and storage，CCS）技术结合制取的氢气，此制取过程不伴随大量的温室气体排放。而绿氢的范围相对更广，一是指可再生能源发电后电解水制取的氢气，二是指通过生物质制取的氢气。

1.2.1　化石能源制氢与工业副产氢

现阶段实际应用中，氢主要来源于化石能源制氢以及工业副产氢。

化石能源制氢主要包括煤气化制氢、重整制氢以及热解制氢。此外，在生产其他工业产品的过程中，氢气伴随其他目标产物一起产生，这部分氢气被称为工业副产氢，比如从氯碱生产中获得的反氯（氢气），在焦炉中通过煤生产焦炭时得到的氢气。

1.2.1.1　化石能源制氢

（1）煤的气化

煤的气化是最早的氢气生产方法，距今也有近两百年的历史，大约有18%的氢气是通过这种工艺生产的。煤粉被加热到900℃左右发生气化，然后与水蒸气和氧气混合。其反应如下：

$$2C+O_2+H_2O \longrightarrow H_2+CO_2+CO \qquad (1-6)$$

反应产物除了氢气，同时也有CO_2和CO。图1-5为一个典型的高温常压下煤制氢流程图。气化反应时，不仅需要向反应器提供煤，同时也需要提供一定量的水蒸气与氧气。气化反应结束后，为制取更多的氢气，需继续进一步加入水蒸气，使CO进行水煤气变换反应。最后，采用石灰进行气体的纯化，去除CO_2和H_2S等气体，得到纯度较高的H_2。此外，为获得更高纯度的氢气，可以进一步增加变压吸附（pressure swing adsorption，PSA）过程。变压吸附是化工领域常用的氢气纯化方法，其主要原理是通过吸附系统中压力的变化，使杂质气体吸附以及脱附，从而达到纯化气体的目的。

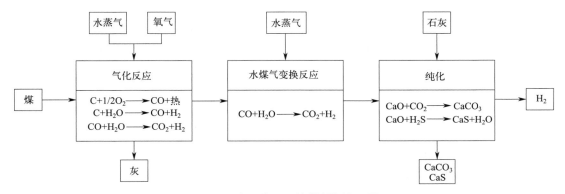

图 1-5　高温常压下的煤制氢流程图

（2）重整

最常用的制氢方法是水蒸气重整法。该工艺的基本原理是水蒸气在催化剂的作用下和碳氢化合物发生反应，生成氢气，例如，在 750～1000℃ 温度下，通过镍基催化剂可以生成氢和碳的氧化物。由于水蒸气重整是吸热反应，所以通常需要外部热源。水蒸气重整制氢使用的原料主要有天然气（甲烷）、甲醇、液化石油气、水蒸气、汽油、乙醇等。

① 天然气（甲烷）水蒸气重整。天然气水蒸气重整是一项成熟的技术，其制氢量目前占世界制氢总量的 48% 左右。图 1-6 为天然气重整制氢的流程图。该流程的第一步是对天然气进行脱硫纯化处理，采用克劳斯法从天然气中分离硫化氢气体，其反应如下：

$$2H_2S + O_2 \longrightarrow 2S + 2H_2O \tag{1-7}$$

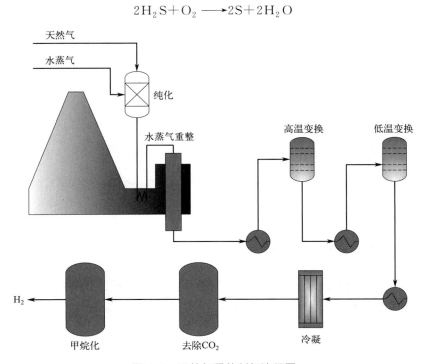

图 1-6　天然气重整制氢流程图

若在其中添加活化的钛或氧化铝催化剂则能提高硫的转化效率，并去除混合气体中的 SO_2，有关反应如下。

$$2H_2S+SO_2 \xrightarrow{\text{催化剂}} 3S+2H_2O \tag{1-8}$$

脱硫纯化结束以后，天然气进入重整反应器在催化剂（如 Co-Ni）的作用下进行甲烷与水蒸气的重整反应。反应的压力和温度分别为 $3\sim25\text{bar}$[●]、$700\sim1000℃$，其反应如式(1-9)所示。

$$CH_4+H_2O \longrightarrow CO+3H_2 \tag{1-9}$$

由于生成的气体含有一定量的 CO，故需要再通过式(1-10) 所示的水煤气变换放热反应将 CO 转化为 CO_2。水煤气变换反应分为高温变换与低温变换。前者的反应温度为 $300\sim500℃$，可以提高反应速率；后者反应温度在 $200℃$ 左右，可以增加反应的产率。因为水蒸气重整温度较高，所以高温转化位于重整反应之后。由于转化反应是放热反应，低温条件有利于提高产率，因此低温转化位于高温转化之后。

$$CO+H_2O \longrightarrow CO_2+H_2 \tag{1-10}$$

上述反应完成后，需要陆续除去混合气中的杂质，即混合气先后通过冷凝（去除水）以及碳捕集两次处理。碳捕集技术较多，此处以氨水基碳捕集技术为例，其具体过程如式(1-11)～式(1-17) 所示。式(1-11) 为第一步反应，即 CO_2 与 NH_3 反应，并被瞬时吸收。式(1-12) 为第二步反应，即 NH_4^+ 与 NH_2COO^- 反应生成碳酸铵。式(1-13)～式(1-17) 是溶液中发生的一些可逆电离反应以及离子反应。

$$CO_2+2NH_3+H_2O \longrightarrow (NH_4)_2CO_3 \tag{1-11}$$

$$NH_2COO^-+NH_4^++H_2O \longrightarrow (NH_4)_2CO_3 \tag{1-12}$$

$$NH_3+H_2O \Longleftrightarrow NH_4^++OH^- \tag{1-13}$$

$$NH_4HCO_3 \Longleftrightarrow NH_4^++HCO_3^- \tag{1-14}$$

$$(NH_4)_2CO_3 \Longleftrightarrow 2NH_4^++CO_3^{2-} \tag{1-15}$$

$$OH^-+HCO_3^- \Longleftrightarrow CO_3^{2-}+H_2O \tag{1-16}$$

$$CO_3^{2-}+CO_2+H_2O \Longleftrightarrow 2HCO_3^- \tag{1-17}$$

作为当前主要的制氢方法，天然气重整制氢技术虽然已经很成熟，但仍然在三个方面有很大的进步空间：a. 改善催化剂的产氢活性和抗烧结性能，同时最大限度地减少碳沉积和硫中毒；b. 提高反应器性能，避免高温环境和高应力对反应器造成的损害；c. 着重发展膜反应器。

② 甲醇水蒸气重整。甲醇主要是由天然气、石油或煤炭等化石燃料的合成气产生的，是一种很有前途的能源载体，它不存在氢所面临的储存和运输问题。甲醇水蒸气重整反应由于是一个吸热反应，因此常与高温燃料电池配合使用，以获取稳定的热源。

甲醇水蒸气重整反应分为两个阶段，即甲醇催化裂解重整与水煤气变换反应两个过程，两个过程分别如式(1-18) 和式(1-19) 所示。甲醇水蒸气重整制氢流程如图 1-7 所示，甲醇首先在重整器中发生重整反应，然后经过废热锅炉加热后进行两次水煤气变换反应，以除去其中的 CO，反应水由废热锅炉排出，以减少水煤气反应所需提供的热量。最后纯化后的氢气部分回到重整器，部分作为产物排出。

---

❶　$1\text{bar}=10^5\text{Pa}$。

甲醇水蒸气重整制氢的优势主要在于低温以及高效。甲醇水蒸气重整反应通常在相对较低的温度下进行，如 300℃。在天然气水蒸气重整过程中，制氢效率在 67%～70%，而甲醇水蒸气重整制氢效率在 80% 左右。

甲醇水蒸气重整制氢的最大缺点是会产生一定量的 CO，因此不适用于对 CO 敏感的质子交换膜电池。由于高温质子交换膜燃料电池的 CO 耐受量（20000μL/L）约为低温质子交换膜燃料电池的 2000 倍，因此甲醇水蒸气重整制取的氢气更适用于高温质子交换膜燃料电池。若将甲醇水蒸气重整制取的氢气用于低温质子交换膜燃料电池，则需要严格控制生成气中的 CO 含量。目前可用于去除生成气中 CO 的方法主要包括一氧化碳选择氧化法、一氧化碳甲烷化法、膜分离法以及变压吸附法（PSA）。一氧化碳选择氧化法主要是通过选择性催化剂的作用，用 O_2 将 CO 氧化为 CO_2。一氧化碳甲烷化法是通过生成气中的 CO 与 H_2 反应，生成甲烷。膜分离法按照膜的分类可以分为聚合物膜法、多孔碳膜法、Pd 膜法等。以 Pd 膜法为例，氢气在膜的一侧分解为氢原子，氢原子穿透膜以后，在膜的另一侧生成氢气。图 1-7 中系统去除 CO 的方法为变压吸附法。

$$CH_3OH(g) \longrightarrow 2H_2 + CO \qquad (1\text{-}18)$$

$$CO + H_2O \longrightarrow CO_2 + H_2 \qquad (1\text{-}19)$$

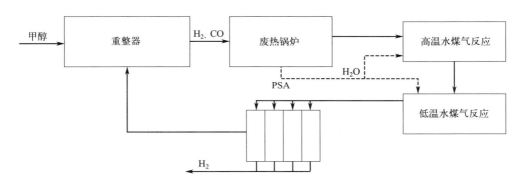

图 1-7　甲醇水蒸气重整制氢流程图

③ 液化石油气（LPG）水蒸气重整。液化石油气的水蒸气重整与天然气的水蒸气重整过程几乎相同，其流程如图 1-8 所示。首先，液化石油气被加热到 380℃ 左右后通过钴钼催化剂和氧化锌床进行纯化。其中的钴钼催化剂用于加氢脱硫反应，即将有机硫化物与氢发生反应，生成硫化氢。而氧化锌用于与硫化氢反应，达到除硫的目的。纯化后的气体再与水蒸气进行混合，进一步经过 480℃ 预热后，进入镍基催化反应器中发生水蒸气重整反应生成氢气，之后气体将从 800℃ 冷却到 350℃，在铁基催化反应器中进行水煤气变换反应，将 CO 和水蒸气转化为 H_2 和 CO_2。生成的气体进一步通过变压吸附装置提纯获得纯度为 99.9995% 的氢气。

④ 自热重整。自热重整（autothermal reforming，ATR）是部分氧化反应和水蒸气重整过程的结合状态，以甲醇的自热重整反应为例，反应如式（1-20）所示。一般而言，水蒸气重整反应是吸热的。部分氧化反应是放热的，所以氧化反应可以为水蒸气重整反应提供热量，因此自热重整反应一般不需要外部热源。自热重整反应式如下：

$$CH_3OH + \alpha(O_2 + 3.76N_2) + (1-2\alpha)H_2O \longrightarrow (3-2\alpha)H_2 + CO_2 + 3.76\alpha N_2 \quad (1\text{-}20)$$

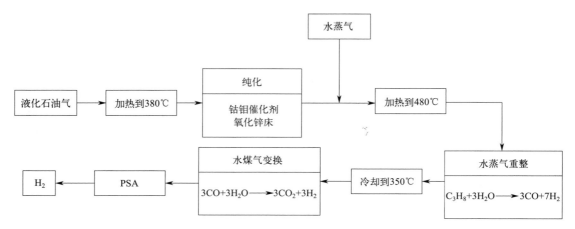

图 1-8 液化石油气重整制氢流程图

图 1-9 为甲醇自热重整制氢的流程图，其反应步骤如下。首先甲醇与水的混合物在 ATR 反应器里发生自热重整反应；重整反应结束，反应生成气先后经过两次水煤气变换以除去其中的 CO，并生成一定量的 H_2。为进一步降低混合气中 CO 的浓度，经过水煤气变换反应的混合气还需经过一个 CO 优先氧化反应（CO preferential oxidation，COPROX）的过程，反应如下：

$$CO + \frac{1}{2}O_2 \longrightarrow CO_2 \tag{1-21}$$

优先氧化意味着需要选择合适的催化剂，以避免 H_2 也被氧化。最后一步是纯化，这一步可以有三个选择：a. 变压吸附直接分离 H_2；b. 变压吸附分离 CO_2 和 N_2，然后将剩余的水蒸气冷凝以除去水，最终剩余 H_2；c. 膜直接分离 H_2。

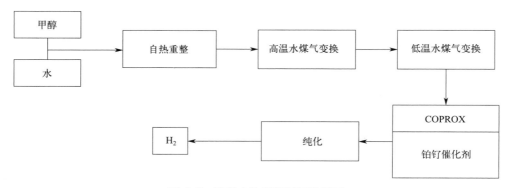

图 1-9 甲醇自热重整制氢流程图

（3）热解

热解是指碳氢化合物受热分解的反应。对于沸点不同的碳氢化合物而言，其具体反应过程也有所区别。对于沸点在 50℃ 至 200℃ 之间的轻质液态或气态烃而言，其热解是直接通过生成碳和氢来进行的。以甲烷为例，反应可发生在 980℃ 以及大气压环境下（1atm），反应如式（1-22）所示。

$$CH_4 \longrightarrow C + 2H_2 \tag{1-22}$$

而沸点高于 $350℃$ 的重质残余馏分（如原料油，可简单表示为 $CH_{1.6}$）的热解反应则分两步进行，即加氢气化和甲烷裂解，这两步反应和总反应分别如式（1-23）、式（1-24）和式（1-25）所示。其中加氢气化反应可发生在 $750℃$ 以及 $1\sim10GPa$ 环境下。

$$CH_{1.6}+1.2H_2 \longrightarrow CH_4 \tag{1-23}$$
$$CH_4 \longrightarrow C+2H_2 \tag{1-24}$$
$$CH_{1.6} \longrightarrow C+0.8H_2 \tag{1-25}$$

图 1-10 为甲烷热解制氢流程图，其中的甲烷热解反应需要的能量为 $37.6kJ/mol$，小于使用甲烷水蒸气重整消耗的能量（$63.3kJ/mol$）。此外，该反应的热源可以通过燃烧该过程中产生的部分氢气（$15\%\sim20\%$）来提供。与水蒸气重整反应不同，碳氢化合物是热解过程产氢的唯一来源，因此热解反应是在无空气、无水的环境中进行的。此外，由于没有 CO 产生，因此热解不包括水气转换和 CO_2 去除步骤，这有助于降低因碳捕集所产生的成本，反应生成的碳可以直接储存在水下或地下以备将来使用。热解制氢厂的投资低于水蒸气重整或部分氧化制氢，从而使制氢成本降低 $25\%\sim30\%$。但热解制氢也有明显的缺点，即氢气的分离因其分压较低而相对困难以及分离膜的耐高温性能不足易老化。

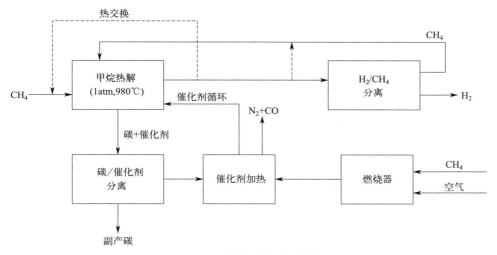

图 1-10　甲烷热解制氢流程图

1.2.1.2　工业副产氢

（1）氯碱工业的副产氢

如图 1-11 所示，在氯碱工业中为生产氯气和氢氧化钠，通常将直流电通入盛有 NaCl 水溶液的电解槽中，在其阴极和阳极分别产生氢气、氯气。由于阴极不断消耗 H^+ 生成氢气，因此阴极的 OH^- 浓度相对增加。反应式如下：

$$2NaCl+2H_2O \longrightarrow 2NaOH+Cl_2+H_2 \tag{1-26}$$

由于该反应是吸热反应，因此在反应时需要加热。由于氯碱工业对于电能和热能均有需要，所以其能源来源有三种形式：电厂的电能、天然气锅炉的热能以及热电联供系统的电能和热能。反应产物中氢气、氯气和氢氧化钠的质量比为 $0.0282:1:1.13$，由于氢气的产量相对较少，因此通常将此反应生成的氢归为副产品。如表 1-7 所示，该副产氢中含有大量杂质，一般需要进一步提纯才能作为商品出售。

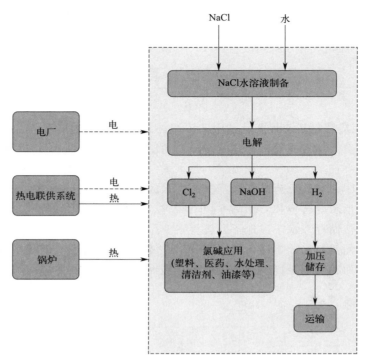

图 1-11　氯碱工业的生产过程及生成物的利用

表1-7　氯碱工业副产氢主要成分

副产氢主要成分	比例（体积分数）/%	副产氢主要成分	比例（体积分数）/%
H_2	97.48	CO_2	0.02
O_2	1.02	CO	0.01
N_2	0.50	C_nH_m	0.01
Cl_2	0.02	H_2O	0.09

（2）焦炉气制氢

为得到炼钢所需的还原剂焦炭，通常在 1000℃ 的温度下，对焦煤隔绝空气通过热分解和结焦来产生焦炭，并获得焦炉气（coke oven gas，COG）和其他炼焦化学产品。因此，焦炉气是一种副产气，其主要成分为 H_2（约59%）、CH_4（约26%）、CO（约6%）和 CO_2（约3%）。目前常对焦炉气进行直接提纯处理得到氢气，或者附加甲烷重整反应，从而得到更多的氢气。

直接提纯焦炉气得到氢气的方法主要包括变压吸附法和膜分离法。前者消耗大量能量，分离的氢气纯度高，是目前应用最广的氢气分离方法，但氢气收率低，会造成氢气的大量浪费。而后者操作简单，但对低纯度的氢气净化效果不好，尚未得到大规模工程应用。为利用焦炉气中的甲烷制取更多的氢气，现常采用甲烷水蒸气重整或甲烷干式重整（methane dry reforming，MDR）处理焦炉气。前文已对甲烷水蒸气重整进行了介绍，此处不再展开。相比于水蒸气重整，甲烷干式重整产生更少的 CO_2，因此具有很大的潜力。该方法的主反应如式(1-27) 所示，副反应如式(1-28) 所示。反应流程如图 1-12 所示。

$$CH_4 + CO_2 \Longrightarrow 2H_2 + 2CO \tag{1-27}$$

$$CO_2 + H_2 \Longrightarrow H_2O + CO \tag{1-28}$$

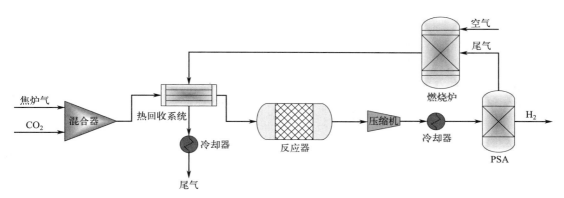

图 1-12　焦炉气制氢流程图

首先，将 CO_2 与焦炉气混合，保持 CO_2 与 CH_4 的体积比为 1∶1。与此同时，在燃烧炉中燃烧 20% 的尾气以及空气，从而加热由焦炉气与 CO_2 组成的混合气，使反应温度保持在 873K 到 1073K 之间。混合气在反应器中发生式(1-27) 和式(1-28) 的反应，然后通过变压吸附法提纯，得到纯度为 99.99% 的氢气。产生的尾气再进入燃烧炉燃烧产热，这部分气体从热回收系统排出以后经过冷却直接排放或者再经过碳捕集制成二氧化碳产品。而制成的二氧化碳产品也可再进入混合气。若对上述反应流程中的碳轨迹进行分析，可以发现，干式重整反应并没有生成 CO_2，而是消耗 CO_2 形成 CO。生成的 CO 虽然与空气燃烧后形成了 CO_2，但此处的 CO_2 可以作为干式重整的原料再次回到反应，形成碳循环。此外，因为反应产生的 CO 可以燃烧供热，所以减少了该反应对于外部热源的依赖。目前此方法最大的缺点在于催化剂因易积炭而失活。

（3）丙烷脱氢

丙烷（C_3H_8）是一种重要的化工原料，同时也可以用作家庭和工业的燃料。通过丙烷脱氢反应［式(1-29)］可以制造丙烯（C_3H_6），丙烯是塑料、橡胶和纤维"三大合成材料"的基本原料。

$$C_3H_8 \Longrightarrow C_3H_6 + H_2 \tag{1-29}$$

从式(1-29) 可以看出，在生产丙烯时也伴随着副产氢气的产生。目前丙烷脱氢的技术主要有五种：Oleflex 工艺、Catofin 工艺、流化床（fluidized bed dehydrogenation，FBD）工艺、水蒸气活化重整（steam active reforming，STAR）工艺、Linde 工艺。其中 Oleflex 工艺是最为主流的丙烷脱氢技术，其流程如图 1-13 所示。首先，丙烷原料将依次通过预处理去除其中的氮化物和有机金属化合物等杂质，然后进入反应器中进行式(1-29) 的反应。由于该反应为吸热反应，因此，需要通过加热炉加热到 $550 \sim 650^\circ C$。反应结束后，生成物先经过分离系统分离氢气，然后在选择性加氢脱氧系统中将一些不需要的烃类物质（如二烯烃、炔烃等）进行氢饱和，再对其进行脱除，以确保获得的烯烃为丙烯，同时避免二烯烃、炔烃等物质的存在造成催化剂失活。最后，混合物将经过脱丙烷塔和丙烷丙烯分离塔，从而得到纯净的丙烯，其余丙烷再循环利用。图 1-13 中的净氢气流可以进一步通过变压吸附纯化处理得到高纯度的氢气。

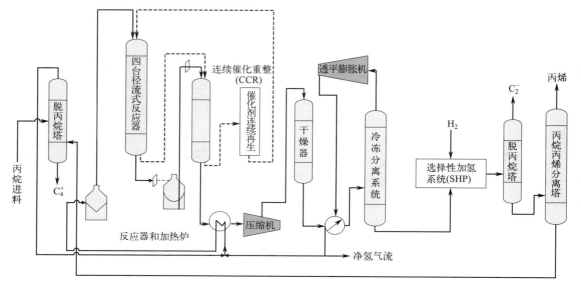

图 1-13　Oleflex 丙烷脱氢工艺流程图

1.2.2　可再生能源电解水制氢

可再生能源主要包括风能、太阳能、水能、生物质能、地热能等非化石能源。如图 1-14 所示，我国可再生能源发电量及占比逐年稳步上升。其中，2019 年可再生能源发电装机容量达 4.1 亿千瓦，全年发电 6302 亿千瓦时。2020 年，全国电源新增装机容量为 1.9 亿千瓦，其中水电 1323 万千瓦、风电 7167 万千瓦、太阳能发电 4820 万千瓦，风电和光伏新增装机容量占总新增装机容量的 63%；全年发电 7270 亿千瓦时，占我国全年发电总量的 9.5%。如图 1-15 所示，据国际能源署估计，在 2018—2040 年期间，全球风电和光伏装机年均增速分别为 5.6% 和 8.8%，两者将成为增速最快的发电方式。预计光伏发电在 2035 年前后的装机量将为 24.76 亿千瓦，占全球发电装机量的 21%，成为全球装机规模最大的发电类型；预计在 2040 年，海上与陆上风电总和将高达 60.44 亿千瓦。

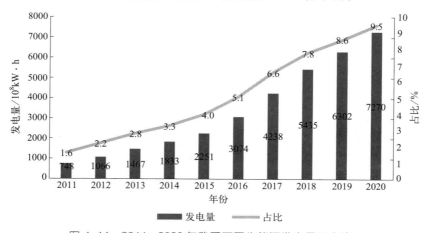

图 1-14　2011—2020 年我国可再生能源发电量及占比

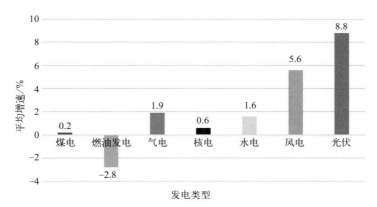

图 1-15　2018—2040 年全球各类型发电装机平均增速预估结果

电解水制氢的产物为氢气和氧气，且无碳排放，因此绿色环保。将可再生能源发电与电解水制氢相结合是全球碳中和的重要技术手段，该过程产生的氢气通常被称为"绿氢"，可以实现储能、燃料生产的减排目的，因此具有十分重要的意义。

1.2.2.1　电解水制氢技术对比

目前电解水方法主要有四种：碱性水电解技术（alkaline electrolysis，ALK）、质子交换膜水电解技术（proton exchange membrane electrolysis，PEM）、固体氧化物水电解技术（solid oxide electrolysis，SOE）、阴离子交换膜水电解技术（anion exchange membrane，AEM）。四种电解技术的比较如表 1-8 所示。

表1-8　四种电解技术对比

项目	碱性水电解技术	质子交换膜水电解技术	固体氧化物水电解技术	阴离子交换膜水电解技术
电解质	$KOH(32\%)$, $NaOH(15\%)$	纯水	纯水	纯水/低浓度碱液
隔膜材料	石棉隔膜	固体聚合物(全氟磺酸)	Y_2O_3-ZrO_2, Sc_2O_3-ZrO_2, MgO-ZrO_2, CaO-ZrO_2	苯乙烯类聚合物（DVB）
传输离子	OH^-	H^+	O^{2-}	—
温度/℃	60~85	50~80	600~1000	60~85
压力/MPa	< 3	3~4	1~5	1~3
电流密度/（A/cm²）	0.3~1.0	1.0~3.5	≤2	1.0~2.0
直流能耗（标准状态，以 H_2 体积计）/（kW·h/m³）	4.2~5.0	3.8~4.7	3.2~3.7	4.2~4.8
电压效率[①]/%	62~82	67~82	< 100	—
成本/(元/kW)	2000~3500	7000~10000	> 10000	不详

项目	碱性水电解技术	质子交换膜 水电解技术	固体氧化物 水电解技术	阴离子交换膜 水电解技术
总效率/%	60～75	70～90	85～99	70～85
寿命/h	＞95000	50000～75000	尚待研究	尚待研究
氢气纯度/%	99.80	99.99	99.99	99.99
优点	技术成熟， 高耐久性， 低成本	材料安全环保，可制 高压氢，可高电压操作	低电能损耗， 水质要求低	兼具 ALK 和 PEM 的优点
缺点	电解质有腐蚀性； 氢气压力低； 氢气需纯化	电解质与催化剂 昂贵；水质要求高	所需温度高； 寿命有限	寿命短；功率小

① 热中性电压（U_{tn}）与实际电解电压（U）之比，热中性电压介绍见第 1.2.2.2 节。

　　碱性电解技术在价格与老化速率上有一定优势，所以它也是最早大规模投入使用的电解技术。而质子交换膜电解技术在操作压力和电流密度上有明显的优势，如高压的操作条件可以减少储存加压过程的能量损失，再如高电流密度有利于提高产氢速率，但受限于成本，发展较晚于碱性电解技术，目前是最被看好的电解方式。在效率上，固体氧化物电解有明显的优势，这归功于其高温的操作条件，但由于其寿命短、快速老化的特性，目前仅停留在实验室阶段，尚未得到大规模的使用。在具体介绍这三种电解技术之前，先简单介绍下电解电压。

1.2.2.2　电解电压

　　限制电解制氢技术发展的主要因素之一是电力成本，因此减少电解所需电能消耗非常重要。电解反应的能量由过程焓变（ΔH）决定，即吉布斯自由能（ΔG）与热能（Q）的和。因此反应所需的电能由 ΔH 与 Q 的差决定。

$$\Delta G = \Delta H - Q = \Delta H - T\Delta S \tag{1-30}$$

　　式中各项参数与温度的关系如图 1-16(a) 所示，随着温度的提高，反应所需的总焓变 ΔH 变化不明显，但热能 $T\Delta S$ 项有明显的上升，这导致反应所需电能 ΔG 减小。所以当反应的能量全部由电能提供，即热能 Q 也由电能转化得到时，随着温度的升高，由反应总能量计算得到的电解电压［式(1-31) 的热中性电压 U_{tn}］不会有明显的提高，如图 1-16(b) 所示。若能用外界热源提供热能（核能与地热能有很大的潜力），则所提供的能量可以全部用于电解，故此时所需电解电压［式(1-32) 的可逆电解电压 U_{rev}］会明显下降。在 0～1000℃的温度范围内，可逆电解电压的范围为 1.25～0.91V。

$$U_{tn} = \frac{\Delta H}{zF} \tag{1-31}$$

$$U_{rev} = \frac{\Delta G}{zF} \tag{1-32}$$

　　式中，z 为 1mol 氢分子所含电子的物质的量（$z=2$mol）；F 为法拉第常数，表示 1mol 电子的电荷数（96485C/mol）。

　　上述公式从热力学上确定了电解电压值，但实际电解过程中由于各种内阻的影响，电解

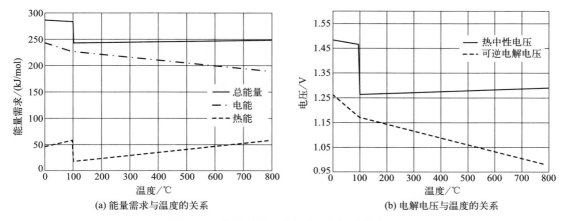

(a) 能量需求与温度的关系　　　　　　　(b) 电解电压与温度的关系

图 1-16　能量需求、电解电压与温度的关系

电压会大于可逆电解电压。

$$U = U_{\mathrm{rev}} + U_{\mathrm{act}} + U_{\mathrm{con}} + U_{\mathrm{ohm}} \tag{1-33}$$

式中，U 为实际电解电压；U_{act} 为活化过电位，与催化剂密切相关；U_{con} 为浓差过电位，与电极附近的反应物浓度密切相关；U_{ohm} 为欧姆过电位，与离子和电子移动路径中的内阻密切相关。由于高温环境能降低活化过电位与浓差过电位，因此高温电解槽在近年来获得了很多关注，主要集中在高温质子交换膜电解槽和固体氧化物电解槽的研究上。

1.2.2.3　碱性水电解技术

碱性水电解系统如图 1-17 所示。

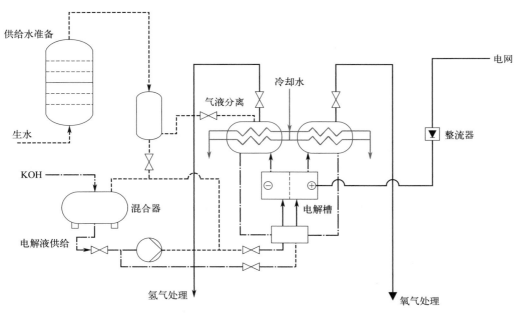

图 1-17　碱性水电解系统

如图 1-17 所示，首先 KOH 溶液将在混合器中与供给水混合形成碱液，然后进入电解

槽。在碱性水电解槽中，气密隔膜将电极分隔开并处于碱液提供的碱性环境中，隔膜可供氢氧根传导。碱性溶液在两个电极进行循环，以提供反应物水。在碱液循环的同时，从电网传输的电能将通过整流器，然后传输至电极并用于电解水。其反应原理如下：在阳极侧，氢氧根失去电子形成氧气，如式(1-34)所示；在阴极侧，外电路的电子到达阴极与水结合生成氢气，如式(1-35)所示；两侧生成的气体将在气体分离器中与碱性溶液分隔开然后输出储存；分离后的碱液将回到混合器，作为循环液体利用。为避免循环过程中碱液浓度的变化，需对供给水与KOH溶液进行控制。

$$4OH^- - 4e^- \longrightarrow O_2 + 2H_2O \tag{1-34}$$

$$2H_2O + 2e^- \longrightarrow H_2 + 2OH^- \tag{1-35}$$

1.2.2.4　质子交换膜水电解技术

质子交换膜水电解，在早期的研究中也被称为固体聚合物电解（solid polymer electrolysis，SPE），由通用电气于20世纪60年代推出。质子交换膜水电解系统的基本布局如图1-18所示。

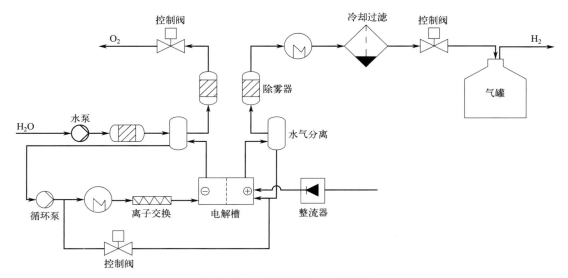

图 1-18　质子交换膜水电解系统

通常该电解槽的隔膜选用长侧链的 Nafion® 膜，近年来也有选用复合短侧链的 Aquivion® 膜，后者在热稳定性和气体绝缘性方面有一定优势。质子交换膜将两个半电池隔开，电极通常直接安装在膜电极组件上。在两侧的催化层上需分别使用不同的催化剂以促进反应进行，阳极侧一般选用氧化铱（也可混杂一定的 Ta_2O_5 和 SnO_2 以提高阳极稳定性和催化活性），阴极侧一般选用铂。待阴阳两极通上电流并提供相应反应物水以后，反应即可发生。在阳极，根据式(1-36)，水被氧化产生氧气。电子通过外电路到达阴极，质子穿过膜到阴极发生还原反应，如式(1-37)所示。

$$H_2O \longrightarrow \frac{1}{2}O_2 + 2H^+ + 2e^- \tag{1-36}$$

$$2H^+ + 2e^- \longrightarrow H_2 \tag{1-37}$$

质子交换膜具有较低的气体交叉渗透性，可使干燥后的氢气纯度（通常大于

99.99％）高于碱性水电解产生的氢气。与碱性水电解相比，质子交换膜水电解采用固体电解质和高电流密度操作，所以模块设计紧凑。紧凑的结构同时给予了相关薄板形状的膜组件一定支撑，因此为质子交换膜水电解的高压操作提供了支持。虽然高压制氢可以减少氢气加压的能源损失，但由此带来的高压常常会导致氢气的穿透。所以，为及时移除产物，也可在阴极侧增加水循环以及气液分离装置。固体电解质的结构特性还允许氢侧和氧侧之间存在高压差。

与碱性水电解技术相比，质子交换膜水电解技术的实际产率几乎涵盖了全标称范围，能在更高的电流密度下工作，甚至可以达到 $3A/cm^2$ 以上。质子交换膜水电解技术的效率大约在 60％～68％，电解温度通常限制在 80℃ 以下。但随着制膜工艺的提升，这一温度限制也在近年得到突破。此外，由于质子交换膜极低的气体渗透性降低了形成易燃混合物的风险，因此质子交换膜水电解技术可以在非常低的电流密度下操作。由于质子交换膜的质子传递对于功率变化的响应很快，能够在 0～150％ 可变功率下工作，这与碱性水电解技术形成了较明显的对比。因此，质子交换膜水电解与可再生能源发电技术有很好的结合性。

目前对于质子交换膜水电解制氢的主要研究方向有三个。一是尽量提高其工作温度，以降低相应的可逆电压（U_{rev}）和活化过电压（U_{act}）。为解决高温下质子交换膜脱水造成欧姆过电位增加而引起的电压升高，目前高温操作通常与高压操作结合，以控制水的蒸发。二是减少催化剂的使用（主要指阳极催化剂氧化铱的使用），从而降低成本。三是延长电解槽的寿命，目前气体穿透、流体分布不均、质子交换膜老化是影响电解槽寿命的几个关键因素。

与碱性水电解制氢相比，质子交换膜水电解制氢工作电流密度更高（$>1A/cm^2$），总体效率更高（74％～87％），氢气纯度更高（＞99.99％），产气压力更高（3～4MPa），动态响应速度更快，能适应可再生能源发电的波动性，被认为是极具发展前景的水电解制氢技术。目前 PEM 制氢技术已在加氢站现场制氢、风电等可再生能源电解水制氢、储能等领域得到示范应用并逐步推广。然而，设备投资高仍然是 PEM 制氢亟待解决的主要问题，这与目前析氧、析氢电催化剂只能选用贵金属材料密切相关。降低催化剂与电解槽的材料成本，特别是阴、阳极电催化剂的贵金属载量，提高电解槽的效率和寿命，是 PEM 制氢技术产业化发展的重点。

1.2.2.5　固体氧化物水电解技术

20 世纪 70 年代，固体氧化物水电解技术在美国诞生。因为固体氧化物水电解槽的高温操作环境（700～900℃）在降低电能消耗上有明显的优势，所以近年来固体氧化物水电解槽被视为极具潜力的电解技术。该技术系统如图 1-19 所示。

固体氧化物水电解技术系统对于热能的利用以及回收非常重视。首先是进入阴阳两极的气体均需要高温热源加热；其次是反应后排出的气体将进入换热器，与低温热源一起加热混合气（水蒸气与氢气，水蒸气作为反应物，氢气循环用于维持还原环境）。经过低温热源加热后，该混合气将再次进入高温热源加热器，方可进入电解槽阴极侧进行反应，即水经过还原反应生成氢气，如式（1-38）所示。氧离子穿过电解质后到达阳极被氧化生成氧气，如式（1-39）所示。空气作为清扫气流去除阳极侧的氧气，以促进反应的进行。

$$H_2O + 2e^- \longrightarrow H_2 + O^{2-} \tag{1-38}$$

$$2O^{2-} - 4e^- \longrightarrow O_2 \tag{1-39}$$

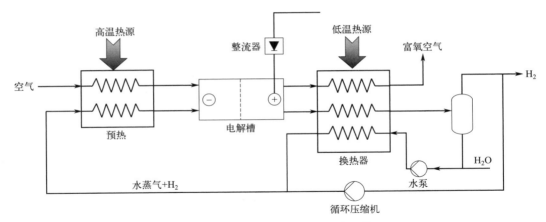

图 1-19　固体氧化物水电解技术系统

虽然在效率与能耗上固体氧化物有着先天的优势，但固体氧化物水电解技术对材料稳定性的要求也十分苛刻，在现有技术下其寿命还无法达到商业应用的级别。目前固体氧化物的电解质一般选用氧化锆（ZrO_2）与氧化钇（Y_2O_3）的混合物，也称为钇稳定氧化锆（YSZ）。它是一种陶瓷膜，用于氧化物离子的传输。为尽量降低电解的欧姆损耗，该膜需尽量薄。利用现有的供热技术以降低电解所需电能，以及减缓电解槽部件的快速老化将是固体氧化物水电解技术下一步的研究重点。

固体氧化物水电解制氢技术采用固体氧化物作为电解质材料，工作温度高达 600～1000℃，因此制氢过程电化学性能显著提升，效率更高。SOE 电极采用非贵金属催化剂，阴极材料选用多孔金属陶瓷 Ni/YSZ，阳极材料选用钙钛矿氧化物，电解质采用 YSZ 氧离子导体，全陶瓷材料结构避免了材料腐蚀问题。高温高湿的工作环境对电解槽材料的稳定性、持久性、耐衰减性等性能提出了更高要求，电解槽材料的选择范围受到限制，也制约了 SOE 制氢技术应用场景的选择与大规模推广。目前 SOE 制氢技术仍处于实验阶段，研究聚焦在电解池电极、电解质、连接体等关键材料与部件以及电堆结构设计与集成。

1.2.2.6　阴离子交换膜电解技术

固体聚合物阴离子交换膜水电解技术结构主要由阴离子交换膜和两个过渡金属催化电极组成，一般采用纯水或低浓度碱性溶液作为电解质，并使用廉价非贵金属催化剂和碳氢膜。因此，AEM 工艺具有成本低、启停快、耗能少的优点，集合了与可再生能源耦合时的易操作性，同时又达到与 PEM 相当的电流和效率。虽然 AEM 可以同时兼具 PEM 和 ALK 的技术优势，但由于处于发展初级阶段，目前 AEM 的产品寿命、产氢规模等方面还存在很多问题。首先，AEM 在工作过程中，阴离子交换膜表面会形成局部强碱性环境，阴离子交换膜在 OH^- 的作用下发生降解造成的穿孔会引发电堆短路，影响使用寿命。其次，AEM 电解槽单槽产品产量（标准状态下）还停留在 0.5～$5m^3/h$ 之间，是制约其大规模商品化的难点。

1.2.2.7　可再生能源与电解水制氢系统耦合

可再生能源具有周期性与不确定性，能源需求和生产之间不匹配以及电力储存存在有限性，从而使可再生能源常常难以在电网中直接使用。目前较为成熟的储能设备多为中短期储能。对于周期跨度大的新能源电力系统而言，类似氢气的稳定、长时储能介质是必不可少的。基于此，电解水制氢与可再生能源相结合对于电网的稳定性尤其有利。

（1）光伏电池-水电解槽耦合

光伏电池是将太阳能转化为电能的半导体电子元件，它的电流和功率输出特性由光照强度和工作温度决定。光伏电池与电解槽耦合的系统，通过光伏电池将太阳能转换为电能，并将其输入电解槽电解水制得氢气。水电解系统的效率约为 70%，而基于商业硅基光伏电池组成的光伏电池-水电解槽效率仅为 8%～14% 左右。如果能够开发出效率更高的光伏电池和水电解槽，该系统的效率可能会上升到 25%～30%，因此光伏电池-水电解槽耦合具有很大的发展潜力。

（2）风力发电机-水电解槽耦合

由于光伏电池只能在白天进行发电，所以不受光照限制的风力发电是可再生能源的另一个重要来源。风力发电机与水电解槽耦合的系统通过风力发电机将风能转换为电能，并将其输入水电解槽电解水制得氢气。基于此，控制系统可通过调节风电入网比例和制氢比例，最大限度地利用风能。

除通过并网的风力发电进行电解水制氢外，还可以通过离网的风力发电进行制氢，即将离网的风力发电机与电解水制氢系统直接结合。风力发电不并网，消除了其对电网的影响，省去了并网辅助设备，可以实现风力发电的低成本利用。

与陆地的风能资源相比，海上的风能资源更加丰富，因此海上风力发电具有发电小时数高、发电机速度和一致性更高、安装空间（规模效应）更大等优点。目前，海上风力发电主要采取离网发电方式，当其规模效应增加后，电力消纳问题也随之而来。因此，将海上风力发电与电解水制氢相结合，可以解决多余电能的储存问题。此外，现有的石油和天然气输运的相关基础设施可以用作海上的氢气传输通道，与并网所需的电缆成本相比，通往海岸的管道投资大为降低。

1.2.2.8　可再生能源电解水制氢及储运系统

表 1-9 为五种储氢方法的对比。金属氢化物储氢的主要缺点在于储氢容量小、可逆性低、包装和热管理方面受到限制。液态有机物储氢的主要缺点在于储氢密度低、脱氢过程能耗大、脱氢后的氢气需要净化等。液氨虽然具有较高的体积密度，且相比于液氢更容易储存（0.8MPa，20℃），但使用过程中有 NO_x 排放污染。压缩氢气与液氢可以提高氢的纯度，对于需要高纯度氢的应用场景十分重要，但高压储氢对其容器材料以及容器制造工艺要求较高。由于压缩氢气的压力很高（如车载氢瓶的压力为 35MPa 或 70MPa），氢气对容器壁的渗透率很高，这将加速氢脆效应，因此这也使压缩储氢具有一定的危险性。此外，液氢由于其较高的体积能量密度而逐渐受到重视（其物理特性见附表 1），不仅用于航空领域，也可作为重卡、大中型船舶、飞机等的燃料以及远距离运输的储能介质。

固态储氢是以金属氢化物、化学氢化物或纳米材料等作为储氢载体，通过化学吸附和物理吸附的方式实现储氢。其具有储氢密度高、储氢压力低、安全性好、放氢纯度高等优势；缺点是成本高，放氢需要在较高温度下进行。同时，固态储氢最大的特点是可常温储存、储氢压力低，与压缩氢气相比可以省去增压用的压缩机，也不必像液氢需要采用复杂的液化和储运系统。与可再生能源水电解制氢系统耦合，具有系统简单、可长期储存的特点，是储能尤其是分布式储能的重要发展方向。

表1-9 五种储氢方法的对比

项目	压缩氢气	金属氢化物 (MgH_2-10% Ni)	液态有机物 (C_7H_8/C_7H_{14})	液氢	液氨
密度/(kg/m³)	39 (69MPa,25℃)	1450	769 (1atm,− 20℃)	70.9 (1atm,− 253℃)	682 (1atm,− 33.3℃)
沸点/℃	− 253	—	101	− 253	− 33.33
氢含量 （质量分数）/%	100	7.1	6.16	100	17.8
体积储氢 密度/(kg/m³)	42.2	—	47.1	70.9	120.3
氢气释放温度/℃	—	250	200~400	− 253	350~900
储氢压力/MPa	20~70	0.1~3	0.1	0.1~1.6	2.2

氢气液化只有在规模足够大时才具备经济性，且液氢的低温非常适合作为超导材料的冷却剂。因此，水电解制氢与氢气液化工厂耦合也可能成为未来大规模制氢到储氢的一种发展方向。图1-20是一个可再生能源发电—电解水制氢—液氢工厂耦合系统示意图。整个系统主要由五部分构成：风力、光伏发电子系统，电解水制氢子系统，储氢子系统，氢气液化子系统以及电网子系统。风力与光伏发电子系统的电能可以在经过超导储能系统以及逆变器后直接输送到电网，而剩余电力可以经过电解水制氢子系统的电解槽制备氢气。氢气既可通过燃料电池进行发电，也可以先进入储氢子系统存储，再通过氢气液化子系统现场制备液氢，液氢可以通过管道或者铁路、船舶、卡车等交通工具进行远距离运输，从而充分发挥风、光资源丰富地区的能源生产作用。

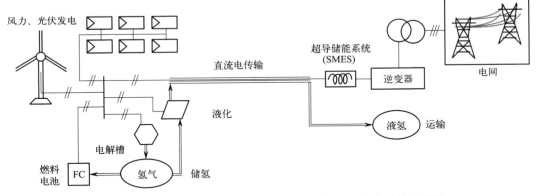

图 1-20 可再生能源发电—电解水制氢—液氢工厂耦合系统示意图

1.2.3 生物质制氢

生物质指所有通过光合作用产生的有机生命体的合集，包括植物与微生物，以及以植物与微生物为食物的动物及其产生的废弃物。虽然，当生物质被用来生产能源时，二氧化碳会被释放出来，但该排放量等于生物体在生存时吸收的量。目前生物质制氢有两种方法，即热化学法和生物法。前者的产氢速率更快，气化法作为热化学法的代表，在经济性与环保性方面具有很大的潜力。而后者因为在温和的条件下运行，所以对应的能源消耗更少，对环境更友好，但产氢速率较低。

1.2.3.1 热化学法制氢

热化学技术主要包括热解、气化、燃烧和液化。由于燃烧与液化的产氢速率均较低，且前者会排放大量的污染物，后者需要在无氧的 $5 \sim 20 MPa$ 环境下进行，因此目前的热化学法制氢以热解和气化为主。这两种制氢方法均会产生一定量的 CH_4 和 CO，可使用前文介绍的甲烷水蒸气重整法以及水煤气变换反应进行提纯。

（1）热解

生物质热解是在 $650 \sim 800 K$、$0.1 \sim 0.5 MPa$ 的条件下加热，该反应会生成液态油、炭和气体化合物，反应如式（1-40）所示。除燃烧时需要提供氧气外，整个热解过程还需要在完全无氧环境中进行。如图 1-21 所示，热解反应结束后，其产生的 CH_4 和其他碳氢化合物气体可以通过水蒸气重整来生产更多氢气 [式（1-9）]。此外，反应产生的 CO 可以与水发生水煤气变换反应以生产更多的氢气 [式（1-10）]。最后氢气将通过变压吸附法进行分离提纯。

$$生物质 \xrightarrow{\text{热解}} H_2 + CO + CO_2 + 碳氢化合物混合气 + 炭 + 焦油 \tag{1-40}$$

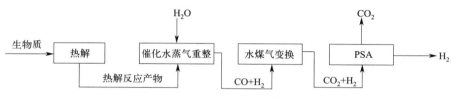

图 1-21　生物质热解制氢流程图

（2）气化

生物质气化是指生物质通过热化学反应转化为气态燃料的反应，该反应通常发生在空气、氧气或水蒸气环境中，温度在 $500℃$ 到 $1400℃$ 之间，压力为常压至 $3.3 MPa$ 之间。其反应器主要有三种：固定床、流化床和间接气化炉。式（1-41）和式（1-42）分别表示生物质与空气、水蒸气反应生成合成气的过程，其中 CHs 代表除甲烷以外的碳氢化合物。

$$生物质 + 空气 \longrightarrow H_2 + CO_2 + CO + N_2 + CH_4 + CHs + H_2O + 焦油 + 炭 \tag{1-41}$$
$$生物质 + 水蒸气 \longrightarrow H_2 + CO + CO_2 + CH_4 + CHs + 焦油 + 炭 \tag{1-42}$$

图 1-22 为生物质气化制氢的流程图。首先生物质与空气以及水蒸气发生气化反应，生成的混合气将陆续经过气体纯化、转换转化反应以及 CO_2 吸附处理，最终得到氢气。该气化反应的产氢速率主要受生物质类型和粒径、温度、水蒸气与生物质之比以及所用催化剂类型的影响。水蒸气气化的制氢产率远高于快速热解，其制氢总效率可达 52%，是一种有效的可再生制氢手段。

1.2.3.2 生物法制氢

相比热化学法制氢，生物法制氢的反应过程更加温和，大多在环境温度与环境压力下进行，能耗较少。此外利用生物法制氢可以充分利用废料，有助于废弃物回收利用。按微生物生长过程中所需的能量来源，生物法制氢技术可以分为光合微生物制氢和微生物发酵法制氢两大类。前者通过光解制氢，一些细菌或藻类可以直接通过其氢化酶或氮化酶产生氢；后者通过发酵制氢，即含有碳水化合物的生物质经过加工以后转化为有机酸，然后再转化为

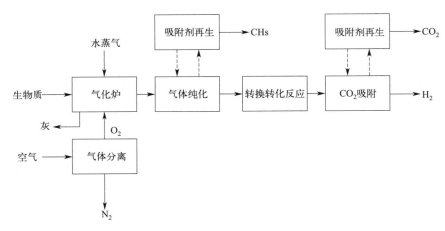

图 1-22　生物质气化制氢流程图

氢气。

（1）光合微生物制氢

光合微生物制氢利用光合微生物将太阳能转化为氢能，其原理与植物、藻类的光合作用原理相同。对于不含氢化酶的绿色植物而言，在光照条件下只能吸收二氧化碳，而无法产生氢气；而藻类含有氢化酶，因此可以在一定条件下产生氢气。例如，绿藻和蓝藻可以分别通过直接和间接的生物光解作用将水分子分解为氢离子和氧气。以绿藻的直接光解为例，其产氢过程如图 1-23 所示，首先，绿藻通过光合作用将水分子分解为氢离子和氧气，然后，生成的氢离子通过绿藻的氢化酶作用转化为氢气，式（1-43）为该过程的总反应式。

$$2H_2O + 光能 \longrightarrow 2H_2 + O_2 \tag{1-43}$$

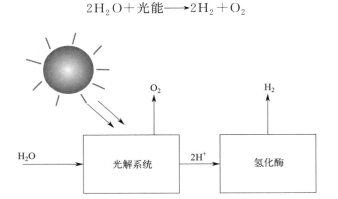

图 1-23　光合微生物制氢原理图

（2）微生物发酵法制氢

微生物发酵法制氢是指在厌氧条件下，微生物降解有机底物产生氢气的过程。发酵法制氢可分为光发酵制氢和暗发酵制氢两种，两者主要区别在于光发酵法以光照为能量来源，而暗发酵法主要通过有机物底物的降解获得能量。光发酵制氢的反应式如下：

$$CH_3COOH + 2H_2O + 光照 \longrightarrow 4H_2 + 2CO_2 \tag{1-44}$$

光发酵法可以利用工业废物和暗发酵法产生的有机酸进行反应，有助于改善环境污染，但需要对反应底物进行预处理。由于所需光照能量较大，因此，光发酵法的产氢效率较低。

与光发酵制氢相比，暗发酵制氢不需光照，可利用的底物范围更广，工艺条件较为温和。在没有阳光、水和氧气的环境中，大肠杆菌、芽孢杆菌和梭菌等微生物将有机底物转化为氢气。暗发酵制氢的底物一般为木质纤维素或碳水化合物含量较高的原材料，如含糖和淀粉的农作物、城市固体废物的有机残留物以及工业废水等。以葡萄糖为例，其暗发酵反应如式（1-45）所示。

$$C_6H_{12}O_6 + 2H_2O \longrightarrow 4H_2 + 2CO_2 + 2CH_3COOH \tag{1-45}$$

暗发酵法的产物中含有可利用的副产品，如乙酸、丁酸和乳酸等，然而其氢气的产率较低，且其中含有二氧化碳，需要二次分离才可获得纯氢。

1.3　制氢新技术及其特点

除上述制氢技术之外，为获得更加环保和高效的制氢方法，新型水电解制氢、新型甲烷重整制氢以及新型生物制氢等技术也不断涌现出来，具体如表 1-10 所示。这些新技术虽然各有优势，但是目前尚不成熟，大多数仍停留在实验室阶段。

表1-10　制氢新技术及其特点

技术类别	名称	特点	优点
新型甲烷重整制氢	等离子体重整制氢	天然气通过等离子体电弧生成氢气和固态碳	成本降低
新型水电解制氢	阴离子交换膜水电解技术	采用聚合阴离子交换膜传递 OH⁻	成本降低
	无膜电解技术	通过流体的强制对流或浮力来引导产物的分离，使氢气与氧气分别穿过对应电极而不会相互掺杂	适用范围广
	一体式可再生燃料电池	水电解过程与燃料电池发电过程相结合	双向能量转换，可用于储能系统
新型生物制氢	光发酵与暗发酵联合制氢	通过微藻的光发酵和暗发酵制氢	提高生物制氢的效率

甲烷的等离子体重整制氢技术是利用等离子体激发重整反应，使甲烷在等离子体的作用下分解成氢和炭黑（烟灰）。固相炭黑留在底部，氢气则以气相被收集。现有实验数据表明，等离子体电弧分解天然气可以生成纯度 100% 的氢气。此外，等离子体重整制氢技术能量密度大，装置体积小，且无需催化剂。与采用二氧化碳隔离的大规模水蒸气甲烷重整相比，等离子体重整制氢技术可使制氢成本降低 5%。

水电解制氢的经济性可以通过替换贵金属催化剂、改进电解槽结构并提升性能来提高。例如，采用阴离子交换膜的水电解技术结合了质子交换膜水电解技术和碱性水电解技术的优点，以季铵盐离子交换基团膜代替价格高昂的传统全氟磺酸膜，以过渡金属代替贵金属作为催化剂，从而使成本大幅度降低。无膜电解技术由于不需要传统的膜电极体系，从而可以降低成本，延长寿命。无膜电解技术可适用于酸性、碱性和中性溶液环境，与质子交换膜水电解技术相比，适用范围更广。无膜电解技术原理如图 1-24 所示，阴、阳极为两个相互平行的圆形网格电极，电解质从加压外室流入电极间隙，通过强制对流使气体产物分离，并从单独通道离开，起到隔绝阴、阳极气体的效果。

一体式可再生燃料电池是将电解槽与燃料电池耦合为一体的双向能量转换装置。一体式

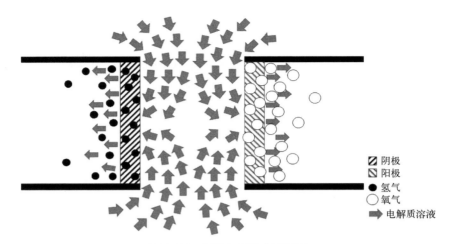

图 1-24　无膜电解技术原理图

可再生燃料电池的工作模式分为燃料电池和水电解两种模式。其中水电解模式时阳极生成氧气，而燃料电池模式时正极通氧气进行反应，因此二者的管道可以通用，两种模式中产生的电子均可通过导电的气体扩散层集中到导流板中，通过外电路传递到另一侧。一体式可再生燃料电池比能量较高，主要用于太阳能飞行器、宇宙飞船的混合能量存储推进系统和偏远地区不依赖于电网的储能系统、电网调峰的电源系统以及便携式能量系统等。

此外，对于传统的发酵法制氢而言，光发酵的效率较低，而暗发酵会产生有机废物，通过设计不同类型的生物反应器，将光发酵和暗发酵结合起来，可以改善发酵制氢法。例如：在混合两段生物反应器的反应过程中，反应第一阶段，生物质通过暗发酵生成乙酸盐、二氧化碳和氢气；反应第二阶段，即光发酵阶段，乙酸盐转化为氢和二氧化碳。通过控制不同的反应阶段，可以提高产氢效率和氢气纯度。

参 考 文 献

[1] Cohen E R，Cvitas T，Frey J G，et al. Quantities，Units and Symbols in Physical Chemistry [M] 3rd ed. Cambridge：Chemistry International—Newsmagazine for IUPAC，2006，28（1）：28.

[2] Schimmelmann A，Sauer P E. Hydrogen Isotopes [M] //White W M. Encyclopedia of Geochemistry：A Comprehensive Reference Source on the Chemistry of the Earth. Cham：Springer，2018.

[3] Povinec P P，Aoyama M，Biddulph D，et al. Cesium，iodine and tritium in NW Pacific waters-a comparison of the Fukushima impact with global fallout [J]. Biogeosciences Discussions，2013，10（8）：5481-5496.

[4] Ubaid S，Xiao J，Zacharia R，et al. Effect of para-ortho conversion on hydrogen storage system performance [J]. International Journal of Hydrogen Energy，2014，39（22）：11651-11660.

[5] Sherif S A，Goswami D Y，Steinfeld A，et al. Handbook of Hydrogen Energy [M]. Boca Raton：CRC Press/Taylor & Francis Group，2014：567-592.

[6] Yin L，Ju Y. Review on the design and optimization of hydrogen liquefaction processes [J]. Frontiers in Energy，2019，14（5686）：2.

[7] 朱洪法. 催化剂手册 [M]. 北京：金盾出版社，2008：41.

[8] Lanz A，Heffel J，Messer C. Hydrogen fuel cell engines and related technologies [R]. United States. Department of Transportation. Federal Transit Administration，2001：4-41.

[9] Glenn Research Center. Glenn Safety Manual-Chapter 6 [R]. United States. National Aeronautics and Space Administration，2019：4-70.

[10] Leachman J W，Jacobsen R T，Penoncello S G，et al. Fundamental equations of state for parahydrogen，normal hy-

drogen, and orthohydrogen [J]. Journal of Physical & Chemical Reference Data, 2009, 38 (3): 721-748.

[11] Pacific Northwest National Laboratory. HYDROGEN PROPERTIES [DB/OL]. (2018-8-22) [2023-3-1]. Basic Hydrogen Properties | Hydrogen Tools (h2tools. org).

[12] Barnoush A. Hydrogen embrittlement, revisited by in situ electrochemical nanoindentation [D]. Saar Land: Universität des Saarlandes, 2007.

[13] Barnoush A, Vehoff H. Hydrogen embrittlement of aluminum in aqueous environments examined by in situ electrochemical nanoindentation [J]. Scripta Materialia, 2008, 58 (9): 747-750.

[14] Oriani R A, Josephic P H. Hydrogen-enhanced load relaxation in a deformed medium-carbon steel [J]. Acta Metallurgica, 1979, 27 (6): 997-1005.

[15] Gerberich W W, Oriani R A, Lji M J, et al. The necessity of both plasticity and brittleness in the fracture thresholds of iron [J]. Philosophical Magazine A, 1991, 63 (2): 363-376.

[16] Vehoff H, Neumann P. Crack propagation and cleavage initiation in Fe-2.6%-Si single crystals under controlled plastic crack tip opening rate in various gaseous environments [J]. Acta Metallurgica, 1980, 28 (3): 265-272.

[17] Myers S M, Baskes M I, Birnbaum H K, et al. Hydrogen interactions with defects in crystalline solids [J]. Reviews of Modern Physics, 1992, 64 (2): 559.

[18] Perng T P, Wu J K. A brief review note on mechanisms of hydrogen entry into metals [J]. Materials Letters, 2003, 57 (22/23): 3437-3438.

[19] McMahon Jr C J. Hydrogen-induced intergranular fracture of steels [J]. Engineering Fracture Mechanics, 2001, 68 (6): 773-788.

[20] Ferreira P J, Robertson I M, Birnbaum H K. Hydrogen effects on the interaction between dislocations [J]. Acta Materialia, 1998, 46 (5): 1749-1757.

[21] Ferreira P J, Robertson I M, Birnbaum H K. Hydrogen effects on the character of dislocations in high-purity aluminum [J]. Acta Materialia, 1999, 47 (10): 2991-2998.

[22] Noussan M, Raimondi P P, Scita R, et al. The role of green and blue hydrogen in the energy transition—A technological and geopolitical perspective [J]. Sustainability, 2021, 13 (1): 298.

[23] Robertson I M, Teter D. Controlled environment transmission electron microscopy [J]. Microscopy Research and Technique, 1998, 42 (4): 260-269.

[24] Daous M A, Bashir M D, El-Naggar M M A. Experiences with the safe operation of a 2kWh solar hydrogen plant [J]. International Journal of Hydrogen Energy, 1994, 19 (5): 441-445.

[25] Nowotny J, Sorrell C C, Bak T, et al. Solar-hydrogen: Unresolved problems in solid-state science [J]. Solar Energy, 2005, 78 (5): 593-602.

[26] Casper M S. Hydrogen Manufacture by Electrolysis, Thermal Decomposition and Unusual Techniques, 1978 [M]. Park Ridge, N. J.: Noyes Date Corp, 1978.

[27] Basile A, Liguori S, Iulianelli A. Membrane reactors for methane steam reforming (MSR) [M] //Membrane Reactors for Energy Applications and Basic Chemical Production. Sawston, Carnbridge, U K: Woodhead Publishing, 2015: 31-59.

[28] 赵行健. 规整填料塔中氨水吸收二氧化碳的研究 [D]. 天津: 天津大学, 2012.

[29] Ibrahim Dincer, Haris Ishaq. Chapter 2-Hydrogen production methods [M] //Renewable Hydrogen Production. Amsterdam: Elsevier, 2022: 35-90.

[30] 周苏, 谢正春, 孙延, 等. 车载甲醇重整制氢燃料电池系统建模与供氢管理 [J]. 同济大学学报 (自然科学版), 2021, 49 (11): 1596-1605.

[31] 汪翼东. 面向 PEMFC 的甲醇现场重整制氢系统设计与应用研究 [D]. 杭州: 浙江大学, 2019.

[32] Kayfeci M, Keçebaş A, Bayat M. Hydrogen production [M] //Solar Hydrogen Production. San Diego, Calif: Academic Press, 2019: 45-83.

[33] 褚阳, 李明丰, 李会峰. 反应条件对钴钼催化剂选择性加氢脱硫性能的影响 [J]. 石油炼制与化工, 2009, 40 (9): 47-50.

[34] 彭奔, 杨雷, 彭晓虎, 等. 氧化锌脱硫剂研究进展 [J]. 广东化工, 2020, 47 (6): 139-140, 146.

[35] Coronado I，Pitínová M，Karinen R，et al. Aqueous-phase reforming of Fischer-Tropsch alcohols over nickel-based catalysts to produce hydrogen：Product distribution and reaction pathways [J]. Applied Catalysis A：General，2018，567：112-121.

[36] Chiu W C，Hou S S，Chen C Y，et al. Hydrogen-rich gas with low-level CO produced with autothermal methanol reforming providing a real-time supply used to drive a kW-scale PEMFC system [J]. Energy，2021，239：122267.

[37] Rabenstein G，Hacker V. Hydrogen for fuel cells from ethanol by steam-reforming，partial-oxidation and combined auto-thermal reforming：A thermodynamic analysis [J]. Journal of Power Sources，2008，185（2）：1293-1304.

[38] Khila Z，Hajjaji N，Pons M N，et al. A comparative study on energetic and exergetic assessment of hydrogen production from bioethanol via steam reforming，partial oxidation and auto-thermal reforming processes [J]. Fuel Processing Technology，2013，112：19-27.

[39] Simpson A P，Lutz A E. Exergy analysis of hydrogen production via steam methane reforming [J]. International Journal of Hydrogen Energy，2007，32（18）：4811-4820.

[40] Veras T D S，Mozer T S，Rubim M D S，et al. Hydrogen：Trends，production and characterization of the main process worldwide [J]. International Journal of Hydrogen Energy，2017，42（4）：2018-2033.

[41] Muradov N Z. How to produce hydrogen from fossil fuels without CO_2 emission [J]. International Journal of Hydrogen Energy，1993，18（3）：211-215.

[42] Muradov N. Hydrogen via methane decomposition：An application for decarbonization of fossil fuels [J]. International Journal of Hydrogen Energy，2001，26（11）：1165-1175.

[43] Lee D Y，Elgowainy A，Dai Q. Life cycle greenhouse gas emissions of hydrogen fuel production from chloralkali processes in the United States [J]. Applied Energy，2018，217：467-479.

[44] Lee B，Kim H，Lee H，et al. Technical and economic feasibility under uncertainty for methane dry reforming of coke oven gas as simultaneous H_2 production and CO_2 utilization [J]. Renewable and Sustainable Energy Reviews，2020，133：110056.

[45] 徐军科，任克威，王晓蕾，等. 甲烷干重整制氢研究进展 [J]. 天然气化工，2008，33（6）：53-60.

[46] 常大山. 国内外异丁烷脱氢制异丁烯工艺的技术进展 [J]. 精细与专用化学品，2020，28（6）：39-42.

[47] 黄燕青，陈辉. 丙烷脱氢工艺对比 [J]. 山东化工，2020，49（15）：89-92.

[48] 吴恢庆，李笑笑，尚腾飞，等. 安全与管理丙烷脱氢（PDH）制丙烯工艺及其危险性分析 [J]. 广州化工，2016，44（14）：237-239.

[49] Schmidt O，Gambhir A，Staffell I，et al. Future cost and performance of water electrolysis：An expert elicitation study [J]. International Journal of Hydrogen Energy，2017，42（52）：30470-30492.

[50] Amores E，Sánchez M，Rojas N，et al. Renewable hydrogen production by water electrolysis [M] //Sustainable Fuel Technologies Handbook. San Diego，Calif：Academic Press，2021：271-313.

[51] Buttler A，Spliethoff H. Current status of water electrolysis for energy storage，grid balancing and sector coupling via power-to-gas and power-to-liquids：A review [J]. Renewable and Sustainable Energy Reviews，2018，82：2440-2454.

[52] Hydrogen and Fuel Cells：Fundamentals，Technologies and Applications [M]. Hoboken：John Wiley & Sons，2010.

[53] Ursua A，Gandia L M，Sanchis P. Hydrogen production from water electrolysis：Current status and future trends [J]. Proceedings of the IEEE，2011，100（2）：410-426.

[54] 曹军文，张文强，李一枫，等. 中国制氢技术的发展现状 [J]. 2021，33（12）：2215-2244.

[55] Abbasi T. 'Renewable' hydrogen：Prospects and challenges [J]. Renewable and Sustainable Energy Reviews，2011，15（6）：3034-3040.

[56] Jörn Brauns，Turek T. Alkaline water electrolysis powered by renewable energy：A review [J]. Processes，2020，8（2）：248.

[57] Aziz M. Liquid hydrogen：A review on liquefaction，storage，transportation，and safety [J]. Energies，2021，14（18）：1-29.

[58] Demirbaş A. Yields of hydrogen-rich gaseous products via pyrolysis from selected biomass samples [J]. Fuel，2001，80（13）：1885-1891.

[59] Abuadala A，Dincer I. A review on biomass-based hydrogen production and potential applications [J]. International Journal of Energy Research，2012，36（4）：415-455.

[60] Demirbaş A. Biomass resource facilities and biomass conversion processing for fuels and chemicals [J]. Energy Conversion and Management，2001，42（11）：1357-1378.

[61] Parthasarathy P，Narayanan K S. Hydrogen production from steam gasification of biomass：Influence of process parameters on hydrogen yield-a review [J]. Renewable Energy，2014，66：570-579.

[62] Balat M. Hydrogen-rich gas production from biomass via pyrolysis and gasification processes and effects of catalyst on hydrogen yield [J]. Energy Sources，Part A：Recovery，Utilization，and Environ mental Effects，2008，30（6）：552-564.

[63] Hosseini S E，Wahid M A，Jamil M M，et al. A review on biomass-based hydrogen production for renewable energy supply [J]. International Journal of Energy Research，2015，39（12）：1597-1615.

[64] Dawood F，Anda M，Shafiullah G M. Hydrogen production for energy：An overview [J]. International Journal of Hydrogen Energy，2020，45（7）：3847-3869.

[65] Lepage T，Kammoun M，Schmetz Q，et al. Biomass-to-hydrogen：A review of main routes production，processes evaluation and techno-economical assessment [J]. Biomass and Bioenergy，2021，144：105920.

[66] Mathews J，Wang G Y. Metabolic pathway engineering for enhanced biohydrogen production [J]. International Journal of Hydrogen Energy，2009，34（17）：7404-7416.

[67] Sharma A，Arya S K. Hydrogen from algal biomass：A review of production process [J]. Biotechnol Rep（Amst），2017，15：63-69.

[68] El-Shafie M，Kambara S，Hayakawa Y. Hydrogen production technologies overview [J]. Journal of Power and Energy Engineering，2019，07（01）：107-154.

[69] Dincer I，Acar C. Review and evaluation of hydrogen production methods for better sustainability [J]. International Journal of Hydrogen Energy，2015，40（34）：11094-11111.

[70] Vincent I，Bessarabov D. Low cost hydrogen production by anion exchange membrane electrolysis：A review [J]. Renewable and Sustainable Energy Reviews，2018，81：1690-1704.

[71] Cho M K，Park H-Y，Choe S，et al. Factors in electrode fabrication for performance enhancement of anion exchange membrane water electrolysis [J]. Journal of Power Sources，2017，347：283-290.

[72] Gillespie M I，van der Merwe F，Kriek R J. Performance evaluation of a membraneless divergent electrode-flow-through（DEFT）alkaline electrolyser based on optimisation of electrolytic flow and electrode gap [J]. Journal of Power Sources，2015，293：228-235.

[73] Esposito D V. Membraneless electrolyzers for low-cost hydrogen production in a renewable energy future [J]. Joule，2017，1（4）：651-658.

[74] Wang Y J，Fang B，Wang X，et al. Recent advancements in the development of bifunctional electrocatalysts for oxygen electrodes in unitized regenerative fuel cells（URFCs）[J]. Progress in Materials Science，2018，98：108-167.

[75] Yuan X M，Guo H，Liu J X，et al. Influence of operation parameters on mode switching from electrolysis cell mode to fuel cell mode in a unitized regenerative fuel cell [J]. Energy，2018，162：1041-1051.

[76] Sadhasivam T，Palanisamy G，Roh S-H，et al. Electro-analytical performance of bifunctional electrocatalyst materials in unitized regenerative fuel cell system [J]. International Journal of Hydrogen Energy，2018，43（39）：18169-18184.

[77] Sarangi P K，Nanda S. Biohydrogen production through dark fermentation [J]. Chemical Engineering & Technology，2020，43（4）：601-612.

[78] Xia A，Cheng J，Song W，et al. Fermentative hydrogen production using algal biomass as feedstock [J]. Renewable and Sustainable Energy Reviews，2015，51：209-230.

[79] Gaudernack B，Lynum S. Hydrogen from natural gas without release of CO_2 to the atmosphere [J]. International Journal of Hydrogen Energy，1998，23（12）：1087-1093.

第2章
氢液化技术与装备

2.1 氢气液化工艺流程

2.1.1 液氢技术概述

氢是一种清洁高效的二次能源。作为能量载体,液氢是一种较好的贮存方式。常压下氢气在 20.268K(−252.8℃)转化为液态氢。液态氢(LH$_2$)的密度很小,约为 70.8kg/m^3。氢的热值为 $1.43×10^8$J/kg,约为汽油的 3 倍。液氢通常被用作火箭发动机或其他交通工具的燃料,燃烧产物是水,不会产生环境污染。液氢生产的推广应用取决于液氢生产成本,因此需不断提高氢的液化效率。液氢能量密度比高压气态氢高,但液氢的临界温度低,储存的技术要求高,在−240℃及更低温度下才会保持液态,而液氢的核心技术是获得和保持这种超低温环境的技术。长期以来,液氢在我国主要作为运载火箭的推进剂,液化规模较小,应用范围有限。美国和苏联早在 20 世纪中期就开始发展大规模氢液化技术以支持登月工程和空间站建设,美国更是把液氢技术推广应用至石油化工、电子与半导体、食品工业、能源等领域。自 21 世纪初开始,欧盟、日本等效仿美国把液氢技术推广至氢能交通(车辆、轮船、飞机等)及加氢站。

根据气体液化焦耳-汤姆孙节流(J-T 节流)等基本理论,当气体温度低于转化温度时,节流才能产生制冷效应。氢的最高转化温度约为 204K(−69.15℃),温度低于 80K(−193.15℃)时进行节流才有明显的制冷效应。常压下氢气的液化温度为 20.268K(−252.88℃),熔点 14.025K(−259.125℃)。氢的汽化热小(460.5kJ/kg,20K),氢液化的理论最小功为 12019kJ/kg,在所有气体中是最高的。

氢气转化温度很低,只有将氢气预冷到转化温度以下,才可能使氢气液化。氢的液化还有一个特别之处,即需要考虑正、仲氢两种状态的问题。氢分子由两个原子构成,根据两个氢原子核自旋方向,分为正氢(O-H$_2$)和仲氢(P-H$_2$)两种。原子核自旋方向相同的是正氢,自旋方向相反的为仲氢。正、仲氢的平衡组成与温度有关:室温下,平衡氢[也称正常氢或标准氢(N-H$_2$)]是 75%正氢和 25%仲氢组成的混合物;高于室温时,正、仲氢的平衡组成不变;低于室温时,正、仲氢的平衡组成则随温度变化,温度越低,仲氢的浓度越高,在液氢的标准沸点时,仲氢含量达到 99.8%。

氢在液化过程中如不进行正、仲态的催化转化,则生产出来的液氢是正常氢。液态正常氢会自动地发生正、仲态转化,最终成为相应温度下的平衡氢。正、仲氢的转化是一个放热过程,开始的 24h 里,液氢大约要蒸发损失 18%,100h 后损失将超过 40%。可见,须制取不易发生蒸发损失的液态的平衡氢。也可以在氢的液化过程中使用催化剂,从而直接制取液态的平衡氢（基本上是仲氢）。正、仲氢转化放出的热量取决于反应的温度和使用的催化剂。所处的温度级不同，所放热量不同；使用的催化剂不同，则转化的效率不同。因此，生产液氢还要注意两个关键：一是催化剂，二是催化剂的温度级。

理想的气体液化循环，如图 2-1 所示。

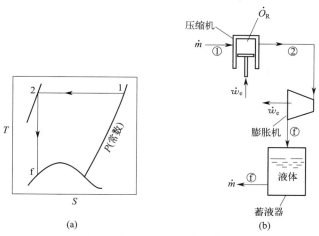

图 2-1 气体液化理想热力学循环

工质气体经过等温压缩，然后通过绝热膨胀降温至转化温度以下，经节流产生液体，未被液化的气体经回热器复温回到压缩机吸气端，完成整个循环。基于理想循环计算出气体液化理论最小功：

$$-\frac{w_i}{\dot{m}}=T_1(S_1-S_f)-(H_1-H_f) \tag{2-1}$$

式中　w_i——气体液化理论最小功，kW；

　　　$\dot{m}$——液氢质量流量，kg/s；

　　　T_1——氢液化前的温度，K；

　　　S_1——氢液化前的熵，kJ/(kg·K)；

　　　S_f——液氢的熵，kJ/(kg·K)；

　　　H_1——氢液化前的焓，kJ/kg；

　　　H_f——液氢的焓，kJ/kg。

和气体液化循环一样，氢液化循环也是由一系列热力过程组成的，使气态工质冷却到所需的低温，以获得液氢。按制冷基本方式，氢液化循环可分为三类：J-T 节流液化循环、氢膨胀制冷液化循环和氦膨胀制冷氢液化循环。在这三种基本液化循环中，又派生出多种不同的液化循环，常见的有带预冷的林德-汉普逊（Linde-Hampson）循环、预冷型克劳德（Claude）循环和氦制冷的氢液化循环。每一种循环流程都具有不同特点。其中林德-汉普逊循环能耗高、效率低，不适合大规模应用。克劳德循环综合考虑各关键设备性能和运行经济性，适用于大规模氢液化装置，特别是液化量在 3t/d 以上的氢液化系统。氦制冷的氢液化装置，由于国外及国内氦制冷机的发展，因此采用氢氦间壁式换热，安全性更高。但考虑到传热温差带来的不可逆性，整机效率低于克劳德循环，主要用于液化量 3t/d 以下的装置。在实际氢液化工程应用中，需要根据制造难度、设备投资以及系统的规模进行氢液化循环流程方案的合理选择。

目前在运行的氢液化装置相对循环效率为 20%～30%，单位质量液氢能耗为 10～15kW·h/kg，其中液氮预冷的能耗 4.5～4.8kW·h/kg，但不包含压缩机组的冷水机组的能耗。德国的 Ingolstadt 氢液化装置，氢液化流程采用改进的液氮预冷型克劳德循环，单位能耗为 13.6kW·h/kg。德国规模最大的氢液化系统 Leuna 的单位能耗为 11.9kW·h/kg。也有概念性设计创新流程的系统，循环效率高于 30%，单位能耗小于 10kW·h/kg。规模越大的氢液化系统，透平膨胀机效率越高，液化量 30t/d 的氢液化总效率一般为 38%，大型化设计可提高至 40% 以上。经过对氢气压缩机与膨胀机的开发、建造和运营成本的综合对比，使用氢气循环的克劳德循环最为经济。国际上大规模低成本氢液化系统研发也取得了一定的进展，例如日本的 WE-NET（World Energy Network）、欧洲的 IDEALHY（Integrated Design for Efficient Advanced Liquefaction of Hydrogen）。日本超大型氢液化系统 WE-NET，设计了液化量 300t/d 的液化生产装置，单位能耗为 8.5kW·h/kg。欧洲 IDEALHY 项目针对建立液化量为 50t/d 的氢液化系统，单位能耗最终优化为 6.4kW·h/kg。

目前能够提供商业化氢液化装置的公司主要是普莱克斯（Praxair）、林德（Linde）、法国液化空气等。普莱克斯大型装置多采用克劳德循环的氢制冷液化方式，单位能耗相对较低，为 12.5～15kW·h/kg。法液空中小型装置采用氦制冷氢液化循环，单位能耗约为 17.5kW·h/kg。对于未来的氢液化装置，林德公司期望最终的液化量 10t/d 的氢液化站单位能耗能降低到 10kW·h/kg，50t/d 的可以降到 9kW·h/kg，法液空的最终目标是将氢液化站的单位能耗降低到 9kW·h/kg。

2.1.2　J-T 节流液化循环

1898 年杜瓦利用负压液化空气预冷的一次节流循环，第一次实现了氢气的液化。直到 20 世纪中期，液氢的应用长期局限于实验室内，一般将其作为低温冷源进行科学实验研究，液化产量为 4～20L/h。20 世纪中叶，空间技术的发展，使液氢生产从实验室逐渐发展到工业规模。1958 年出现了日产 30t 的大型液氢工厂，1964 年出现了液化量 60t/d 的液氢工厂。

介绍氢液化循环之前，先介绍几个基本概念。

理论最小功：气体液化的理论循环是指由可逆过程组成的循环，其液化所消耗的功最小，称为理论最小功。理论最小功只与气体的性质及初始状态有关。

在比较或分析气体液化循环时，除理论最小功外，某些表示实际循环经济性的系数也通常被采用，如单位能耗 w_0、性能系数、循环效率等。

单位能耗 w_0 表示获得 1kg 液化气体需要消耗的功。根据理论最小功推算的氢液化单位能耗约为 2.89kW·h/kg。

性能系数：液化气体复热时的单位制冷量与所消耗单位功之比。

循环效率：低温技术中通常采用循环效率来衡量实际循环的不可逆性，又称热力完善度。其定义为实际循环的性能系数与理论循环的性能系数之比，也是理想循环所需的最小功 w_i 与实际循环液化功 w 的比值。

循环效率 FOM（热力完善度）：

$$FOM = \frac{w_i}{w} = \frac{-w_i/\dot{m}_f}{-w/\dot{m}_f} \tag{2-2}$$

液化率 y：气体液化部分的质量流量与循环总质量流量之比。

$$y = \dot{m}_\mathrm{f} / \dot{m}$$

焦耳-汤姆孙效应（J-T 节流效应）：指压缩气体以绝热过程通过狭窄通道，压力下降而产生温度变化的现象。氢的最高转化温度低于环境温度，不能单独采用 J-T 节流效应实现液化，须使用预冷来降低节流前的温度。

一次节流循环是 1895 年由德国的林德（Linde）和英国的汉普逊（Hampson）分别独立提出的，因此也称为林德-汉普逊（Linde-Hampson）循环。节流循环是工业上最早采用的气体液化循环，因为这种循环简单、可靠，在小型气体液化循环装置中被广泛采用。

因为氖气、氢气和氦气的转化温度低于环境温度（300K），所以简单的林德-汉普逊循环不能实现这些气体的液化。节流前的温度必须足够低，否则无法实现这类气体的液化，因此需要将工质冷却到转化温度以下，这类循环称为预冷型林德-汉普逊循环，如图 2-2 和图 2-3 所示。

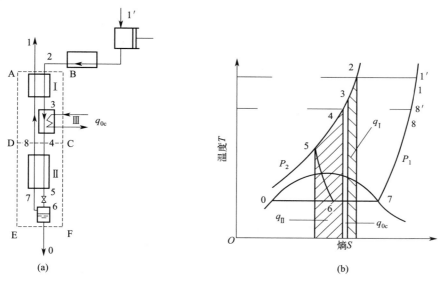

图 2-2　一次节流循环（林德-汉普逊循环）示意图（a）和温-熵（T-S）图（b）

$1'$—压缩机进气口的低压（P_1）常温气体；2—经压缩并经水冷却后的高压（P_2）室温气体；3—经一级换热器预冷后的高压低温气体；4—经外部预冷后的高压低温气体；5—经二级换热器继续冷却后的高压低温气体（氢气转化温度约 204K，但低于 80K 节流时才有明显制冷效应，对于 10MPa 高压氢气低于 50K 节流时才能获得液氢）；6—高压气体经节流产生的低温气液混合物；7—低温低压饱和蒸汽；0—输出的低温液体（例如液氢）；8—经二级换热器回热的低温气体；$8'$—一级换热器低压回路入口低温气体（温度略有回升）；1—经一级换热器回热后的低压室温气体；q_{I}—一级换热器的换热量，温熵图中用▧阴影部分面积表示；q_{II}—二级换热器的换热量，温熵图中用▨阴影部分面积表示；q_{0c}—预冷换热器预冷量，温熵图中用阴影部分之间的面积表示，常用液氮或混合工质制冷技术预冷；P_1—低压压力，一般为常压 0.1MPa；P_2—实现节流液化的高压压力，对氢气节流一般高于 10MPa；ABCFED—低温部件的工作区域，置于低温冷箱环境内

预冷型林德-汉普逊循环，结构简单，运转可靠，一般应用于中、小型氢液化装置。一般只有在压力高达 10～15MPa，温度降至 50～70K 时进行节流，才能以较理想的液化率（24%～25%）获得液氢。通常采用液氮预冷等方式，将氢气预冷到 80K 以下。

带预冷的一次节流氢液化循环具体过程如图 2-4 所示，压缩后的氢气，经过换热器冷却至室温，再进入（液氮级）预冷换热器预冷、主换热器进一步冷却，经节流后进入液氢储

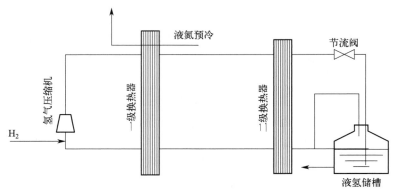

图 2-3　带液氮预冷的林德-汉普逊循环

槽，未被液化的氢气返流经过主换热器复温回到压缩机吸气端，完成整个循环。如果在液氢储槽中设置正、仲氢转化的催化剂，转化热则会引起液化率的降低。根据预冷级换热器的热平衡可以计算出液氮的消耗量。实际循环同理论循环相比存在许多不可逆损失，主要包括压缩过程的不可逆损失、换热器中不完全换热损失、节流过程中的不可逆损失。

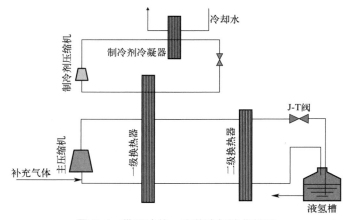

图 2-4　带预冷的一次节流氢液化循环

　　氢液化系数不仅与预冷温度有关，也与循环的高压压力有关。不同预冷温度下氢液化系数与循环的高压压力的关系如图 2-5 所示。不同预冷温度下液化系数与高压压力相关，高压

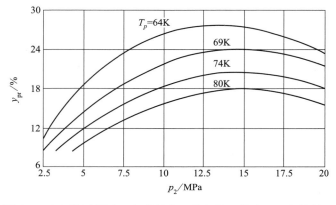

图 2-5　不同预冷温度下氢的液化系数与循环的高压压力的关系

压力在 12～14MPa 时，液化系数最大。预冷温度也会影响液化系数，为降低预冷温度，可对液氮槽抽真空，温度通常可以达到 65K。

　　如图 2-6 所示，单位能耗与膨胀前温度和高压压力密切相关。虽然单位制冷量随着压差的增大而增加，但压缩气体的能耗随着压比的增大而增加。为提高循环的经济性，制冷循环可采取小压比、大压差的流程，故发展出具有中间压力的二次节流循环，如图 2-7(a) 所示，从图 2-7(b) 可以看出中间压力对整个氢液化系统的能耗指标具有重要影响。

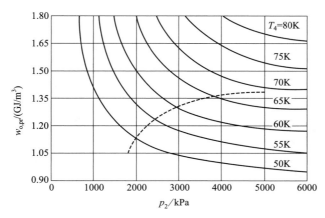

图 2-6　单位能耗与膨胀前温度和高压压力的关系

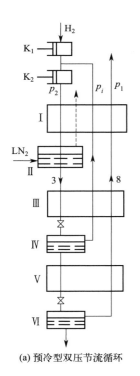

(a) 预冷型双压节流循环

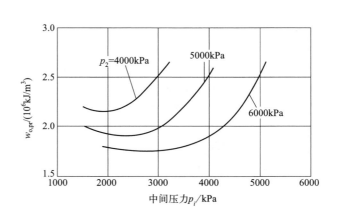

(b) 中间压力对能耗的影响及其对能耗的影响

图 2-7　具有中间压力的二次节流循环

2.1.3　氢膨胀机预冷的氢液化循环

世界上正在服役的大型氢液化装置基本以液氮预冷的克劳德循环为主。大型氢液化装置的基础均采用膨胀机预冷的氢液化循环，如图 2-8 所示。

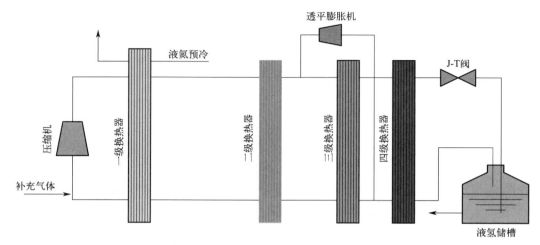

图 2-8　液氮预冷的克劳德循环

1902 年法国的克劳德首先实现了带有活塞式膨胀机的空气液化循环，这种带膨胀机的气体液化循环通常被称为"克劳德液化循环"。在绝热条件下，压缩气体经膨胀机膨胀并对外做功，获得比节流阀更大的温降和冷量。因此，目前在气体液化和分离设备中，带膨胀机的液化循环应用最为广泛。根据工作原理，气体膨胀机主要分为两种：活塞式膨胀机和透平膨胀机。中高压气体液化系统多采用活塞式膨胀机，低压液化系统常采用透平膨胀机。对于液化量 3t/d 以下的大型氢液化系统，通常采用氦制冷氢液化循环，使用氦气作为制冷工质，由氦制冷循环提供氢冷凝液化所需的冷量。对于液化量 5t/d 以上的大型氢液化系统，通常采用氢直接膨胀制冷的氢液化循环，使用氢气作为制冷工质。

如图 2-9 所示，氢气经过压缩，经预冷换热器降温，经主换热器冷却，分为两路：一路进入膨胀机，膨胀制冷后与低压回气混合；另一路经换热器进一步冷却后，节流进入液氢储槽，未被液化的部分低压氢气经各级换热器复温后回到压缩机吸气端。氢气膨胀机的进气流量由换热器工作参数确定。由于氢的比热容受温度和压力的影响比较大，需要校核换热器的温度参数。这种循环的单位能耗随着压力（5MPa 以内）的增加而降低。膨胀机入口温度的降低可以提高液化率和循环效率，但应注意控制膨胀机入口温度，因为过低的温度容易使氢气出现膨胀后进入两相区，透平式氢膨胀机往往容易因液相产生故障。

为进一步改善克劳德循环的性能，出现了一些改进循环，例如双压克劳德循环，仅通过节流阀的气体被压缩到高压，经过膨胀机的循环气体被压缩至中压，从而降低单位质量的液化功。如图 2-10 所示，如果利用膨胀机代替二次节流循环的第一个节流阀，就构成了带膨胀机的双压克劳德循环，可获得更多冷量和更高的效率。氢气经过低压压缩机压缩后，再经过预冷和换热器冷却，分为两路：一部分经过膨胀机降温减压至中间压力，返流复温后回到高压压缩机；另一部分氢气在换热器中进一步冷却并节流进入液氢储槽，未被液化的低压氢

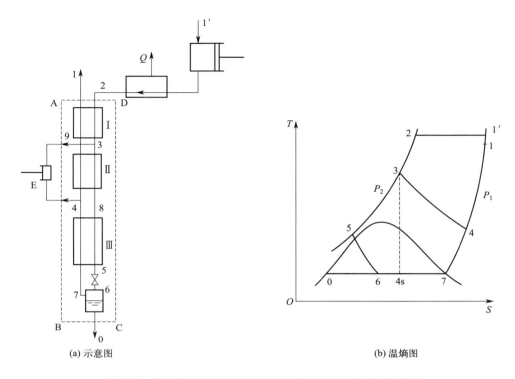

图 2-9　采用氢气膨胀机的氢液化克劳德循环示意图与温熵图

1′—压缩机进气口的低压（P_1，一般为常压）常温氢气；2—经压缩并经水冷却后的高压（P_2）室温氢气；3—经一级换热器预冷后的高压低温氢气；4—膨胀路经膨胀机制冷后并与主路混合后的高压低温氢气；E—氢气膨胀机；5—经三级换热器继续冷后的高压低温氢气；6—高压气体经节流产生的低温氢气液混合物；7—低温低压饱和氢蒸汽；0—输出的液态氢；8—经二级换热器冷却后的低温氢气；9—一级换热器低压回路入口低温氢气；1—经一级换热器回热后的低压室温气体；4s—由高压 P_2 到低压 P_1 绝热（等熵）膨胀后的理论温度状态点；1′，2—氢气（等温）压缩过程；3，4—氢气在膨胀机中的降压降温过程；5，6—氢气在节流阀中节流液化过程；P_1—低压压力，一般为常压 0.1MPa；P_2—实现节克劳德氢液化的高压压力；Q—经压缩机冷却器带走的压缩热；ABCD—低温部件的工作区域（氢液化系统的冷箱内）

气返流复温后回到低压压缩机。带膨胀机的双压循环效率比二次节流高，中间压力影响较大，一般中间压力为 3MPa 时能耗最小。

液氮预冷的克劳德循环，其㶲效率比液氮预冷林德-汉普逊循环高 50%～70%。目前世界上运行的大型氢液化装置大多采用改进型带预冷的克劳德液化循环。

1937 年，卡皮查（Kapitza）实现了高效率透平膨胀机的低压液化循环，即卡皮查循环，本质上是克劳德循环的一种特殊情况。卡皮查循环的液化系数、单位制冷量和功耗的计算与克劳德循环一样。卡皮查循环采用低压流程，单位能耗小，操作简便，在大中型空分装置中有广泛应用。

根据克劳德循环特性，提高循环压力可降低单位能耗，提高膨胀前的温度可增加绝热焓降和绝热效率。1906 年，海兰德（Heylandt）提出了高压膨胀机的液化循环，实质上也是克劳德循环的一种特殊情况。

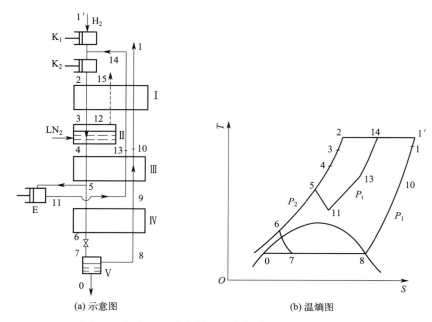

(a) 示意图   (b) 温熵图

图 2-10 带氢气膨胀机的双压克劳德循环示意图和温熵图

2.1.4 氢直接膨胀液化流程的典型应用案例

下面介绍国际上氢直接膨胀液化流程的典型应用案例。

拥有成熟的、商业化的氢液化工艺的企业主要包括法国液化空气、瑞士 Linde、英国 BOC、美国的 Praxair 和 Air Products 等大型跨国气体企业（目前 Linde 与 Praxair 已合并），它们拥有成熟的膨胀机、压缩机、冷箱以及循环流程研发和生产制造产业链，在工业实践中积累了大量工程经验，其中不乏经典的氢液化循环系统。

（1）Ingolstadt 氢液化流程

位于德国南部巴伐利亚州的英戈尔施塔特（Ingolstadt）液氢工厂曾拥有德国最大的氢液化装置，产品为含 95% 以上仲氢的液氢。

如图 2-11 所示，氢液化路流程为：含氢 86% 的原料氢气经过压缩，在室温下变压吸附，杂质含量控制至 $4\mu L/L$，液氮低温吸附控制杂质含量 $1\mu L/L$，正、仲氢转化的催化剂采用氢氧化铁 $[Fe(OH)_3]$，分四级阶段性转换（液氮温区、一级透平制冷温区、二级透平制冷温区、液氢温区），通过两级节流产生液氢，液化路工作压力（绝对压力）为 21bar❶ 节流到 1bar。

预冷路流程为：标准氦液化器模式的两级串联膨胀，氢透平膨胀机为高压到中压膨胀。预冷路共三个压力等级：1bar、3bar、21bar。

（2）Praxair 氢液化流程

普莱克斯（Praxair）是北美第二大液氢供应商 [美国空气制品与化学公司（Air Products and Chemicals Inc）为第一大供应商]，在美国有 5 座氢液化装置，氢液化能力为 18～

---

❶ 1bar＝10^5Pa。

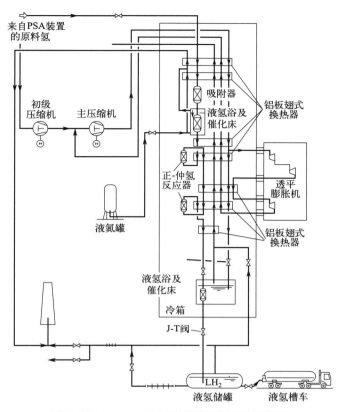

图 2-11 Ingolstadt 氢液化装置的工艺流程图

30t/d，Praxair 大型氢液化装置的能耗为 $12.5\sim15\mathrm{kW\cdot h/kg}$，其液化流程均为改进型带预冷的克劳德循环，如图 2-12 所示。

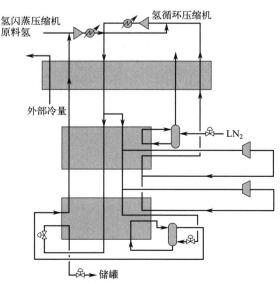

图 2-12 Praxair 改进型带预冷的
克劳德循环氢液化流程

普莱克斯的大型氢液化装置采用克劳德循环，即由液氮预冷、氢透平膨胀机制冷。例如美国佛罗里达州液氢产量为 50t/d 的大型氢液化装置。Praxair 氢液化流程具有如下特点：液化路与预冷路一并压缩；预冷路为克劳德循环；设置连续正、仲氢催化转化。

（3）Leuna 氢液化流程

2007 年 9 月，Linde 耗资 2000 万欧元在洛伊纳（Leuna）建成了德国第二个氢液化工厂，工艺流程如图 2-13 所示，具有如下特点：

① 原料氢气的纯化过程全部在液氮温区的吸附器中完成；

② 正、仲氢转换器全部置于换热器内部，无液氮、液氢槽；

③ 采用活塞式氢压缩机；

④ 用引射器替换第一级节流阀，吸收闪蒸气，实现全液化。

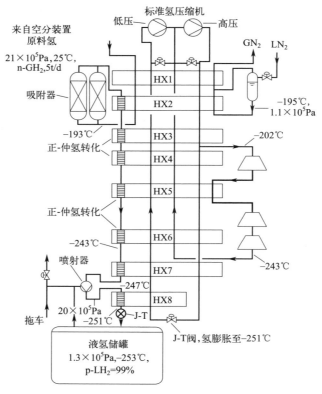

图 2-13 Leuna 氢液化系统工艺流程图

（n-GH₂，常规氢气）

（4）LNG 预冷的氢液化流程

① 日本最大液氢生产公司大阪氢能时代有限责任公司（Hydro Edge Co Ltd.）承建的液化天然气（LNG）预冷的大型氢液化及空分装置于 2001 年 4 月投入运行；

② LNG 预冷的大型氢液化装置与空分装置联合生产液氢，是日本首次利用该技术生产液氢；

③ 液氢产量为 3000L/h（5t/d），液氧为 4000m³/h，液氮为 12100m³/h，液氩为 150m³/h。

2.1.5　氦制冷的氢液化系统

采用氦制冷的氢液化系统，实质上是使用以氦气为循环工质的逆布雷顿循环制冷机作为冷源去液化原料氢气。J-T 制冷采用单纯工质循环时，由于节流过程的不可逆膨胀，循环效率较低，系统运行的压力太高（20～30MPa）。逆布雷顿循环制冷机是以膨胀机取代节流阀，以近乎等熵的膨胀过程取代节流（等焓）膨胀，使得制冷循环效率有较大提高。

氦制冷机采用改进的克劳德系统，在循环中氦气并不被液化，但达到的温度比液氢或氖更低。压缩氦气经液氮预冷，进入膨胀机膨胀产冷降温，冷氦气返回以冷却高压的氢或氖，使其液化。与高压氢节流液化系统相比，采用氦制冷系统可降低系统工作压力，缩小压缩机的尺寸。

氦制冷的氢液化系统由氦系统与氢系统两部分组成，采用氦作为制冷工质，在带膨胀机的氦制冷循环或斯特林循环的制冷机中达到氢冷凝的温度，通过氢氦换热器获得液氢。基本流程如图 2-14 所示。氦气被压缩后，经液氮预冷，换热器逐级冷却，然后经过膨胀机膨胀获得低温，达到比氢沸点更低的温度（但高于熔点）。氢系统中，原料氢气经液氮预冷后，在氢氦热交换器内被冷氦气降温，得到液氢。氦制冷氢液化系统能耗较高，一般主要用于3t/d 以下的氢液化系统。

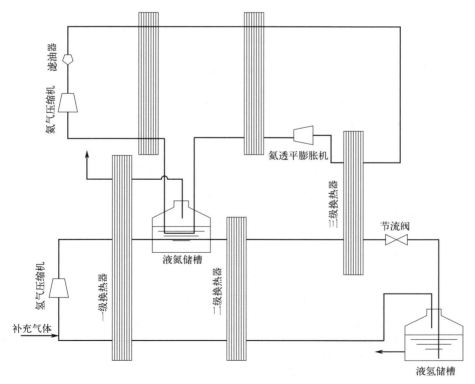

图 2-14　氦制冷的氢液化循环

2.1.6 不同氢液化循环的单位能耗对比

根据氢液化规模和液化能力的不同，往往选择不同的制冷循环。常见规模所采用的制冷循环见表 2-1。不同氢液化循环的比功耗与㶲效率也不同，如图 2-15 所示。

表2-1 不同氢液化规模所采用的制冷循环

氢液化规模	液化率	制冷循环
小型	<100L/h	J-T 节流液化循环 预冷林德-汉普逊循环
中型	100~1500L/h	氦膨胀制冷氢液化 氢膨胀克劳德循环
大型	≥3000L/h （约 5t/d）	改进型氢膨胀克劳德循环

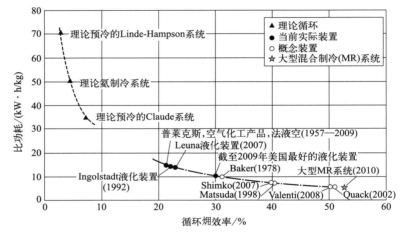

图 2-15 不同氢液化循环的比功耗与㶲效率

图 2-16 为氢气入口压力 2.1MPa 时不同氢液化循环的单位能耗对比。其中氢气直接膨胀的双压克劳德循环具有较低的单位能耗，单位能耗大概 11.7~14kW·h/kg。

氢液化发展方向是降低功耗，可以通过设计高效新型氢液化流程以及提高压缩机、膨胀机和换热器等主要部件的效率来实现。理论上未来氢液化能耗指标有望达到 4.41kW·h/kg，现在运行的大型氢液化流程的能耗一般在 13~15kW·h/kg。

各种氢液化循环流程的运行能耗和理论能耗见表 2-2。

表2-2 各种氢液化循环流程的运行能耗和理论能耗

氢液化循环流程		能耗/（kW·h/kg）
理想的理论循环流程	预冷理想 Linde-Hampson 循环	16.24
	预冷理想双压力 Linde-Hampson 循环	12.12
	预冷理想双压力 Claude 循环	6.66
	热力学理想氢液化循环	2.89

续表

氢液化循环流程		能耗/（kW·h/kg）
理论循环	预冷 Linde-Hampson 循环	68.10
	氦制冷氢液化系统	44.80
	预冷单压力 Claude 循环	29.90
	预冷双压力 Claude 循环	12.26
现存装置的循环流程（运行能耗）	德国 Ingolstadt 的 Linde 大型装置（1）	15.00
	美国 Praxiar 装置	13.75
	德国 Ingolstadt 的 Linde 大型装置（2）	13.58
	德国 Ingolstadt 的 Linde 大型装置（3）	13.00
氢液化新流程	Kuzmenko 液氮预冷的氦制冷循环	12.70
	Baker 系统	10.42
	Shimko 氦制冷循环	8.70
	Marsrda（WE-NET 项目）	8.50
	日本 WE-NET 项目	7.90
	Asadnia 的混合制冷剂联合系统	7.69
	Stang 混合制冷剂循环	7.00
	Quack 的大型新流程装置	7.00
	Krasae-in 的大型混合制冷剂系统（2014）	5.91
	Valenti 的四级 Joule-Brayton 循环流程	5.76
	Krasae-in 的大型混合制冷剂系统（2010）	5.35
	Sadaghiani 大型液氢生产装置	4.41

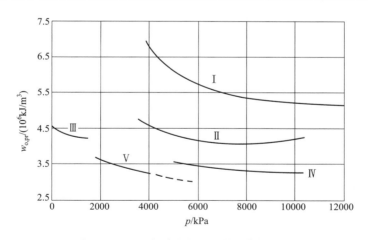

图 2-16　不同氢液化循环的单位能耗对比

Ⅰ—有预冷的简单 Linde-Hampson 循环；Ⅱ—有预冷的 Linde 双压循环；Ⅲ—氦工质制冷的氢液化循环；

Ⅳ—有预冷的氢的 Claude 循环；Ⅴ—氢的双压 Claude 循环（虚线部分表示氢气膨胀进入产生液相区）

　　从氢液化单位能耗来看，液氮预冷带氢膨胀机的液化循环最低，节流循环最高，氦制冷氢液化循环居中。如以液氮预冷带膨胀机的液化循环作为比较基础，节流循环单位能耗要高 50%，氦制冷氢液化循环高 25%。所以，从热力学观点出发，带膨胀机的循环效率最高，因而在大型氢液化装置上被广泛采用。节流循环虽然效率不高，但流程简单，没有在低温下运转的部件，运行可靠，所以在小型氢液化装置中应用较多。氦制冷氢液化循环消除了处理高压氢的危险，运转安全可靠，但氦制冷系统设备复杂，故在实际液氢工厂中的应用不多。

2.1.7   氢液化流程研究进展

图 2-17 所示为氢液化器的通用工艺流程图。其中 $300 \sim 80K$ 的预冷阶段相对独立，耗能大，因此成为氢液化流程优化研究的焦点。

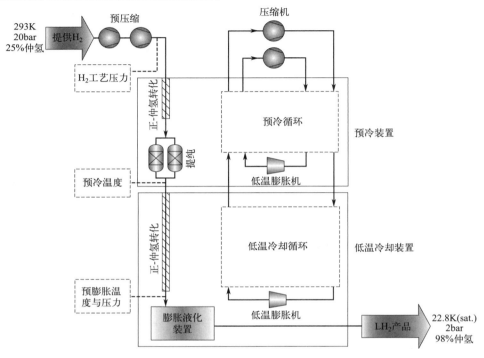

图 2-17   氢液化器的通用工艺流程图

混合工质预冷代替液氮预冷技术是创新氢液化流程的发展方向。液氮预冷时会出现较大的换热温差，而氦膨胀或氢膨胀制冷时因小分子气体难以被压缩而导致能耗较高。借鉴天然气液化技术，提出了混合工质多级预冷氢液化循环。图 2-18 给出了两种预冷技术的能耗对比。

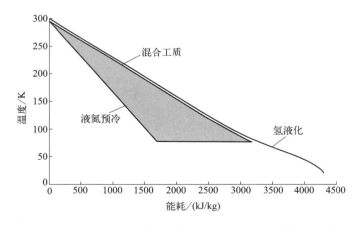

图 2-18   混合工质、液氮预冷技术与氢液化能耗指标的对比

　　氢液化系统能耗、投资成本的降低依赖于流程的创新。目前运行的氢液化装置㶲效率普遍较低，仅为 20%～30%，自 1998 年以来研究者提出的一些高效概念性氢液化流程效率为 40%～50%，如图 2-15 所示。其中 Valenti 提出的大型氢液化创新流程，㶲效率为 50.2%（图 2-19）；Quack 提出的氢液化流程，㶲效率甚至达 52.6%。

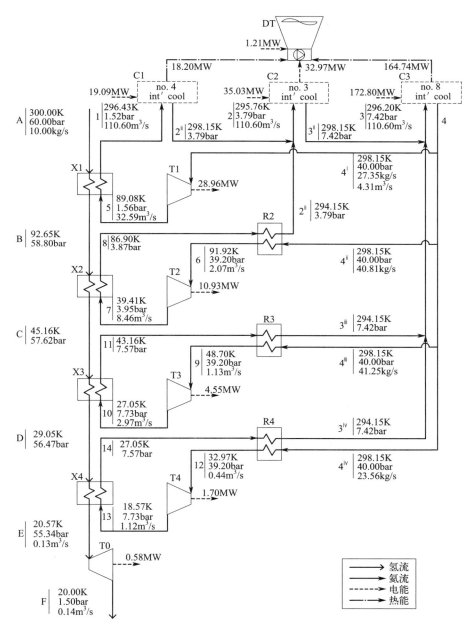

图 2-19　Valenti 氢液化流程

　　Valenti 流程的原料氢状态为 6MPa 标准氢，制冷循环由 4 级氦布雷顿循环级联而成，末级膨胀采用氢膨胀机，能避免闪蒸并降低熵产。

　　Quack 流程（图 2-20）预冷级采用三级丙烷蒸气压缩制冷循环，丙烷制冷循环 1、2、3

级的蒸发温度分别为 273K、247K、217K；制冷级为 He/Ne 布雷顿循环，He/Ne 混合工质中 Ne 的含量为 20%，无纯氖或氢压缩-膨胀制冷；末级膨胀采用氢膨胀机，产生的闪蒸汽被低温压缩机压缩至 8MPa，然后在 He/Ne 循环的低温换热器中冷凝，最后经过节流而液化。

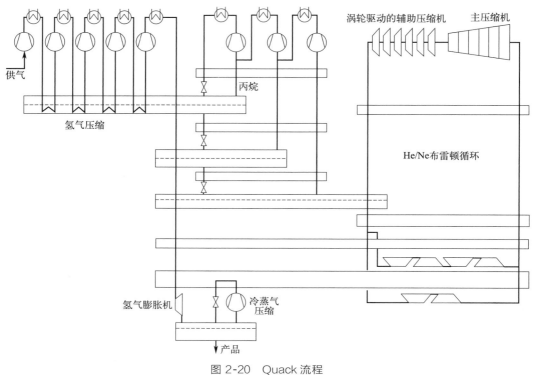

图 2-20　Quack 流程

高效氢液化流程实现的途径还包括：高效压缩，减小换热器的传热温差，正、仲氢连续转化技术，把催化剂布置于换热器通道内，高速氢透平膨胀机技术，提高供气压，增加供气孔，提高材料强度，等等。氢液化系统能耗、投资成本的降低依赖于通过流程创新取代传统技术，可将氢液化能耗降至 12.5kW·h/kg 以下。

2.2　透平膨胀技术及装备

2.2.1　透平膨胀技术及系统控制

低温膨胀机是通过气体膨胀对外输出功以产生冷量的设备，是氢液化等低温系统的心脏，膨胀机技术直接反映氢液化系统的技术水平。根据对外膨胀做功的基本原理，膨胀机可分为活塞式膨胀机和透平式膨胀机（turbo expanders）。膨胀机中气体初压与膨胀后的终压之比称为膨胀比。活塞式膨胀机主要用于中高压、小流量，即膨胀比为 5～40、气体流量（标准状态下）为 50～2000m³/h 的场合。透平式膨胀机主要应用于低中压和流量较大的场合，特别是膨胀比小于 5、膨胀气体流量（标准状态下）超过 1500m³/h 时。与活塞式膨胀机相比，透平膨胀机是一种高速旋转的机械，利用工质速度变化实现能量转换，将高速动能转化为膨胀功输出，实现出口工质内能（温度）的降低，具有外形尺寸小、质量轻、气量大、性能稳定等优点，膨胀过程更接近于等熵（绝热）过程，绝热效率较高。20 世纪 60 年代以来，透平膨胀机逐渐在空分制冷及天然气液化等领域广泛应用。气体温度的降低是在透平膨胀机的两个关键部件——喷嘴和叶轮中完成的。当高压的气体通过喷嘴流道时，喷射作用使气体的速度迅速上升。

图 2-21 为氢液化系统常用的一种气体轴承透平膨胀机的结构示意图。透平膨胀机主要由通流、机体和制动三大部分构成。通流部分主要是由蜗壳、喷嘴、膨胀叶轮（工作轮）、主轴和轴承组成。主轴、工作轮和制动轮也称为转子系统。蜗壳的主要作用是将气体均匀地分配给喷嘴环中的每个喷嘴。喷嘴，也称导流器或叶栅，是透平膨胀机的主要部件之一，用于对从蜗壳进入的气体进行膨胀，产生具有一定方向的高速气流进入工作轮。氢液化系统中工质（氦气或氢气）在喷嘴中完成的能量转换占总量的 50% 左右。为使工作轮获得尽可能大的动量矩，喷嘴设计成圆周分布。工作轮使气流继续膨胀，将动能转化为机械能，并将膨胀功通过轴传递出去，实现温度降低和比焓降低，并通过轴输出，把膨胀后的气体平稳输入扩压器。叶轮常用形式有半开式和闭式。主轴的两端分别支撑在轴承上，轴通过蜗壳的部分设有轴封，通过干气密封减少膨胀气体的泄漏，以及避免透平膨胀机轴冻结。气体经蜗壳分配，在喷嘴内部分膨胀后，以一定的角度和速度进入工作轮膨胀降温，然后经扩压器进入出口，并输出膨胀功。在主轴的另一端需使用制动机构制动，消耗输出的膨胀功，以保持转速稳定。制动机构可以采用制动风机或制动电动机。使用制动风机制动可以回收部分膨胀功用于增压，结构简单，成本低；使用制动电动机制动可以将部分膨胀功直接转化为电能。透平膨胀机转子一般高速旋转，多使用气体轴承支撑。根据转子大小和转速不同，轴承也可采用机械轴承、磁悬浮轴承、油轴承等形式。传统油轴承膨胀机是造成低温设备中计划外维护停机的主要原因，传统轴承技术已被证明是许多低温设备的致命弱点。冷启动和日常摩擦也会导致传统轴承磨损和失效。气体轴承具有较高的承载能力和良好的稳定性，可提高轴承稳定性和使用寿命。箔片轴承是由 R&D 动力公司的创始人吉里·阿格拉沃尔（Giri Agrawal）博士在 20 世纪 70 年代首先在航空航天工业中提出的，可提高低温制冷和气体液化设备的性能。

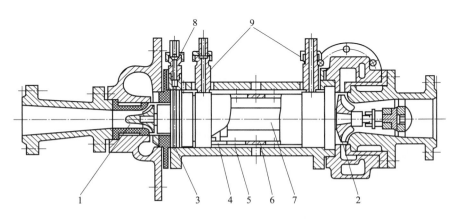

图 2-21　气体轴承透平膨胀机结构示意图

1—工作轮；2—制动风机；3—密封套；4—气体轴承；5—外筒体；6—轴承套；
7—转子；8—密封气接头；9—轴承气接头

蜗壳通常是使用铸铜、铸铝或不锈钢制造的单蜗室，具有良好的气流分配性能，使工质进入工作轮时具有一定角度的动量矩。安装时要使喷嘴端面与蜗壳之间留有空隙，否则会造成气流短路，效率下降。

主轴是透平膨胀机中的高精度零件之一，起传递扭矩作用。主轴一般用3Cr13不锈钢等制成，与工作轮、制动轮、螺母等组成转子。为控制高速旋转时的振幅，各零件及组合后都必须进行动平衡校验。工作轮是决定透平膨胀机性能的关键部件，不仅要有良好的气动特性，还要有足够的机械强度。叶轮流道及加工质量对透平膨胀机的效率有重要影响。

轴承是决定透平膨胀机能否在高速下稳定运行的高精度关键零件。采用静压或动压气体轴承时，径向轴承与止推轴承集成一体，装配同轴度影响整机性能。

透平膨胀机按结构可分为轴流式和径流式透平膨胀机。在工作轮中气体工质的膨胀程度称为反动度。具有一定反动度的膨胀机称为反动式透平膨胀机。当反动度很小（接近0）时，工作轮基本由喷嘴出口气体推动做功，称为冲动式透平膨胀机。根据工质在工作轮中流动的方向，透平膨胀机分为径流式和轴流式以及径-轴流式。膨胀机中工质可以带液，称为两相透平。氢液化系统的膨胀机多采用向心径-轴流反动式透平膨胀机，单级膨胀的比焓降较大，转速较高，结构简单，效率相对较高。

透平膨胀机具有很高的绝热效率，根据不同的膨胀气量和膨胀比，绝热效率一般为65%～90%。提高透平膨胀机的效率，主要通过减少透平膨胀机内部的损失实现。这些损失决定了透平膨胀机的绝热效率，一般反动式透平膨胀机的效率达80%以上。

透平膨胀机内部通常有以下几个方面的损失。

① 流道损失：气体高速通过喷嘴和工作轮叶片流道时，由于摩擦而产生的损失称为流道损失，与气体流动的绝对速度和方向有关。主要表现为工作轮通道中的涡流损失，以及当气流进入工作轮的角度与叶片进口角不一致时产生的冲击损失，等等。

② 漏气损失：气体从工作轮与喷嘴间隙中通过时沿轮盘、轮盖的泄漏损失。对于小分子量的氦气和氢气，由于其更容易泄漏，因此在设计透平膨胀机时，在保障运行可靠性的条件下，应尽量减少各种机械间隙引起的泄漏损失。

③ 余速损失：排出工作轮的气体还具有一定的气体能量，经扩压器后虽能回收一部分动能，但这一过程不可逆，称为余速损失。当透平膨胀机偏离设计工况运转时，余速损失将明显增加。

④ 外部传热损失：沿着制动端到工作轮端，由于轴向温度梯度较大而引起的导热损失等。

当透平膨胀机偏离设计工况，流道内的损失会加剧。例如：严重偏离设计转速时，叶轮进口处，气流对工作轮的相对速度方向会随之改变，造成气流对工作轮叶片的冲击，引起动能损失；装配不当，使喷嘴高度中线与工作轮进口叶高度中线不一致，引起过盖度损失；如果杂质凝固在喷嘴、工作轮上，会使零件几何形状改变，甚至使气体流动堵塞造成固体堵塞损失；固体粉末的高速冲刷，将喷嘴或叶轮的流道表面打毛，也会因表面粗糙度增加造成摩擦损失增加。

透平膨胀机的基本方程，即气体工质在膨胀机内的流动理论主要由状态方程、连续性方程（质量守恒）、动量守恒方程和能量守恒方程构成。

1898年英国物理学家劳德·瑞利（Lord Rayleigh）首先提出应用透平膨胀机获得低温环境的设想。1930年，林德第一次应用单级透平膨胀机实现设想。1939年，卡皮查

（Kapitsa）院士发明了世界上第一台高效率（等熵效率＞80％）径流向心反动式透平膨胀机，实现了空分装置的全低压液化循环，即卡皮查循环。20 世纪 60 年代，美、德、苏等国又相应发展了小型高速、大膨胀比、高压、大功率等多种用途的透平膨胀机。20 世纪 70 年代，能源危机促进了透平膨胀机在能量回收方面的应用。但除了大流量、大功率以及高温条件下的膨胀机采用轴流式之外，绝大多数透平膨胀机采用向心径-轴流式。

膨胀机制造商在工艺流程匹配、特殊材料选用、制造工艺、叶片设计试验、转子稳定性分析等关键技术方面一直没有停止进步和发展。特别是 CFD 等黏性流场分析软件和 ANSYS 有限元分析软件的迅速发展更是为透平膨胀机研究、设计、制造提供了强有力的技术基础。

图 2-22 给出了透平膨胀机内气体温度、压力、流速、焓值参数的变化。气体流出膨胀机时，流速较低，压力、温度、焓值都下降，达到制冷效果。压缩气体在透平膨胀机内绝热膨胀时对外做功。其做功能力等于气流各种形式能量变化之和，即：做功能力＝压力能差＋动能差＋位能差＋内能差。其中位能差可忽略。压力能差与内能差之和为气体在流动过程中焓值的变化，所以做功能力＝进出口焓差＋动能差，这就是透平膨胀机热力学计算的基本关系式，如式（2-3）所示。

$$L = (h_1 - h_2) + (C_1^2 - C_2^2)/2 \tag{2-3}$$

式中　L——膨胀机做功能力，kW；

　　　h_1——膨胀机进口气体焓，kJ/kg；

　　　h_2——膨胀机出口气体焓，kJ/kg；

　　　C_1——膨胀机进口气流速度，m/s；

　　　C_2——膨胀机出口气流速度，m/s。

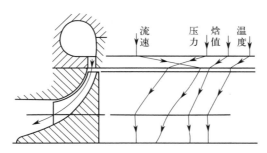

图 2-22　透平膨胀机通流部分气体参数的变化

下面以透平膨胀机中气体流动过程为例，说明气体在透平膨胀机内制冷的机理。

① 气体在蜗壳内的流动。蜗壳的作用是使气体能均匀地进入喷嘴。气体进入蜗壳时，压力、温度较高，流速较低，出蜗壳时各参数都没有大的变化。

② 气体在喷嘴中的流动。气体在喷嘴内不能对外做功，由于流动截面积不断缩小，流速逐渐增加，焓值降低。气体流出喷嘴后，流速增加，焓值降低，压力和温度都随之降低。

③ 气体在工作轮中的流动。高速气流流出喷嘴后推动工作轮高速旋转做功，在工作轮流道中，气体进一步膨胀继续做功，气体做功是靠减小本身的焓值及流动动能来实现的。气体流出工作轮后，焓值、温度、压力都下降，流速也有所下降。

④ 气体在扩压器中的流动。来自工作轮出口的气流速度仍然较快，通过扩压器时，由于气流不对外做功，扩压器截面逐渐增大，气流速度下降，压力和温度也有所提高，可回收一部分动能。

膨胀机等熵（绝热）效率 η_S 是指气体流经透平膨胀机后，实际得到的焓降占理想绝热膨胀焓降的比例，用以衡量透平膨胀机的热力学性能，即

$$\eta_S = \frac{i_0 - i_S}{i_0 - i_{2S}} \times 100\% \tag{2-4}$$

式中 i_0——进口气体的焓值，kJ/kg；

　　　　i_S——出口气体的实际焓值，kJ/kg；

　　　　i_{2S}——出口气体的理想焓值，kJ/kg。

透平膨胀机实际焓降小于理论膨胀焓降的原因是气体流经透平膨胀机过程中存在各种损失。这些具体的损失主要有以下几个方面。

① 喷嘴中的损失。其包括界层摩擦、边界层分离及二次流动等损失。与喷嘴壁面的表面粗糙度、叶片叶型及气流速度有关。

② 工作轮中的损失。气流在工作轮中的流动损失与喷嘴中的流动损失类似，但摩擦损失占主要地位。

③ 余速损失。因气体出工作轮后具有一定速度，经扩压器后虽能回收一部分动能，但这一过程不可逆，即存在余速损失。当透平膨胀机偏离设计工况运转时，余速损失将明显增加。

前两种损失都发生在透平膨胀机流道之内，又叫流道损失。

④ 内泄漏损失。产生于工作轮与气缸壁之间的缝隙，因喷嘴后的气体压力高于工作轮后的压力，有一小股气体从喷嘴出来后不经过工作轮流道而窜到工作轮出口处与主气流汇合。

⑤ 轮盘摩擦鼓风损失。由于工作轮与密封器之间有间隙，在工作轮高速旋转时密封器固定不动，所以间隙内的气体就与工作轮、密封器发生摩擦，摩擦功转变成热能又传给工质，使最佳设计值偏高。以上几种损失可通过设计及工艺措施来减小，但不能完全避免。

⑥ 外泄漏损失。指工质通过主轴与密封器之间的间隙泄漏到外界所造成的冷量损失。低温气体直接外流造成的冷量损失十分严重，必须采取有效密封措施减小损失。

⑦ 偏离设计工况损失。透平膨胀机实际运行中的参数往往会偏离设计值，这就造成了偏离设计工况损失。例如，转速严重偏离设计值时，叶轮进口处，气流对工作轮的相对速度方向会随之改变，造成气流对工作轮叶片的冲击，引起动能损失。其他还有过盖度损失（是指装配不当，使喷嘴高度中线与工作轮进口叶高中线不一致，引起的损失）、固体堵塞损失（主要是指杂质凝固在喷嘴、工作轮上，造成零件几何形状改变，甚至使气体流动堵塞造成的损失）、固体粉末高速冲刷使流道表面粗糙度增加造成的摩擦损失等。

我国最早仿造苏联 3350 型制氧机的冲动式透平膨胀机的绝热效率在 70% 左右。20 世纪 70 年代末，我国自行设计的 3350 型制氧机的反动式透平膨胀机绝热效率在 78%～80%，80 年代初引进德国 Linder 公司技术后，叶轮流道采用了准三元设计，透平膨胀机绝热效率在 82% 左右。到 90 年代初，引进美国 NREC 设计软件及五坐标加工设备后，透平膨胀机绝热效率可达到 85% 左右。

2.2.2　氦透平膨胀机

2.2.2.1　基本结构

氦低温制冷机由高效的压缩、膨胀、换热、回热、传输设备及其附属部件构成。其中核

心部件是实现制冷功能的氦透平膨胀机，利用高压气体在叶轮内部进行膨胀，降低气体的温度，提供低温级的制冷量。氦透平膨胀机是一个小尺寸（直径从几毫米至几十毫米）、超高速（十几万至近百万转每分）的旋转机械。高压工作的氦气在透平膨胀机内部完成急速的状态变换，实现膨胀制冷过程。如此强烈的状态变化过程，很难高效、稳定地进行。另外，氦透平膨胀机的工作温度低、温差大，对材料物性造成很大影响，增加了设计和制造高效、稳定的氦透平膨胀机的难度。

　　氦透平膨胀机是国际低温制冷界公认的大型低温氢氦制冷机中最关键的部件。其结构如图 2-23 所示（参见文前彩插）。以磁轴承膨胀机为例，由两个轴承支撑的主轴两端各有一个工作叶轮。下边的是膨胀机叶轮，从上面的进气口输入高压气体，通过膨胀机叶轮进行膨胀制冷，同时带动主轴旋转，输出轴功，驱动上边的制动叶轮旋转，制动叶轮与气体相互作用，消耗输出的轴功，通过冷却器带走热量。

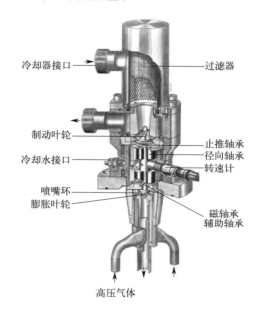

图 2-23　SULZER 公司的氦透平膨胀机结构示意图

　　透平膨胀机是速度型膨胀机，为了保证透平膨胀机达到较高的效率，就要使膨胀气体在工作轮中以较快的轮周速度运动。氦透平膨胀机的特点有以下几个方面。

　　① 氦透平膨胀机工作总流量较小，导致透平膨胀机的工作轮直径很小，约为几毫米到几十毫米；

　　② 为达到较高的透平绝热效率，必然要求转子高转速运行，以获得较快的轮周速度，透平转子的转速达到十几万甚至近百万转每分；

　　③ 由于氦透平膨胀机在低温环境下工作，膨胀机内部单级叶轮上的焓降比普通空气大几倍；

　　④ 氦透平膨胀机的工作叶轮内部空间很小，膨胀机高速运行，工作气体在其内部的状态变化过程十分复杂。

2.2.2.2 关键技术

氦透平膨胀机是一个集热力学、气体动力学、机械动力学于一体的复杂系统。氦透平膨胀机的两大关键技术是：透平膨胀机的高效率运行，高速旋转叶轮机械组件运行的稳定性。这也是衡量氦透平膨胀机性能的两个最为重要的指标。

氦透平膨胀机关键技术难题及其解决途径如下。

① 提高氦透平膨胀机绝热效率。氦透平膨胀机内部是一个复杂、高速的动态流场，国内原来主要基于一元流的建模方式开展设计与研究工作，对内部复杂过程的认知不够深入。中科院理化所探究了利用三元流仿真模拟氦透平膨胀机叶型、几何形状等对效率的影响，提高了氦透平膨胀机的效率。通过研究多种具有高稳定性的轴承形式吸收涡动能量等方法来提高氦透平膨胀机运行稳定性。通过改造商业化 CFD 软件，耦合低温氦气工质对真实气体的影响，将商业化的 CFD 软件应用于氦膨胀机叶轮的设计，研究影响氦膨胀机叶轮最终定型的因素，提高氦透平膨胀机的性能和效率。通过研究，中科院理化所完成了氦低温工质在低温下的物性变化对低温透平膨胀机的三元流设计计算结果可靠性的评估，提出了相应的修正方法，解决了氦透平膨胀机绝热效率低的问题。

② 提高氦透平膨胀机稳定性。轴承始终是氦透平膨胀机稳定性的关键所在。对于最常采用的气体轴承，关键技术包括承载力、稳定性及启停特性。通过合理设计轴承结构、考察轴承及转子的形位公差精度对稳定性的影响以及研究降低摩擦副表面的表面粗糙度等技术，来增强氦透平膨胀机的承载能力。通过增大气体轴承的结构阻尼系数，有效吸收转子涡动失稳的能量，如采用切向供气轴承或箔片轴承等技术来增强氦透平膨胀机的稳定性。通过对转子和轴承进行表面处理和更换气体轴承等方案来深入研究，解决转子启停特性带来的稳定性问题。

对氦透平膨胀机在低温制冷机样机系统中的过程，运用数值模拟技术进行氦气工质膨胀降温过程的动态工况模拟，确定多种变工况情况下制冷系统的性能及控制与保护策略，在制冷机样机的整机联调实验中，进行工况辨识，反馈指导进一步优化性能的方法。

除氦透平膨胀机本身的性能外，氦透平膨胀机的控制策略，尤其是联锁保护控制策略是另一个需要解决的关键技术难题。联锁保护可以避免由意外事故或误操作对人员及机器硬件造成安全隐患。在氦低温制冷系统中，最薄弱的莫过于冷箱内的唯一运动部件——透平膨胀机。在国外先进的氦低温制冷设备中，透平膨胀机控制及联锁保护的设定条件一般多达 10 余条，这样充分保证了透平膨胀机安全、高效地工作。为此在本项研究中，拟将透平膨胀机的联锁保护及其他控制逻辑作为关键问题进行研究，研究中将分析大量的低温控制系统中透平膨胀机受损案例，借鉴国外先进设备中透平膨胀机的控制及联锁保护策略，并辅以透平膨胀机的性能预测程序，确定透平膨胀机的控制策略与联锁条件。

气体轴承氦透平膨胀机的研制主要包括气体轴承透平膨胀机的设计、加工、性能测试、控制策略的制定（含临界工况参数的确定）与最终的实验验证系统调试。根据性能试验结果，完善优化设计，并形成完整的透平膨胀机多目标优化判据。针对透平膨胀机通流部分流道的性能影响和喷嘴的形位因素对性能的影响，指导氦透平膨胀机的流道部分与喷嘴的精细加工策略和装配定位方法，确定形成完整的关键工艺。

2.2.2.3　制动方式

透平膨胀机是大型低温系统的核心部件，高转速平稳制动对透平膨胀机的稳定性至关重要。目前透平膨胀机的制动按照制动原理分类，有油制动、气体制动（风机制动和增压制动）、电磁制动（发电机制动和电磁涡流制动）；按照是否回收功率，分为耗散型（油制动、风机制动、电磁涡流制动）和回收型（增压制动和发电机制动）。

① 油制动。油轴承的油膜同时起到调节功率和润滑支撑作用。调节供油压力可改变透平膨胀机的制动功率和转速。油制动不适用于氦气和氢气工质，因为其容易导致制动润滑油和气体混合污染，加装过滤系统造成系统复杂、高速下油膜空化等问题。

② 风机制动。风机制动在氦膨胀机中最为常见，风机轮在轴功的带动下压缩制动气体，功率转化为热量耗散。优点是气路简单、不给系统带来额外负担、成本低廉等。缺点是功率耗散无法回收。

③ 增压制动。将压缩机叶轮与工作轮同轴放置，制动气体进入增压轮。增压轮在工作轮带动下旋转，压缩制动气体。气体增加压力后重新汇入进气或轴承气回路，减少压缩机耗功。增压制动有效地回收了工作轮的能量，但也增加了气体系统的复杂性。

④ 电磁制动。电磁涡流制动原理：线圈通电，定子和转子之间形成闭合磁路；当主轴旋转时，两者之间发生相对运动，形成交变的磁场，产生电涡流场；电涡流场又产生磁场，对另外一半相对运动的物体产生力矩。电磁涡流制动的优点是调节速度快，结构简单，可实现全自动实时调控。但涡流产生的热全部耗散，对散热提出了较高要求，不适用于大功率透平膨胀机，多用于中、小型氦透平膨胀机。对于大功率的透平膨胀机，可以选用电磁制动的另一种形式——发电机制动，实现能量回收。

2.2.2.4　研制案例

以气体轴承氦透平膨胀机的研制为例。如前文所述，透平膨胀机的性能分为热力性能与力学性能（即稳定性能），需要分别予以研究。

对于热力性能的研究，首先将在修正的前提下，采用商业的叶轮三元流场分析软件，对透平膨胀机使用低温氦介质的叶轮进行三元流设计与分析，设计出具有良好三元流动性能的工作叶轮与制动叶轮；其次，在较为全面地考虑透平膨胀机流动损失、漏热损失、漏气损失等的基础上，建立透平膨胀机性能预测程序，对透平膨胀机除叶轮以外与热力性能相关的部件进行结构优化，以提高其热效率。

对于力学性能的研究，主要通过搭建气体轴承实验台，进行大量的实验研究来实施，研究内容包括：通过合理设计轴承结构、提高轴承与转子的形位公差精度以及降低摩擦副表面的表面粗糙度等技术，来增强氦透平膨胀机的承载能力；通过采用切向供气轴承或箔片轴承等高稳定性轴承技术，来增大气体轴承的结构阻尼系数，有效吸收转子涡动失稳的能量，从而增强氦透平膨胀机的稳定性；通过对转子和轴承表面处理的深入研究，解决转子的启停性问题。

以应用于 2kW@20K 制冷机的氦气轴承透平膨胀机为例，主要技术指标如下：

① 氦透平膨胀机的膨胀气量约为 80g/s；

② 氦透平膨胀机的绝热效率≥70%；

③ 氦透平膨胀机的设计平均无故障时间（MTBF）>8000h。

根据 2kW@20K 氦低温制冷机系统流程设计，氦透平膨胀机设计参数如下：

工作介质：氦气　　　　　　　　　　质量流量：104.5g/s；

入口压力：696kPa　　　　　　　　　入口温度：22.82K；

出口压力：125kPa　　　　　　　　　出口温度（参考）：14.68K；

轴承气供气压力≤7bar　　　　　　　轴承气排气压力≥1.1bar（绝压）。

氦透平膨胀机采用立式安装，下机体焊接在冷箱上，进排气口与冷箱内管道焊接，减少氦气泄漏。

氦透平膨胀机是低温制冷系统的关键部件，设计时应考虑以下问题。

（1）保证透平膨胀机效率

参考空气透平膨胀机和国内外现有氦透平膨胀机的参数，根据以上设计参数及要求，对反动度、轮径比等参数进行优化，采用一元流设计方法对透平膨胀机流通部分进行设计，确保其最佳工作性能。计算得到透平膨胀机工作轮直径为 35mm，转速为 120kr/min，设计效率≥70%。在透平膨胀机通流部分设计时，利用 FLUENT 软件模拟气体在导流器流道中的流动状况，分析气体流动中的影响因素，改进流道叶型，使喷嘴流道内气流分布变化平稳，减小流动损失；采用 NREC 软件对透平工作轮进行设计，调整不同的结构参数，通过流场及结构分析优化流道参数，提高工作轮的效率；通过精密加工保证流道尺寸及粗糙度，减小流动损失。喷嘴和工作轮流道压力分布见图 2-24（参见文前彩插）。

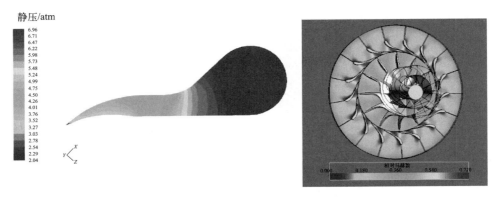

图 2-24　喷嘴和工作轮流道压力分布图

透平膨胀机热端结构设计采用风机制动，制动轮直径 60mm，采用直叶片铝合金叶轮。制动气由流程气经降压引入，在必要时可调节制动风机内循环压力以改变制动功率，排气通过水冷式集成换热器冷却。风机冷却器采用闭式水冷却循环，集成在风机壳上，并预留风机进气口及冷却水进排气口，结构简单紧凑。

透平膨胀机冷端温度极低，漏冷损失比较大，将直接影响效率。为降低漏冷损失，总体采用立式结构，半开式反动式铝合金工作轮在下方，并尽量使冷端机体深入真空保温腔内。低温端零件采用薄壁件，扩压器采用双层扩压筒结构，对扩压器排气进行保温，增加迷宫顶气，减少冷气轴向泄漏。

（2）透平膨胀机的高速稳定性

气体轴承采用动静压气体混合轴承，该轴承承载能力大、工作可靠、技术成熟，在我组提供的透平膨胀机中广泛使用。轴承常温进气，表压为 6.5bar，可由流程气降压引出，排气接入系统低压管道中。

　　氦透平膨胀机采用多排切向小孔供气径向轴承（止推轴承与径向轴承为一体）以及单排环形小孔供气止推轴承，在径向轴承上增加 O 形圈，提高轴承阻尼，确保氦透平膨胀机的稳定运行。在结构设计中，通过 CFD 模拟分析径向轴承与止推轴承供气孔数、供气孔位置、供气压力等对轴承承载力、气体流量的影响规律，通过调节间隙和结构尺寸使轴承在保证刚度的前提下耗气量尽量小。径向轴承和止推轴承压力分析见图 2-25（参见文前彩插）。

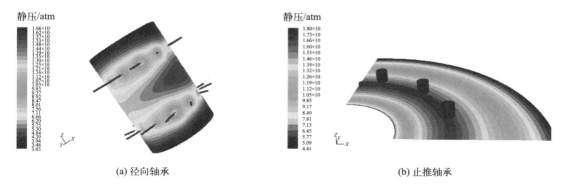

(a) 径向轴承　　　　　　　　　　　　　　(b) 止推轴承

图 2-25　径向轴承和止推轴承压力分析图

　　转子是透平膨胀机中唯一的高速运转部件，它对膨胀机的效率、稳定性都有很大影响。为减少轴向导热和减轻转子质量，采用钛合金为主轴材料，设计了单止推盘在制动端的结构，并通过比较不同的结构参数选取最佳的转子长度、止推盘直径和厚度、径向轴承承载位置，在保证气体轴承承载力的同时提高转子的临界转速。转子采用整体车制，从而提高转子强度，最大限度减少转子不平衡量。在转子表面加工出 π 型槽，这种槽在两端可以有很小的槽角，能够更好地利用斜槽的泵入效应，从而提高承载能力；中间是平行槽，能够发挥台阶效应，既能有很好的稳定性，又能提高承载能力。如图 2-26（参见文前彩插）所示，为提高透平膨胀机的稳定性，通过转子动力学分析，实际转速要远离转子共振模态。

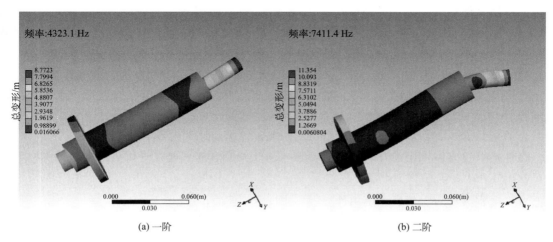

(a) 一阶　　　　　　　　　　　　　　　(b) 二阶

图 2-26　转子一阶和二阶振型图

　　在确定结构和零件形式后，根据其所处的温区、受力情况和性能要求分别选择不同的材料，并对各运动部件进行了强度校核，还对膨胀机部分部件进行了热胀冷缩和导热、漏热的估算，确定最终的透平膨胀机结构方案（图 2-27）（参见文前彩插）。

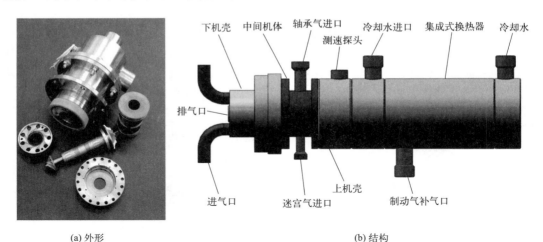

(a) 外形   (b) 结构

图 2-27　理化所 2kW@20K 制冷机氦透平膨胀机外形和结构图

采用该方案设计的氦透平膨胀机性能满足流程设计要求，保证氦制冷机可长时间高效稳定运行。

氦气体轴承透平换热器集成在风机壳上，冷却制动增压后的氦气。氦气体轴承透平换热器设计换热量为 670W，采用光管绕管式换热器，共分为三层，每层四根 $\phi10$ 紫铜管，管内通有冷却水，冷却水进口温度为 25℃，出口温度为 29℃，冷却水量为 $0.15m^3/h$。

为考察氦透平膨胀机的性能，保证氦透平膨胀机稳定性，发现设计可能存在的问题，在氦透平膨胀机装入 2kW 制冷系统冷箱之前，需要对氦透平膨胀机进行常温稳定性及超速试验。由于氦气昂贵，调试时仅轴承气使用氦气，驱动气仍为空气，稳定性试验中氦透平膨胀机在设计转速 12kr/min 状态下维持运行 15min，在多次试验过程中膨胀机轴承-转子系统稳定性优异，未出现任何轴承失稳和转子卡死现象，超速试验时透平转速达到 132kr/min，膨胀机依然能够稳定运行。

2.2.2.5　安装调试与性能测试

（1）透平膨胀机安装

透平与冷箱壁面的连接采用焊环焊接，机体法兰与焊环采用螺钉紧固连接，法兰与法兰间加橡胶 O 形圈密封，防止低温气体泄漏。机体与集成式换热器同样采用法兰连接与 O 形圈结合的密封方式。轴承气进排气接口及密封气进气接口采用螺纹金属软管连接。

在连接管道之后，应当开启压缩机，让压缩气体通过透平进气阀和从透平下机体的顶部开口吹出 1～2h，确保系统干净，使透平工作时，不会有直径超过 $50\mu m$ 的灰尘或固体颗粒进入透平。否则，透平会被严重损坏。

透平膨胀机连接完成以后，缓慢开启轴承气供气阀，观察透平转速。透平转速随着轴承气压力上升而加快，最终达到稳定，当轴承气供气压力（绝压）在 2bar 时，透平启动，稳定速度达到 6200r/min 左右，则表示透平安装完好；否则需要拆卸透平膨胀机检查。

（2）透平膨胀机调试

系统循环调试完成以后，检查透平轴承气压力，确认轴承进气压力为 0.6～0.7MPa，调节透平进气阀与旁通阀，逐渐开启透平膨胀机，并维持系统压力稳定。启动过程中保证透平缓慢升速，每上升 10kr/min，停留 1min，转速稳定后，再缓慢开大进气阀门，直至透平转速达到 120kr/min。在透平膨胀机调试过程中注意观察、记录透平膨胀机进出口气体压力、温度，轴承气、迷宫气压力，以及制动风机温度。

（3）透平膨胀机整机性能测试与分析

在前期联机调试及后期正式运行期间，共使用透平整机两套（转子编号 1、2），拆机一次。1 号转子在联机调试期间经历多次启停，从 2012 年 1 月 7 日开始进行低温试验，在低温试验中，出于对透平膨胀机的保护，控制转速始终没有超过设计转速，透平膨胀机最高转速为 118kr/min，多次升降转速过程均平稳顺利完成，最低制冷温度达到 18.25K。2 号转子在 3 月 1 日安装完成以后，经过前期调试稳定后，自 3 月 4 日透平膨胀机连续运行，转速一直稳定在 118kr/min 左右，出口温度达到 16.78K，并提供 2kW 以上制冷量。

1 号转子经历过 5 次长时间低温试验，最长持续运转时间 13h，最高转速 118kr/min。2 号转子连续运行 7d，透平膨胀机转速一直稳定在 118kr/min 左右。1 号、2 号转子在多次启停及长期运行试验中未出现任何轴承失稳和转子卡死现象，透平膨胀机在运转过程中无明显震动及异响，轴承工作状况良好，透平膨胀机稳定性满足设计要求。

在系统联机调试后系统检修期间，拆下 1 号转子透平膨胀机进行检查，结果如下。

拆卸导流器，导流器石墨衬局部有少量痕迹，经判别为拆卸时剐蹭，石墨衬无松动；工作轮完好，叶片外边缘有黑色剐蹭痕迹；工作轮、风机轮螺钉完好，无松动；拆卸透平转子，转子上下部有蹭伤痕迹，但转子表面无严重磨损；径向轴承止推面外沿有圆形蹭伤痕迹，擦拭后止推面仍光滑；机体迷宫有轻微剐蹭痕迹。

引起透平膨胀机径向轴承损伤的原因可能有：开机时误操作造成在无轴承气保护下启动透平或者径向轴承承载力不足，目前无法辨别；在调试过程中发现透平膨胀机进气阀关不严，导致阀门未开启时有高压气泄漏推动透平转动。经建议摘除透平轴承气路原有控制部件，保持透平轴承气路常开，将轴承气路调整至冷箱高压进气阀前。

1 号、2 号转子透平膨胀机在联机调试及正式运行过程中，根据记录的测试数据对透平膨胀机的热力性能指标进行计算，透平膨胀机最低温度分别达到 18.25K、16.78K，最终稳定运行工况下透平绝热效率大于 70%，显示透平膨胀机的热力性能指标达到原设计要求。

正式连续运行后获取透平运转数据如下：透平进口压力 6.34bar，进口温度 23.97K，出口压力 1.28bar，出口温度 16.78K，透平的绝热效率大于 72%，膨胀机的最大制冷量超过 2.2kW。

在氢气透平膨胀机调试过程中，如果透平进气压力已经达到设计值而转速还不到预定值，说明制动太强，可以适当降低制动压力，提高透平转速。操作时要特别注意，不要发生超速。

如果转速已经达到设计值而透平进气压力低于预定值，说明透平制动太弱，可以适当增加制动端的压力，降低透平转速，然后缓慢增大透平进气阀的开度，使转速上升，进气压力也会上升。

对透平转速和进气压力进行调节，可以找到透平的最佳效率，但是透平转速和进气压力、温度有可能略偏离设计值。

2.2.2.6 加工工艺设计

氢透平膨胀机的加工工艺设计控制要点如下。

① 工艺特征：氢透平膨胀机具有特殊性，主要特点是转速高、尺寸较小、材料特殊、精度要求高；核心部件是转子，由主轴、工作轮、风机轮组成。

② 材料：氢透平膨胀机的工作轮采用半开式圆柱形径-轴流向心叶轮，由超硬铝 LC4 制成；制动轮采用半开式径向直叶片，材料为 LC4。工作轮与制动轮（或增压轮）的叶片铣制加工通常在数控五轴铣床上完成。

③ 主轴加工：主轴是透平膨胀机转子的核心部分。主轴材料为钛合金 TC4，材料密度小、韧性好，加上主轴细长，在车加工中易吃刀及变形，比较难加工。在主轴的两端镶入 45 号钢圆块实现磨削加工，解决了磨削过程中出现的技术问题。

④ 高速动平衡：转子动平衡试验是一项重要的工作。动平衡精度要求高，需做动态动平衡试验，理化所高速动平衡试验的转速可达 58kr/min。

⑤ 透平膨胀机装配：氢透平膨胀机的装配需符合装配间隙表的要求，为保证转子动平衡精度，不允许随意调换转子零件。

2.2.3 氢透平膨胀机

2.2.3.1 氢透平膨胀机的发展

（1）研究现状

昂尼斯首先提出使用透平膨胀机使氢气液化，但受限于当时技术水平，这种理念在当时仅仅是一个概念。透平膨胀机在氢液化系统中的应用直到 20 世纪 70 年代才得以实现。目前，国际上从事氢透平膨胀机研制开发的企业主要有美国 Praxair 和 Air Products、瑞士林德、法国液化空气集团以及捷克 Ateko 等。这些技术领先的气体公司，氢透平膨胀机研究工作开展较早，技术成熟，有系列化的成熟产品。林德公司的 TED 系列透平膨胀机十几年来在 Leuna 氢液化站稳定运行。日本的川崎重工，近年来也成功研制出了转速高达 100kr/min 的氢透平膨胀机，已经于 2017 年在实验性氢液化站投入使用。

我国从事低温氢透平膨胀机的研究起步较晚。1981 年，由航空工业部 609 所研制的氢透平膨胀机在液氢装置上进行试验。该透平膨胀机采用气体轴承，入口压力 0.5MPa，出口压力 0.15MPa，转速 85～87kr/min，流量 2700m³/h，绝热效率为 60%～68%。杭州杭氧膨胀机有限公司为山东某石化企业设计了一台用于化工领域的氢透平膨胀机，这台工业氢透平膨胀机采用增压制动，转速可达 48.1kr/min，进出口温差为 20.7K。

国际上有关研究表明，氢透平具有一些不同于氦透平的特点。例如 RTV-0.7-11 型氢气透平膨胀机，转速 10kr/min，制冷功率 30kW，运转过程中会产生巨大温差和高流速，大温差和高流速对内部构件产生较大影响。某型号氢透平膨胀机在提高转速后，相应的最大工作效率也会提高，排气温度进一步降低，此时低于密封气的凝固点，因而需要寻求氦气干气密封。氢是一种危险的爆炸性气体，在运行过程中必须防止空气进入膨胀机，因此在氢透平膨胀机研制中，设备的密封性是研究重点。膨胀比为 80 的四级氢透平膨胀机在工作条件下的绝热效率可达到 65%，高性能高压氢气透平膨胀机的使用大大提高了大型氢液化装置的产量。

在国内，随着煤化工、石油化工的快速发展，氢透平膨胀机在低温分离甲烷制 LNG 装置、烷烃脱氢制烯烃装置等领域逐渐得到重视。氢透平膨胀机在国内主要应用于异丁烷脱氢制异丁烯、甲烷制 LNG、丙烷脱氢制丙烯以及丙烷脱氢项目中。

国外一些研究机构和学者也对水平更高的氢透平膨胀机进行了一些预研工作。1997 年立项的日本 WE-NET 氢能项目提出的透平膨胀机流量远远大于如今已经面市的透平膨胀机，两级透平的流量分别为 18.49kg/s 和 17.54kg/s，叶轮外径处线速度高达 458m/s 和 385m/s。川崎重工生产的氢透平膨胀机采用气体轴承，转速达 100kr/min。

（2）设计应用

国内企业及某些高校和研究机构，已具有独立设计制造氢透平膨胀机的能力。我国航空航天工业、化工行业的发展以及对清洁能源的需求，使氢透平膨胀机的市场越来越广阔。

氢液化系统中，使用带有透平膨胀机的克劳德循环获得液氢，综合考虑了系统的可靠程度、循环效率、成本投资等因素，是较为成熟可靠的方法。提高克劳德循环氢液化系统的性能，透平膨胀机是关键。随着大型低温系统向更大制冷量发展，透平膨胀机呈现重载、高转速的趋势，传统的机械轴承和气体轴承逐渐不再适用，磁悬浮轴承可以发挥更大的优势。

磁悬浮轴承是利用磁场力使轴悬浮的轴承，是一种新型的非接触式轴承，结构如图 2-28 所示。磁悬浮轴承的工作原理为：当转子由于扰动而偏离平衡位置时，靠永磁磁场的作用和励磁线圈所产生的磁场进行调节，通过调节电流的大小使转子回到平衡位置。其具有低功耗、无污染、寿命长、损耗小、精度高等优点，对极端高温、低温、真空等特殊环境都具有较好的适应性，适用于透平膨胀机的支承。磁悬浮轴承转子系统的设计是典型的多学科交叉领域，设计过程涵盖了电磁学、结构力学和转子动力学等。低温透平膨胀机中，制动功率匹配和及时调速也非常重要。电涡流制动器响应速度快、制动迅速平稳，易于实现自动控制，有利于膨胀机的稳定运行，是一种较为新颖的透平制动调速方式。

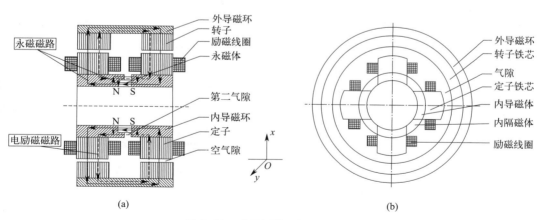

图 2-28　磁悬浮轴承的基本结构

图 2-29 为一种应用于大型氢液化装置的典型氢透平膨胀机。和大多数用于低温装置的透平膨胀机一样，氢透平膨胀机是高速向心装置，气流沿着径向流入透平叶轮，从轴向流出。进口叶轮和进口蜗壳内置于坚固的冷透平外壳中。后者有单个的金属密封盖，同时带有出口扩散器和排气管。透平转子的轴承在室温下，只有顶端承载透平叶轮伸入冷透平壳体。冷透平壳体间隙中保持高真空，以降低传热损失。氢气进入透平前通过过滤器，以防止异物

导致透平和进气叶轮损坏。在入口和出口管线中充满了氢气。透平、过滤器和手动阀都由单独的真空覆盖防护罩和几个辐射屏蔽罩所保护。

(a)   (b)

图 2-29　应用于大型氢液化装置的氢透平膨胀机

设计氢透平膨胀机的主要困难之一在于密封旋转的透平轴以防止任何气体逸出。对于转速约为 100r/min 的轴，实际上不可能实现对氢气的绝对密封，只能采用类似活塞压缩机的迷宫样式密封。

由于市场上没有合适的氢透平膨胀机，因此往往由制造商自己开发，开发工作涵盖以下内容：使用空气对模型车轮进行流量测试，以确定流量系数和效率；高速条件下气体轴承的轴承试验；使用空气和氢气的原型透平的设计和测试。

氢的物理性质（特别是其气体常数、比热容和热导率）在很大程度上决定了开发氢透平膨胀机的可能性，这与空气透平膨胀机有很大的不同。与最广泛使用的空气透平膨胀机相比，在相同程度膨胀下，氢气透平膨胀机应具有大得多的叶轮圆周速度和相对于流速通常更高的转子转速。透平膨胀机工程的标准还不足以开发透平膨胀机用于氢液化器中的氢膨胀。在一些工业氢气液化器中，最后冷却阶段氢气压力相对较低，氢气在往复式膨胀机中膨胀时使用。这些液化器中使用的单级高效透平膨胀机是由俄罗斯 Geliimash 首先开发的，已经成功地取代了往复式膨胀机。这些透平膨胀机后来进行了现代化改造，等熵效率增加到 80%。在较大的氢液化器中使用高压氢回路（高达 12MPa）。在冷却氢气的后级，氢气在节流阀中膨胀。然而，这种液化器不是很经济。为提高氢气液化效率，Geliimash 开发了四级高压透平膨胀机用来代替节流阀。

氢气分子量小，在氢气膨胀机进出口压缩比相同的情况下，单位质量氢气的焓值比单位质量空气的大，因此，要让氢气膨胀机拥有较高的效率，就必须尽可能让叶轮保持高转速。杭氧设计制造的首台氢气膨胀机设计转速达 51kr/min，叶轮外沿线速度超过 400m/s。高转速给主机部件材质、轴承设计、转子动力学等都带来较大影响。为适应高转速条件下的叶轮强度要求，采用钛合金作为叶轮材料。美国石油学会标准《轴流、离心式压缩机及膨胀机-压缩机》（API 617—2014）规定，对于氢的分压超过 689kPa 或氢气摩尔分数大于 90% 的设备，其材料的强度有上限要求，在设计选材过程中应加以考虑。为使转子动力学符合该标准的要求，在结构设计方面考虑了在保持适当密封长度的条件下采取尽量缩短转子悬臂长度、调整轴承开档跨距、采用合适的轴径等措施。对于密封形式，除了普通的迷宫密封外，还可采用干气密封、碳环密封等方式，但受制于国内外现有制造水平，不同的密封方式和密封轴径允许的最高转速不同，密封成本及结构尺寸也相差很大，设计时需综合考虑。该标准规定，临界转速和放大系数应由阻尼的转子不平衡响应分析来确定。

2.2.3.2 氢透平膨胀机实例：测试和设计方法

低温氢制冷装置设计中的关键之一是设计高效率的膨胀机。对于液化率大于 5t/d 的氢液化系统，一般采用氢气透平膨胀机。

由于氢气的物性，高效的氢气透平膨胀机具有较低的质量流量和较大的焓降，通常需要直径较小的叶轮和较快的圆周速度。高速氢透平膨胀机设计的主要挑战是转子的稳定性和轴承的可靠性。俄罗斯 Cryogenmash 公司在 VNIIKriogenmash（全联盟低温机械科学研究所）工程使用的氢透平膨胀机型号为 RTV-0.7-1.1，转速为 100kr/min，制动功率 30kW（图 2-30）。

透平膨胀机采用单级向心涡轮（即透平），转子在滑动油润滑轴承中转动。氢透平膨胀机工艺部分由导向机构和叶轮组成。环形导向机构有两个圆盘：叶轮和轮盖。叶轮为整体铣削加工，汇聚流动喷嘴横截面为矩形，镀铬喷嘴由黄铜制成，以防止腐蚀。采用径向-轴向半开式叶轮，通道在入口处设有 90°固定角度的叶片，然后沿着螺旋线在气流方向上定向，使叶片在垂直于旋转轴的任何平面中横截面对称轴指向径向。这导致叶片仅在张力下运行，并防止它们在旋转过程中受到离心力作用而弯曲。这种叶片设计确保在叶轮圆周速度约为 400m/s 时有足够的机械强度。透平膨胀机叶轮外径为 70mm，叶轮平均出口直径与入口直径之比为 0.4。转子由径向轴承和径向推力轴承支撑，油制动器的衬套安装在轴承之间，由通过针阀的独立系统供油，通过阀门调节油量，由制动器实现转速调节。供油系统由一个齿轮泵组成，带有独立的电动机、过滤器和油冷却器，安装在油箱上。氢气透平膨胀机的机械试运转（即运行期间可能存在的实际负载测试）采用干燥、清洁的空气，目的是确定机器在设计速度和气体压力下的可操作性。影响高速透平设备可靠运行的主要因素是同步振动、转子的不稳定自振和轴承过热。转子的振动特性由安装在悬臂上的电容传感器测量。

图 2-30 RTV-0.7-1.1 氢透平膨胀机及其导流机构

氢气透平膨胀机测试的第一阶段空气试验是为了确定其在高速带载运行下的稳定性，并确定其在不同速度下的特性。测试入口压力（绝压）约为 7bar，背压为 2bar。试验台是一个封闭系统，在其中进行完整的制冷循环。透平膨胀机绝热效率根据静压测量、膨胀机入口和出口的温度估算。测试的第二阶段是在使用氢气工质的操作条件下进行的，迷宫的氢气泄漏不超过 1.5%。在转速 90～100kr/min 时，透平膨胀机最大效率为 75%。空气与氢气性能曲线见图 2-31。

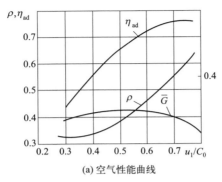 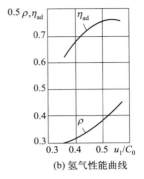

(a) 空气性能曲线　　　　　(b) 氢气性能曲线

图 2-31　RTV-0.7-1.1 氢透平膨胀机空气与氢气性能曲线

图 2-31 是 RTV-0.7-1.1 透平膨胀机在不同转速下使用空气工质与氢气工质试验的性能比较，其中以入口温度为 138K 的空气试验的目的是测试机械和材料在低温工况下的可靠性。更重要的目的是近似模拟氢气膨胀机的特性比，图 2-31 中的横坐标就是透平膨胀机的特性比，它是影响透平膨胀机效率的一个重要参数，是多个因素的综合反映；定义为实际叶轮圆周线速度 u_1 与等熵膨胀理论速度 C_0 的比值。图中纵坐标为透平膨胀机绝热效率、反动度和无量纲化的流量，均为小于 1 的无量纲小数，其中 η_{ad} 表示绝热效率；以 ρ 表示透平膨胀机的反动度，代表工质在工作轮中的膨胀程度；$\bar{G}$ 为简化的无量纲气体流量，定义为透平膨胀机入口气体流量 G 乘以入口温度 T_0 的平方根与入口压力 P_0 之比，即：$\bar{G} = G \sqrt{T_0}/P_0$。为了清晰地在一个坐标范围内显示不同的性能参数，右图反动度的纵坐标读数为实际数值的一半，即 0.5ρ。从图中可以看出，绝热效率和反动度随着特性比的增大而呈上升趋势；但对绝热效率而言存在最佳特性比，该氢气透平膨胀机的最佳特性比在 0.55 左右，此时绝热效率约为 0.75，对应的透平转速约为 $(90～100) \times 10^3$ 转/分。由于试验采用的是空气孔板流量计，右图未给出氢气流量测试数据。

2.2.3.3　美国 APCI 公司低温透平膨胀机设计方法

精心设计好一台膨胀机需要考虑的因素较多，需要一定的经验积累。商业软件 NREC 的方法与我国传统设计方法有较大区别，叶片的成形、空气动力学分析处理、叶轮加工方法都不一样。

作为径流透平设计制作领域较为先进的设计软件，美国 NREC 公司的透平设计加工软件，包括透平膨胀机性能预测程序、叶片详细设计分析程序以及叶轮加工程序，包含许多试验数据、经验公式，有些资料来自 NASA（美国航空航天局）等技术报告。下面以美国空气制品与化学公司（APCI）氮气低温透平膨胀机为例，简要介绍 APCI 低温透平膨胀机的工作轮和扩压器的设计过程。该膨胀机由 NREC 公司设计，获得了较高的效率（92%）。

（1）设计输入（设计条件）参数

入口压力（绝压）：47.28bar　　　　　转向（从排气口看）：逆时针

出口压力（绝压）：6.41bar　　　　设计转速：27.4kr/min

入口温度：-99.8℃　　　　　　　　叶轮材料：铝合金

流量：17.7kg/s　　　　　　　　　　喷嘴数量：12

工质：氮气　　　　　　　　　　　　扩压器最大直径：202.7mm

（2）设计步骤

① 气体动力学设计。气体动力学设计分为初步设计和详细设计。初步设计为确定最佳总体结构尺寸，通过总体设计参数得到膨胀机初步性能；详细设计的对象是叶轮和扩压器。叶轮设计以流动分析为基础，扩压器设计是在允许的轴向长度内得出最佳扩张角。

② 叶片的几何形状设计。一种方法是给出中弧线坐标及垂直中弧线的叶片厚度，轮盖与轮盘间的轮廓线由这种方法定义，轮盖到轮盘叶片的轮廓线由直线元素规定。另一种方法是给出叶片吸力面与压力面的空间坐标。

③ 工作轮的设计。工作轮的设计是一个迭代过程，包括叶片形状定义与流动分析，详细设计由 NREC 的 COMING 模块进行优化，叶片形状定义由几何构造模块 BANIG 完成，最终的叶片确定是通过比较一系列设计的叶片表面速度来进行的，特别是评价与表面速度相关的扩散速度与扩散率。

叶片形状选择的主要步骤：选择子午面流道，选择叶片厚度分布，确定最终叶片的角坐标分布。

从进口到出口，叶片是径向的，为保证光滑，分布由一系列三次方程的曲线组成。

叶轮子午流道：轮盘和轮盖的轮廓以子午面和叶片表面速度为基础，流道宽度和分离叶片出口前轮盘壁面曲率相对较小，是为了降低轮盘流道吸力面的扩散。

膨胀机调节范围为80%～120%设计流量，可通过减小工作轮出口叶片角以增大喉部面积来增大流通能力。

④ 下游扩压器的设计。选用圆锥形扩压器，与带中间体的环形扩压器相比，可以消除叶片共振。

氢透平膨胀机的基本结构见图 2-32。

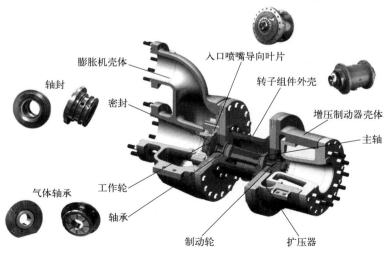

图 2-32　氢透平膨胀机的基本结构

⑤ 膨胀机性能预测。在上述详细设计分析基础上，确定最终设计参数，利用 NREC 性能预测程序 RITDAP 进行性能预测。

2.2.3.4 氢透平膨胀机的过程控制

透平膨胀机的过程控制主要包括透平的启动、透平转速调节、透平运行模式的转换以及透平的停止。透平启动、停止信号与透平的三种运行模式是一种互锁关系，启动透平前须从设计、混合和液化模式中选择任一种模式。只有设计、混合和液化中的一种模式被选中以后，启动信号才能被激活。系统启动前需要检测冷却水温度、转速器电阻以及制动绕组电阻，满足条件后打开轴承气进气阀，随后延时 4s 打开过程气控制阀，在透平启动流程中需要注意 DCS（集散型控制系统）控制进气阀与主流程的配合。当 DCS 系统收到 Ind80 信号后，可以开主进气阀 5% 开度。随后透平的转速首先升到 80% 的额定转速，等待 2min 后将继续升到 100% 的额定转速。此时根据负载需求可以继续开大供气阀，但是透平转速基本不变。停机的过程是启动的逆过程，首先逐渐关闭主进气阀，当关到 20% 时，按下 STOP 按钮，系统根据停机流程进行停机。首先关闭进气阀，然后打开轴承气阀，此时运行状态反馈为停止信号，会自动将转速减到 90%。制动电流设置为 0A，等待 70s 后，逐渐开始停机，当停机状态有反馈信号时，将系统主进气阀关闭。

为保护透平设备设置了一些保护条件，这些条件会在运行过程中被激活。表 2-3 为透平膨胀机的联锁保护条件。除表 2-3 中所列的保护条件外，还有供电电压保护。

表2-3 透平膨胀机的联锁保护条件

序号	保护名称	保护参数	延时/s	保护动作
1	冷却水过热保护	> 40℃	30	停透平
2	冷却水流量保护	冷却水流量	30	停透平
3	转速计电阻与转速信号检查	$R < 50\Omega$ 或 $R > 1k\Omega$ 或 $U < 0.8V$	0	中断透平启动
4	制动电阻检查	$R < 30\Omega$	0	中断透平启动
5	低轴承气压保护	< 5bar	30	停透平
6	透平压力保护	> 13bar	1	停透平
7	最小转速保护	< 79998r/min	10	停透平
8	最大转速保护	> 180000r/min	10	停透平

以下几种情况会导致透平损坏：

① 透平运转时，轴承供气压力过低（≤0.6MPa）或中断；

② 轴承气含直径大于 $2\mu m$ 的固体颗粒或水、油；

③ 超速；

④ 排气温度过低致使膨胀机带液。

注意以下事项。

① 应确保精过滤器后管路高度清洁。连接透平膨胀机轴承供气管路时，应确保精过滤器后的供气管内无灰尘等固体颗粒、水、油、清洗剂等。精过滤器后的所有阀门、管路等均应采用不锈钢或铜材，保持管路洁净。

② 轴承供气在任何情况下都禁止突然中断。

③ 在遇到停电等紧急停车情况时，应立即关闭透平进气阀门，同时尽量延长轴承供气

时间。

④ 气体轴承透平膨胀机在正常使用时能够长期运行而不需要维修，请勿自行拆卸保养。

⑤ 膨胀机为高精密机械，绝对禁止灰尘、液体进入膨胀机，应置于清洁、干燥处，严禁露天存放。搬运、安装时，禁止磕碰透平底部导流器，禁止导流器直接受力。

⑥ 安装测速探头时请勿用力紧固螺钉，避免探头碰到风机轮叶片损坏探头。探头与风机轮测速螺钉间距以 1~2mm 为宜。

2.2.3.5　氢透平膨胀机开机与试验方案实例

（1）运行前的准备

确认轴承气、密封气供气管道经气流吹除后没有直径大于 $2\mu m$ 的颗粒。确认主系统和透平进气管路没有直径超过 $50\mu m$ 的颗粒。

确认轴承进气和透平进气无油、干燥。透平进气露点要低于 $-60℃$，同时，二氧化碳的含量不得高于 $2\mu L/L$。

打开轴承进气阀并进行调节，使轴承进气压力为 0.6~0.7MPa。

调节减压阀使密封气压力稳定在 0.22MPa 左右。

调节减压阀使制动气压力稳定在 0.12MPa 左右。

全开排气阀，确保透平排气通畅。

（2）启动透平膨胀机

只有上述各种准备完毕后才可以开启透平。缓慢打开透平进气控制阀，启动透平，特别注意不要超速，确保系统压力稳定。

① 升速限制：启动过程中保证透平缓慢升速，每上升 10000r，停留 1min，转速稳定后，再缓慢开大进气阀门。在跨越转子系的刚体固有模态时要迅速通过。

② 透平膨胀机的调节：如果透平进气压力已经达到设计值而转速还不到预定值，说明制动太强，可以小心地关小制动排气阀，降低制动气体流量，这样转速就会升高。操作时要特别注意，不要发生超速。

如果转速已经达到设计值而透平进气压力仍低于预定值，说明透平制动太弱，可以适当地打开制动排气阀，增加流量，转速就会下降。此时，再缓慢增大透平进气阀的开度，使转速上升，进气压力就会上升。

注意不要反向调节制动排气阀以免造成超速。

对透平转速和进气压力的调节，也可使操作者找到透平的最佳效率。此时，透平转速和进气压力、温度有可能不在设计值范围内。

③ 透平膨胀机的停车：如果时间充裕，应当尽可能先降低转速（缓慢关小透平进气阀），而后关闭透平（将透平进气阀关闭）。透平停车后，尽量长时间保持轴承进气压力。如果电源突然断电，透平会自动关闭（如果有自控系统）。否则，要立即关闭透平进气阀（在轴承进气压力下降之前）。注意，不要放掉管道中的压缩气体，以便尽量长时间保持轴承进气压力。

（3）透平膨胀机试验方案

在完成透平膨胀机正常调试以后，做以下性能试验。

① 观察、记录透平膨胀机正常启停时的转速变化，绘制升速、降速曲线。

② 观察、记录透平膨胀机从启动到正常工作以后透平集成换热器检测温度变化。

③ 当透平进气温度、压力达到设计工况时，调节透平膨胀机转速，观察膨胀后气体温度、压力变化，记录并分析透平膨胀机工作效率，绘制不同工况性能曲线。

④ 当透平膨胀机达到设计工况时，改变透平膨胀机进气压力，观察透平膨胀机转速、膨胀后气体温度与压力变化，记录并分析透平膨胀机工作效率。

2.2.4　气体轴承

2.2.4.1　气体轴承的工作原理

气体轴承作为氦气和氢气透平膨胀机的核心部件，几乎决定了膨胀机的设计性能，如膨胀比、转速、等熵效率和制冷量等，因此设计能够在高转速下稳定运行的气体轴承是膨胀机设计的关键。

气体轴承根据其工作原理可分为动压型、静压型以及挤压膜型三种类型。对于氢液化系统中的透平膨胀机，气体轴承以动压和静压气体轴承为主。动压气体轴承相比静压气体轴承，由于其不需要外部供气，降低了装置的复杂性，并且减少了气体的消耗量，提高了效率，因此开展新型轴承的研究非常必要，对于微小型透平膨胀机转子，提高转速可以获得更大的焓降。

动压型气体轴承形成动压润滑的基本条件是在两个固体表面形成楔形间隙并且具备相对运动。由于气体的黏性特征，润滑气体随着固体表面的运动由大间隙到小间隙被带入楔形间隙中，从而产生压力实现动压悬浮。这种轴承不需要外部气源或其他设备，被称为"自作用气体轴承"（self-acting gas bearing）。挤压膜型与动压型类似，也不需要外部气源及设备，但是其产生压力的方式是靠轴承表面的振动，一般由另外的机构如机电或压电的振动发生器来产生，这种形式的轴承在实验室以外还没有应用。静压型气体轴承工作原理是通过外部气源供气（通常由压缩机来提供），高压气体经过节流孔节流进入间隙，当轴承受到外部载荷时，轴沿着载荷方向产生偏心，使间隙厚度分布不均匀，厚度小的地方节流后的压力大，从而在轴向产生承载力。

研究气体轴承的润滑特性，其本质就是研究气体在间隙中的流动状态。根据流体力学的理论，流体在间隙中的状态可以通过质量守恒方程、动量守恒方程以及气体状态方程来确定，这也是通过 CFD 软件计算间隙内气体流动特征的基本理论依据。

动压气体轴承流体润滑的性能计算以求解雷诺（Reynolds）方程获得流体润滑的压力分布为基础展开。润滑方程是根据黏性流体的运动方程、连续性方程以及状态方程推导出来的。首先，对气体的流动状态做如下假设。

① 对于气体轴承，其气膜厚度是轴承直径以及宽度的 1/1000 量级，因此，可以忽略气流在厚度方向上的流动以及压力、密度、黏性变化，可以将三维流动模型简化为二维流动。

② 流体在与固体的交界面上不产生滑移，即交界面上流体的速度与固体的运动速度相等。

③ 润滑流体为牛顿流体，其剪应力与剪切速度服从牛顿黏性定律。

④ 气体的惯性力（包括体积力）相对于黏性力要小得多，因此在运动方程中惯性力项可以忽略。间隙内气体的流动状态假设为层流，不存在涡流和湍流。

基于以上假设，可以将纳维-斯托克斯方程（N-S方程）简化为下列形式：

$$
\begin{cases}
\dfrac{\partial p}{\partial x} = \mu\,\dfrac{\partial^2 v_x}{\partial y^2} \\[2ex]
\dfrac{\partial p}{\partial y} = 0 \\[2ex]
\dfrac{\partial p}{\partial z} = \mu\,\dfrac{\partial^2 v_z}{\partial y^2}
\end{cases}
\tag{2-5}
$$

式中　　p——气体压力，Pa；

　　　　v——气体速度，m/s；

x，y，z——气体流动坐标位置，其中 z 为叶轮轴向，m；

　　　　μ——气体动力黏度，Pa·s。

　　静压气体轴承与动压气体轴承的主要区别是存在外部供气，对于非节流孔区域，其理论公式与动压气体轴承一致，静压气体轴承的节流孔区域的流动特征描述如下。

　　节流孔结构如图 2-33 所示，图中数字是不同的节流孔位置编号。根据伯努利方程（能量平衡方程），当气体不受外力时，管中流体的动能与位能之和为常数。对于气体节流孔的流动，由于气流通道很短，产生的热量来不及传递，其流动过程可视为绝热过程。

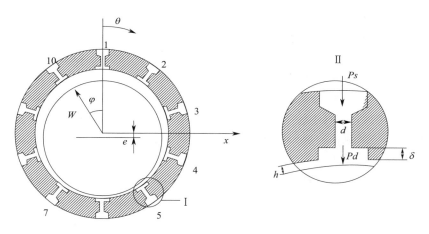

图 2-33　节流孔结构示意图

　　根据雷诺方程，若想获得轴承表面的压力分布，需求出气膜厚度的分布。假设轴颈与轴承表面都是理想的光滑圆柱面，并且其轴线相互平行，则其厚度沿着轴线方向是不变的，仅仅是角度的函数。

　　用于较大型氢液化装置上的氦透平膨胀机，由于各种抗震支承和制动装置不具有通用性，无法在较大范围内高效工作，因此对于不同制冷量的透平膨胀机采用不同的设计。根据装备的不同，透平膨胀机可以有 1 个、2 个或 3 个各自独立的膨胀阶段。直接装在透平叶轮上的气体轴承，可以部分阻止转子及其制动装置的振动。气体轴承对温度变化不敏感，工作时释放出很少量的热量，因而进入机器低温部分的热量减少。透平膨胀机的低温和常温部分沿着转轴用一个双面迷宫式密封分开，迷宫式密封中有一个中间腔用来提供密封用的常温氦气，以形成附加的气体密封。叶轮、喷嘴组以及转子支承系统和负荷装置做成一个整体，可简化透平膨胀机，维修时只需替换这一整体，而不会破坏真空绝热外壳的密封性。

目前可提供这类透平膨胀机产品的几种标准规格，容量范围为 $1\sim10kW$，转速为 $200\sim350kr/min$，在整个转速范围内转动稳定，无进动现象。透平膨胀机以其可靠性高而著称，有时可无故障地工作几年。在设计工况下，透平膨胀机的等熵效率约为 $70\%\sim80\%$。

2.2.4.2 气体静压轴承与气体动压轴承

气体承载主要有静压轴承和动压轴承两种，但是现在使用较多的还是静压轴承。静压轴承需要外界不断供气，消耗外界部分能量，其承载能力根据提供气压力的不同而变化。而气体动压轴承工作时则不需要外界供给压力气源，在工作的同时靠自身结构特点形成气膜，但结构相对复杂。

气体静压轴承是利用外部供气装置将具有一定压力的气体通过气孔进入轴套的气腔，将轴浮起而形成压力气膜，以承受载荷。其承载能力与滑动表面的线速度无关，故广泛应用于各种速度场合。氦气和氢气黏度低，因此摩擦损耗小。气体通过轴承的压力损失引起冷却效应，无论空气间隙如何小，封气面如何大，都能保持很小的升温。升温小，变形也小，无杂物污染，故此类轴承振动也很小。这对于高速透平膨胀机来说有很高的利用价值。

气体静压轴承有两种典型结构，分别为单列静压径向轴承和双列静压径向轴承，即在圆筒形的轴套上钻有一列或双列绕轴承圆周等距排列的进气孔。压缩气体由进气孔进入，然后沿轴向流至轴承端部排入大气。此外，国内多排径向及切向供气气体轴承、双气膜径向气体轴承、环切向缝进气径向气体轴承、各种形式的浅腔节流径向止推气体轴承、浮环静压气体径向轴承等技术都已经比较成熟，可供选择使用。节流器的作用是调节支承中各气腔的压力，以适应各自不同的载荷，使气膜具有一定的厚度，以适应载荷的变化。圆形进气孔节流器是静压轴承常见的节流器。此外，还有沟槽、毛细管、烧结轴承的多孔质以及表面节流等节流形式。气体静压轴承工作原理和液体静压轴承是相似的，但要注意：气体密度随着压力而变化，在确定流量的连续方程时应该使用质量流量，而不是体积流量；气体黏度低，流量大，因此要选择较小的轴与轴套间隙。

气体动压轴承在轴旋转时，由于摩擦面的相对移动，气体因其本身的黏性作用而被带动，并被压缩到楔形间隙内，因此产生了压力场，间隙逐渐变窄，使压强升高，将轴浮起而形成气膜，以承受载荷。气体动压轴承不需要外部气源，但要求构成楔形间隙的两表面间存在相对运动，其承载能力与滑动表面的线速度成正比，低速时承载能力很低，所以动压轴承适用于速度很快且变化不大的场合。这也比较符合透平膨胀机的工况。箔片式动压径向气体止推轴承，是动压径向气体轴承的一种重要形式，它是以周围环境中的空气为润滑剂并采用箔片作为弹性支承元件的一种动压轴承。英国 Thomson Houton 公司的 Pollock 在 1928 年就发明了张紧型箔片径向轴承。现在已经出现多种结构形式的箔片式动压气体径向轴承，其技术也越来越成熟。与刚性表面气体径向轴承相比，箔片式动压气体径向轴承的最大特点是轴承表面是柔性的。转子在运转时，刚性表面气体径向轴承气膜间隙的形状是不变的，而且在轴向方向上间隙大小不变。在箔片轴承中，由于气体动压作用而产生的轴向气膜间隙中，压力场会使有弹性的轴承表面发生变形，改变原有的间隙形状和大小，气膜间隙的改变反过来也会造成气体动压流场的变化。由于轴承表面柔性的特点，箔片式动压气体径向轴承除了具有一般刚性表面动压气体径向轴承的特性外，还有高承载力、低摩擦功耗、高稳定性、工作温度范围广、容许轴承间隙损失、耐振动冲击、装配对中要求极低、启停性能好、可在存在污物与水分的环境下运行等优点。该轴承去除了气体静压轴承的供气系统和普通轴承的供油系统，使系统得到了简化，并增加了经济效益，减轻了机器的重量，使轴承-转子系统几乎不需要维护。该轴承有效地抑制了轴承-转子系统自激涡动和低频涡动的发展，因此可广泛应用于高速转子情况下。平面螺旋槽气体止推轴承是气体动压止推轴承的一种基本形式。它除了具有气体动压止推轴承的一般优点外，与其他形式的动压止推轴承相比，还具有结构简单、承载能力强、稳定性好等综合优点，因此，其在大多数以气体轴承作为止推元件的高速低温透平机中都得到了广泛使用。其工作原理为：开槽的轴承表面相对于光滑转子止推面的表面旋转时带动黏性流体，使流体流向旋转中心或由中心向外流动，最后通过密封面完成对槽内流体的压缩，从而产生压力，承受载荷。20 世纪 90 年代国内已经有将箔片式动压气体轴承应用于低温气体透平膨胀机的例子，且达到了超速 14% 的良好运转效果，其中径向轴承采用弹性形式支撑箔片式动压气体径向轴承，止推轴承采用平面螺旋槽止推轴承。由此可见，在高速低温透平膨胀机中改用气体动压轴承也是切实可行的。

2.2.4.3　磁悬浮轴承

磁悬浮轴承是利用磁场将轴无机械摩擦、无润滑地悬浮在空间的一种新型轴承。径向磁悬浮轴承由转子和定子两部分组成。定子上装有电磁体，保持转子悬浮在磁场中。转子转动时，由位移传感器检测转子的偏心并通过反馈与基准信号（转子的理想位置）进行比较，调节器根据偏差信号进行调节，并把调节信号送到功率放大器以改变电磁体的电流，从而改变磁悬浮力的大小，使转子恢复到理想位置。

目前常用的控制策略中多采用基于简化线性模型的比例积分微分（PID）控制，PID 控制具有直观、实现简便和稳健性能良好等优点，但实际应用中常因参数整定不良导致控制性能欠佳。近几十年来，智能控制理论快速发展并不断地应用于实践，目前应用最为活跃的智能控制包括模糊控制、神经网络控制和专家控制。随着智能控制的思想应用于常规 PID 控制中，形成了多种形式的智能 PID 控制。许多控制过程采用智能 PID 控制，它兼有智能控制和传统 PID 控制两者的优点。智能 PID 控制可以分为基于神经网络的 PID 控制、模糊 PID 控制和专家 PID 控制等。对所设计的磁悬浮轴承系统，利用计算机采用连续式模糊控制的方法，通过改变电磁力对转子轴心位置进行控制，使系统具有较高的控制精度、良好的动态特性和稳健性。

2.3　低温换热技术及装备

2.3.1　低温换热器

板翅式氦气低温换热器是氢液化器和氦液化器等使用的大型氦制冷低温系统中的关键设备之一，具有体积小、重量轻和效率高等优点。该类换热器由于热端温差最低可以达到 0.5K，可以充分利用氦制冷系统中的低温回气冷量，减少大温差造成的不可逆损失，因此提高了低温制冷系统的效率。

板翅式换热器属于间壁式换热器，传热机理的特点是具有扩展的二次翅片传热面。由于采用特殊结构的翅片，使氦气在通道中形成强烈的湍动，传热边界层不断被破坏，从而有效地降低了热阻，提高了传热效率。单位体积的传热面积（也叫传热面积率）能达到 $1200\sim5600m^2/m^3$。翅片很薄，通常为 $0.2\sim0.3mm$，结构紧凑，体积小，用铝合金制造，重量很轻，成本大为降低，可为低温工程节约大量贵重铜材。但是由于氦气流道狭小，容易因杂质气体在低温下凝固引起堵塞而增大压力损失，因此对于氦液化系统需要增加一套净化杂质气体的内纯化系统。

世界上液氢温区以下的低温设备主要由法国液化空气公司和瑞士林德公司生产，所选用的氦气低温换热器主要是法国诺顿公司和美国查特公司等生产的板翅式换热器，室温下的集合泄漏率达到 $1.0\times10^{-10}Pa\cdot m^3/s$ 以下。我国空分冷箱内的板翅式低温换热器的泄漏率一般为 $1.0\times10^{-6}Pa\cdot m^3/s$。通过改进钎焊工艺，中国科学院理化技术研究所与杭州中泰过程设备有限公司联合研制生产出国内第一台泄漏率 $1.0\times10^{-10}Pa\cdot m^3/s$ 以下的氦气低温换热器，以中国散裂中子源低温系统为应用目标，为同时满足两期加速器冷量要求，对低温制冷提出了有、无液氮预冷两种流程，因此氦气低温换热器的设计以液氮预冷为设计工况，以取消液氮预冷为校核工况。

板翅式氦气低温换热器的结构单元体由翅片、隔板、封条和导流片组成。在两块隔板之间放翅片，两边密封组成一个基本单元，由多个基本单元组成芯体。对各个通道进行不同方式的排列，钎焊成整体，就可得到不同的换热器板束。为使氦气流或氮气流分布更加均匀，在流道的两端部均设置导流片。考虑到强度、热绝缘和制造工艺等方面的要求，板束的顶部和底部配置适当的工艺层。在板束两端配置适当的封头就组成了完整的换热器。封头的截面面积一般比自由通道小，往往偏于一侧，所以在换热器两端设置导流片，把流体均匀地引导到翅片的流道中或汇集到封头中。

板翅式氦气低温换热器设计包括设计计算和性能校核。设计计算是在一定的工艺参数条件下，计算换热器所需传热面积。性能校核是在原设计工艺条件发生变化情况下，确定流体出口温度是否满足工艺要求。以 2kW@20K 氦制冷机为例介绍板翅式氦气低温换热器的设计条件和设计要求，氦气低温换热器设计技术参数包括温度和压力参数。

① 带液氮预冷的换热器参数，如图 2-34 和表 2-4 所示，换热器设计应满足压力损失的要求。图 2-34 中 7 点的压力由 8 点的压力按照换热器氮路管道阻力损失反算，7 点的温度为相应压力下对应的饱和温度。

② 关闭液氮预冷时的换热器参数，如图 2-35 和表 2-5 所示，对换热器进行无液氮工况下的校核计算。

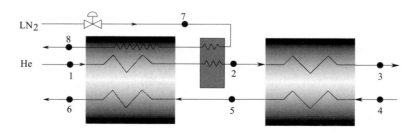

图 2-34　带液氮预冷的氦气低温换热器 PID 图及各设计点

设计点	1	2	3	4	5	6	8
温度/K	313.0	82.0	22.2	20.0	80.7	298.0	283.0
压力/bar	7.20	7.17	7.16	1.15	1.13	1.08	1.05

表2-4　带液氮预冷的氦气低温换热器各设计点的温度和压力参数

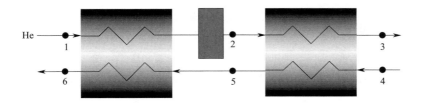

图 2-35　不带液氮预冷的氦气低温换热器 PID 图及各设计点

设计点	1	2	3	4	5	6
温度/K	313.0	171.4	24.6	20.0	167.7	309.4
压力/bar	7.20	7.17	7.16	1.15	1.13	1.08

表2-5　不带液氮预冷的氦气低温换热器各设计点的温度和压力参数

　　板翅式换热器的设计公式较为复杂，通道设计十分困难，不利于手工计算。目前国内空分行业引进了较为可行的设计计算程序，如英国传热和流体流动学会的 MUSEI 计算程序和美国 Solid Works 公司的设计计算程序等。但是在液氢温区以下的大型低温装置中，板翅式换热器在更低温度下工作，运行工质多为氦气，缺乏相应的氦物性数据，目前国内尚没有设计计算氦气低温换热器的具体程序。为此，结合氦气物性参数，编制了一套氦气低温换热器的设计程序。

　　板翅式换热器的设计步骤包括选择合适的翅片型式与参数，确定通道排列，最终确定传热系数和传热面积，还包括强度校核。通常板翅式换热器在低压（<0.75MPa）条件下工作时，芯体的设计和封头的布置主要取决于换热器的性能和安装要求，机械强度不是主要因素。

　　具体设计计算步骤如下。

　　① 选择翅片型式并确定翅片几何参数。

　　② 计算积分平均温差。

　　③ 由传热系数和流体阻力等要求确定质量流速，确定通道数和有效宽度。

　　④ 根据通道布置原则，确定通道排列。

　　⑤ 进行传热计算，确定换热器的有效长度。具体包括：

　　a. 计算准则数 Re、St 及 Pr；

　　b. 计算翅片效率和表面效率；

　　c. 计算传热系数 K；

　　d. 计算传热面积；

　　e. 计算各通道流体压力损失。

以液氮预冷工况下的一级氦气低温换热器为例，设计计算结果如表 2-6 所示。

表2-6   带液氮预冷的氦气低温换热器设计计算结果

参数		设计计算结果		
流道号		A	B	C
流体描述		氦气	氦气	液氮/氮气
热流或冷流		HOT	COLD	COLD
总流量/(kg/h)		273.6	273.6	36.1
分子量		4.003	4.003	28.01
进/出温度/K		310/82	79.63/298	77.9/298
操作压力（绝对压力）/MPa		0.72	0.115	0.108
热负荷/kW		−90.2	86	4.2
最大允许压降/kPa		4	10	3
设计进/出温度/K		438/15	438/15	438/15
设计压力(表压)/MPa		1.32	0.15	0.15
隔板厚度/mm		1.6		
侧板厚度/mm		5.0		
通道数/个		21	36	6
换热翅片	高×厚/(mm×mm)	6.35×0.18	6.35×0.15	5.0×0.15
	密度/(片/in)[①]	909	909	909
	翅片效率/%	92	84	94
	换热系数/[W/(m²·K)]	438	375	134
换热面积/m²		133	228	32
设计压降/kPa		2.8	7.5	1.8
进/出接管尺寸/mm		80/50	80/100	15/25

① 1 in=0.0254m。

翅片的选择，需要根据最高工作压力、传热能力、允许压力降、流体性能、流量和有无相变等因素来考虑。翅片的形状根据流体的性能和运行工况等来选定，对于高、低温流体间温差较大的情况宜选用平直形翅片，温差小的情况下选用锯齿形翅片。在压力降相同的条件下，锯齿形翅片比平直形翅片传热系数高30%以上。在大型氦制冷低温设备中，逆流式低温换热器多选用锯齿形翅片（serrated-fin），又被称为高效能翅片。锯齿形翅片的流道凹凸不平，可增大流体湍动程度，强化传热效率。锯齿形翅片传热性能随切开长度变化，切开长度越短，传热性能越好，利于破坏热边界层，但是压力损失增加。翅片高度和翅片厚度一般根据传热系数的大小来确定。在传热系数大的场合选用低而厚的翅片。高而薄的翅片可增加换热面积来弥补换热系数的不足。

通道设计是板翅式换热器设计的关键，通道分配和排列是否合理直接决定着板翅式换热器的性能与指标。若通道排列不当，将造成局部热量不平衡和换热器效率下降，无法单纯依靠扩大换热面积的方法来补偿。通过对不同流道排列情况进行传热计算，以局部热平衡偏差、允许压力降和流道计算长度偏差作为主要控制指标，达到优化设计目的。

通道排列的设计原则包括：
① 尽量平衡局部热负荷，缩短热传导距离；
② 各个通道的计算长度基本相近；
③ 各个通道的阻力损失基本相同；
④ 切换的通道数应相等，排列应比邻；
⑤ 通道排列原则上应对称，便于制造装配。

真空钎焊工艺已被世界各国的板翅式换热器生产厂家广泛采用。目前世界上真空钎焊设备的主要供应商是英国康萨克（CONSARC）公司、日本真空技术公司和美国伊普森

(IPSEN) 公司。真空钎焊是指在真空条件下对构件进行加热，在一定的温度和时间范围内熔化钎料，使其在毛细力作用下与母材充分浸润、扩散，实现焊接的一种方法。真空钎焊对换热器的结构设计、装配质量，铝合金复合板的化学成分，钎料层厚度，以及钎焊工艺等要求甚为严格，否则易出现翅片弯曲倒伏、钎缝不连续、虚焊、熔蚀、泄漏等质量缺陷。在真空绝热冷箱内的氦气低温换热器中，泄漏是最主要的质量缺陷，因为高真空绝热的允许泄漏率要求低于 $1.0 \times 10^{-10} \mathrm{Pa \cdot m^3/s}$。

氦气低温换热器处于真空绝热的冷箱内，泄漏指标比空分冷箱换热器提高 3 个数量级以上，因此需要特殊的钎焊工艺。在低温板翅式换热器中，铝及铝合金具有较好的钎焊性和成形性、较高的机械强度和良好的导热性，所以低温换热器均采用铝材。铝制板翅式换热器的整个制造过程都要求很高的工艺水平、严格的质量控制和检测措施。制造过程包括零件准备、板束组装、钎焊和封头接管氩弧焊接等工序。

板翅式氦气低温换热器的钎焊对构件表面清洁度要求很高，为获得良好的钎焊质量，必须彻底清洗构件表面上的氧化膜和油垢等。铝合金暴露在空气中会形成一种黏着力强且耐热的 Al_2O_3 氧化膜，容易吸收水分，妨碍钎缝结合，是生成气孔和夹渣的根源。由于铝合金表层氧化膜熔化温度远比基体材料的要高，特别是复合板钎料层的氧化膜在钎焊时钎料层熔化不充分，不能与被焊金属完全熔合，从而影响钎焊质量。为了保证钎焊质量，冷态组装前应采取严格的清理工艺，彻底清除母材和钎料表面的氧化膜和油污。我们采用了化学方法清洗，具体工序分为：物理脱脂、化学脱脂、热水冲洗、碱洗、水洗、酸洗、水洗、干燥氮气烘干。其中碱液主要为 5% 的氢氧化钠，酸液主要为 10% 的硫酸。为防止再次生成氧化膜，清洗完毕到钎焊前的时间间隔不超过 10h。

除构件表面对焊接质量的影响外，构件本身加工精度不高也会造成钎焊缺陷。例如翅片应控制在正偏差范围，封条则应控制在负偏差范围。否则无法保证装配复合板与封条配合后，与翅片间有适当的接触面积即钎缝间隙，进而造成虚焊、钎缝不连续或未焊合现象。各构件表面特别是封条表面粗糙度也影响钎料流动的毛细力，如果表面过于光滑，钎料将难以在整个接触面上分布均匀，由此产生的空穴会使钎焊强度降低。为了保证钎料均匀分布于接触焊缝上，构件钎焊面应做适当的粗化处理，表面粗糙度参考值通常可选 $1.4\mu m \sim 0.6 mm$。另外，封条内侧制成 $30°$ 的倒角，有利于在真空钎焊时降低焊料的表面张力，增强润湿性，减少钎焊缺陷。

隔板是两层翅片之间的平板，在铝锰合金表面覆盖一层约 $0.10 \sim 0.14 mm$ 含硅 5% ~ 12% 的钎料合金。隔板厚度一般为 $1 \sim 2 mm$，钎料层厚度控制在复合板厚度的 $10\% \pm 3\%$。钎料中还含有微量的铜、铁、锌、锰、镁等元素，熔点一般比母材低 40℃ 左右。复合板的钎焊性能体现在钎料层的流动性、润湿性、间隙填充能力和焊接强度。钎料层厚度及其均匀性是衡量质量的重要指标，也是影响钎焊质量的重要因素之一。各元件经过整形和校平后，进行板束装配。隔板和翅片层交替堆叠在特制的模架内，因此翅片与隔板充分接触而又不发生变形。翅片间、翅片与导流片之间以及翅片与封条间的间隙需要严格控制。

真空钎焊过程中，应尽可能缓慢加热，以使换热器内外温度均匀一致。真空钎焊工艺过程中，钎焊温度和保温时间是最重要的工艺参数，直接影响到钎料的熔化和填缝效果。升温速度和降温速度也是重要的工艺参数。钎焊时钎料的润湿和接头形成约需要 $1 \sim 2s$，因此保温时间主要由换热器中心温度达到钎焊温度所需时间及氧化膜层消散所需时间决定。对于氦气低温换热器，真空炉的真空度、水蒸气分压等是影响钎焊质量的最主要的因素，要求达到

高于 $1.0 \times 10^{-3} Pa$ 的真空度。真空钎焊时，由于工装及工件表面污物和氧化膜的存在，以及设备、工装和工件的表面吸附等因素，在钎焊加热过程中总伴随着气体释放，从而影响钎焊过程中的真空度。因此在确定升温时应考虑真空度的影响，在构件放气强烈的温度范围内应采取保温或延缓升温的工艺措施，以保证升温过程必要的真空度。真空度是氦气低温换热器真空钎焊工艺中最重要也是最难控制的工艺参数。

氦气低温换热器采用的真空钎焊工艺具体如下。工件入炉后启动机械真空泵，机械泵前放置液氮冷阱以捕集真空炉中的水蒸气，提高真空炉内真空度。抽真空约 30min 后再启动凸轮泵，打开主路阀，启动扩散泵，扩散泵工作 120min，在这段时间中，边抽真空边预热到 360℃以下，在扩散泵起作用后，真空度达到 $1.0 \times 10^{-3} Pa$ 以上，继续加温到钎焊结束。炉内温度在 500℃以前升温速度应缓慢，以避免出现较大的内外温差，根据温差的情况和工件的大小可以加速升温或在中间增加保温段，目的是使内外温差尽量缩小，提高真空度。利用上述钎焊工艺成功研制了一台泄漏率在 $1.0 \times 10^{-10} Pa \cdot m^3/s$ 量级的氦气板翅式低温换热器，采用罩检法氦质谱检漏程序检验，所用仪器为德国 Inficon 公司的 UL1000 干式氦质谱检漏仪。

2.3.2　液氢真空冷箱

氢液化系统的低温部件几乎完全安装在高真空绝热的冷箱之内，通过高低压气体管道连接压缩机，通过杜瓦管连接预冷的液氮和输出到液氢储槽的液氢输液管。冷箱内主要包括透平膨胀机、各级换热器、内吸附器、正仲氢转换器、低温阀门和杜瓦管低温接头等主要部件。以中国散裂中子源（CSNS）大型液氢冷箱为例，其内部液氢循环流程如下：液氢在经过慢化器的过程中吸收热量，导致压力升高，之后通过加热器、压力缓冲器调整液氢进入液氢泵的温度和压力，使进入压力缓冲器下游的泵入口处的液氢压力达到规定的 1.45MPa；通过泵加压，液氢压力上升到 1.55MPa；由于吸收了来自中子束的热量，一部分仲氢会转化成正氢，因此需要通过正、仲氢转换将仲氢的浓度提高到 99%；之后，液氢通过换热器与氦制冷机进行热量交换，将热负荷传递出去，继续进行循环。

2.3.2.1　液氢真空冷箱设计要点和步骤

在立式液氢冷箱的设计过程中需要考虑以下几个方面的问题。

① 冷箱上的平盖法兰承受了所有部件的重量，并通过冷箱壳体传递至地面，需要考虑常温下液氢冷箱平盖法兰和壳体的结构强度。

② 在液氢温区，冷箱内的部件均会产生一定的收缩量，从而形成应力集中。因而，需要考虑在低温下部件收缩产生的应力是否达到材料的屈服强度。另外，换热器、正仲氢转换器、加热器和压力缓冲器等部件的重力作用对液氢冷箱应力的影响也需要校核。

③ 液氢泵在工作过程中产生的振动会影响系统的安全运行。需要在其进出口各安装一根波纹管。波纹管的规格型号也需要考虑。

④ 液氢冷箱在工作过程中，内部属于液氢温区。冷箱整体漏热量的大小需要考虑。

基于以上几点问题，在液氢冷箱初步布局设计完成后，需要进行结构强度、应力校核及整体漏热计算。其主要内容包括如下几个方面。

① 液氢冷箱平盖法兰结构强度和应力校核计算。

② 液氢冷箱壳体结构强度和应力校核计算。

③ 液氢冷箱内部部件吊装结构、拉杆结构强度和应力校核计算。

④ 液氢冷箱内管线和主要部件在低温下的结构强度和应力校核计算。

⑤ 液氢冷箱总体漏热量校核计算。

2.3.2.2　冷箱平盖法兰结构强度校核计算

冷箱平盖法兰与环境大气接触，只需要进行室温下的强度和应力校核。模拟结果如图 2-36 所示（参见文前彩插）。

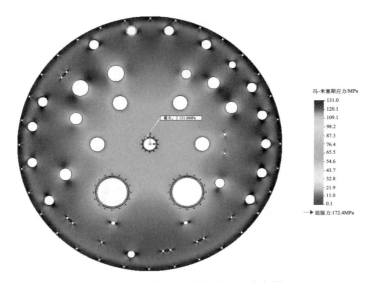

图 2-36　冷箱平盖法兰室温下应力图

冷箱平盖法兰的外部载荷主要包括压力、拉力和重力。其中，拉力主要由冷箱内部吊架和加热器拉杆产生。而压力、重力则主要由冷箱内部换热器、压力缓冲器及正仲氢转换器、加热器等产生。相对于重力和压力，拉力所占的份额较小，因而对应力和位移的影响较小。冷箱平盖法兰的最大应力位于压力缓冲器在法兰上开的螺栓孔上，为 131MPa；平盖法兰的位移呈环形分布，离圆心越近，位移越大，最大位移为 1.635mm。

2.3.2.3　冷箱结构强度校核计算

冷箱壳体与环境大气接触，只需要进行室温下的强度和应力校核。相对于整个冷箱壳体，螺栓孔和 O 圈槽的尺寸很小，对应力和位移的影响较小。为更好地进行网格划分，需要将其隐藏。模拟结果如图 2-37 所示（参见文前彩插）。

冷箱壳体的外部载荷主要为压力、拉力和重力。应力主要集中在冷箱真空抽口焊接处。另外，由于受平盖法兰向下压力的影响，壳体上法兰下 200mm 附近也会出现应力集中。冷箱壳体的位移主要受到内外压差的影响，分布比较均匀，但是在冷箱真空抽口部位会有突变。

（1）冷箱内部吊装部件结构强度和应力校核

液氢冷箱内部的换热器、压力缓冲器和正仲氢转换器需要设置吊架进行固定，其结构为在 $\phi25\times1.5$ 细长管的两端焊接螺纹柱，分别与大法兰和角钢架螺纹连接，然后将角钢架与

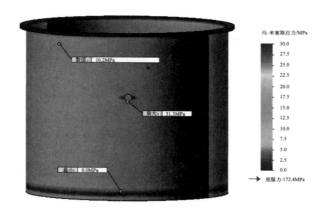

图 2-37　冷箱壳体室温下应力图

部件肋板用螺纹连接，处于低温部分的吊架需用 G10 垫片隔热。校核结果如图 2-38～图 2-40 所示（参见文前彩插）。

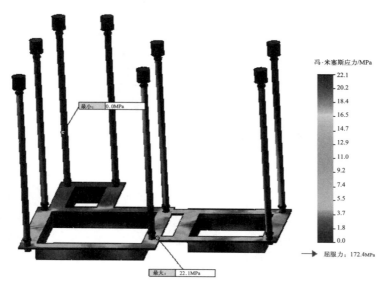

图 2-38　冷箱内部吊架室温下应力图

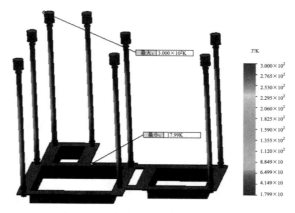

图 2-39　冷箱内部吊架温度分布图

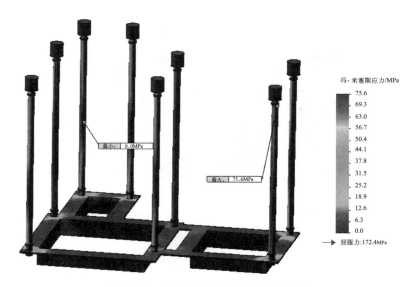

图 2-40　冷箱内部吊架低温下应力图

冷箱内部吊架在室温下最大应力为 22.1MPa，最大位移为 0.18mm；低温下最大应力为 75.6MPa，最大位移为 3.17mm。从上述应力及位移图中可以看出，低温下冷箱内部吊架的应力分布比较均匀，符合系统正常工作的要求。

（2）冷箱内部管线结构强度和应力校核

冷箱内部管线承受的外部载荷只有重力。各部件进出口的温度由流程计算给出的温度确定，并假设备部件和管线的温度呈线性分布；低温阀门下端进出口处没有温差；液氢泵进出口处连接波纹管，不设固定连接；换热器、压力缓冲器、加热器和正仲氢转换器吊装肋板不设固定连接；阀门及管道与法兰焊接部分的温度均为 300K，设置固定。校核结果如图 2-41、图 2-42 所示（参见文前彩插）。

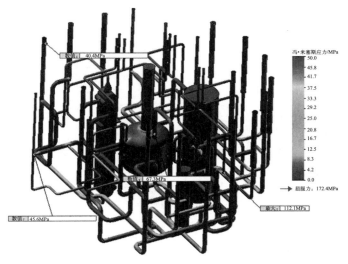

图 2-41　冷箱内部组件低温下应力图

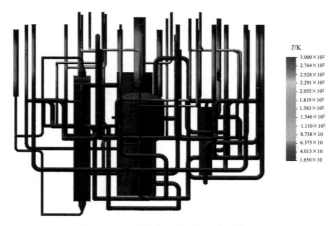

$$T/K$$
3.000×10²
2.764×10²
2.528×10²
2.291×10²
2.055×10²
1.819×10²
1.583×10²
1.346×10²
1.110×10²
8.738×10
6.375×10
4.013×10
1.650×10

图 2-42　冷箱内部组件温度分布图

通过计算可以得到冷箱内部组件低温下最大应力集中在某部件连接焊接处，最大应力值为 112.1MPa。为减少液氢泵工作过程中的振动对低温管线的影响，需要在其进出口处设置波纹管，低温下波纹管的收缩量为 3mm。

2.3.2.4　冷箱总体漏热校核

冷箱漏热主要包括两部分：冷箱高真空多层绝热的辐射漏热；与大法兰焊接的管道、阀门和 Bayonet 接头的轴向导热。

（1）冷箱高真空多层绝热的辐射漏热

氢冷箱采用真空多层绝热的方式减少漏热，其真空度需达到 $1.0×10^{-2}$Pa 以下。漏热方式主要包括辐射漏热 Q_F、缠绕层固体导热 Q_C 和残余气体分子热传导 Q_q 三种方式。

总漏热 Q_D：

$$Q_D = Q_F + Q_C + Q_q \tag{2-6}$$

其中，辐射漏热按式（2-7）计算：

$$Q_F = \varepsilon_s X \sigma_0 S_{in}(T_{out}^4 - T_{in}^4) \tag{2-7}$$

式中　ε_s——系统发射率；

　　　　X——冷表面对热表面的辐射角系数，$X=1$；

　　　　σ_0——黑体辐射系数，$5.67×10^{-8}$W/(m² · K⁴)；

　　　　S_{in}——冷箱内部组件的表面积，m²；

　　　　T_{in}——冷箱内部组件外表面温度，K；

　　　　T_{out}——冷箱壳体内表面温度，300K。

系统发射率 ε_s：

$$\frac{1}{\varepsilon_s} = \left(\frac{1}{\varepsilon_{in}} + \frac{1}{\varepsilon} - 1\right) + (n-1)\left(\frac{2}{\varepsilon} - 1\right) + \left(\frac{1}{\varepsilon_{out}} + \frac{1}{\varepsilon} - 1\right) \tag{2-8}$$

式中　ε_{in}——冷箱内部组件外表面发射率，取 $\varepsilon_{in}=0.80$；

　　　　ε_{out}——冷箱壳体内表面发射率，取 $\varepsilon_{out}=0.80$；

　　　　ε——双面镀铝涤纶薄膜发射率，取 $\varepsilon=0.06$；

　　　　n——辐射屏层数，$n=20$。

缠绕层固体导热：

$$Q_C = \frac{8.953 \times 10^{-8} N^{2.56} S_{in}(T_{out}^2 - T_{in}^2)}{2n}$$ (2-9)

式中　N——缠绕层层密度，$N = 20 \text{cm}^{-1}$。

其余参数含义同上。

残余气体分子热传导：

$$Q_q = \frac{4.886 \times 10^4 P S_{in}(T_{out}^{0.26} - T_{in}^{0.26})}{133n}$$

式中　q——下标代表残余气体分子；

　　　P——冷箱容器的真空度，Pa。

经计算，冷箱高真空多层绝热的总漏热量 $Q_D = 15.23 \text{W}$。

（2）冷箱内部组件轴向导热

轴向导热量 Q_Z：

$$Q_Z = \lambda A(T_1 - T_2)/L$$ (2-10)

式中　λ——管道热导率，W/(m·K)；

　　　A——管路截面面积，m^2；

　　　L——环境温度区至低温温区长度，m；

　　　T_1——环境温度，300K；

　　　T_2——冷箱内部温度，K。

2.3.2.5　冷箱总成设计

真空冷箱内部设备及管线布置与组装好的冷箱及其内部芯体如图 2-43 和图 2-44 所示（参见文前彩插）。

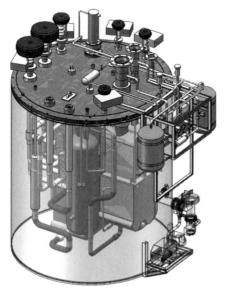

图 2-43　冷箱内部设备及管线布置图

图 2-44 组装好的真空冷箱及其内部芯体

以 2000W@20K 大型低温制冷机冷箱为例，对真空冷箱的总成设计过程和步骤介绍如下。

（1）壳体机械设计

圆筒壳体只承受外压，按稳定条件计算壁厚 S_t：

$$S_t = 1.25 D_B \left(\frac{p}{E} \times \frac{L}{D_B} \right)^{0.4} + C \tag{2-11}$$

式中，D_B 为圆筒内径，mm；p 为外压力，MPa；L 为圆筒计算长度（材料为不锈钢，mm；E 为杨氏模量，MPa；C 为壁厚附加量，mm。

（2）平盖法兰设计

真空冷箱一般由圆筒和平盖法兰组成。虽然与椭圆形法兰、碟形法兰、半球形法兰相比，平盖法兰受力状态最差，但是在氦低温系统中，冷箱需要开较多的孔，以方便管道的进出以及低温阀和透平膨胀机通流部分的安装，同时冷箱内还要吊挂相当重的部件（如低温换热器、纯化器等），这无疑使平盖法兰成为最佳的选择。同时平盖法兰结构简单，最容易加工成型。因此参考压力容器的开孔补强，同时基于弹性圆薄板的小挠度理论，提出了平盖法兰的开孔补强系数和承重补强系数来修正计算厚度。

承重补强系数为

$$\chi_1 = \frac{\Delta h + h}{h} = \sqrt{1 + \frac{\alpha}{3+\gamma} \left[4 - (1-\gamma)\beta - 2(1+\gamma)\ln\beta \right]} \tag{2-12}$$

式中，Δh 为补强厚度，mm；γ 为泊松比；h 为板厚度，mm；α 为平盖封头承重与等效大气压力之比；β 为承重面积与外压施加面积之比。

开孔补强系数为

$$\varphi = 1/\sqrt{\nu} \tag{2-13}$$

式中，ν 为封头开孔后削弱系数。

平盖法兰补强后的厚度为

$$h = \phi \varphi S \tag{2-14}$$

式中，ϕ 为承重补强系数；φ 为开孔补强系数；S 为真空设计理论厚度，mm。

S 为忽略承重和开孔补强的条件下，根据机械设计获得的平盖法兰设计厚度。使用有限元方法模拟平盖法兰实际工况下的应力，结果见图 2-45（参见文前彩插）。模拟结果显示，修正后的平盖法兰厚度满足工程设计需要。

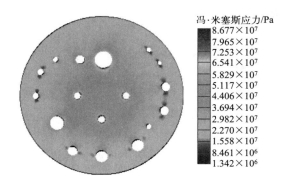

冯·米塞斯应力/Pa
$8.677×10^7$
$7.965×10^7$
$7.253×10^7$
$6.541×10^7$
$5.829×10^7$
$5.117×10^7$
$4.406×10^7$
$3.694×10^7$
$2.982×10^7$
$2.270×10^7$
$1.558×10^7$
$8.461×10^6$
$1.342×10^6$

图 2-45　冷箱平盖法兰（实际承重并开孔）应力分析图

（3）管系布局设计及 3D 结构优化

对于管系设计而言，主要任务是确定管子规格和管系连接布置。管子规格主要指管径和管壁厚。前者根据管内质量连续方程可以求得。后者以满足管内由内压产生的应力小于许用应力为依据，对于承受内压的管道，切向应力最大，所以只要切向应力满足许用应力即可。

（4）热应力计算

热应力是由于温度变化，自身热胀冷缩受到约束而产生的。可以将热应力产生的原因归纳为如下三种情况：一是外部变形约束，二是相互变形约束，三是内部各部分之间变形约束。

在多次升温与降温的工况变化过程中，热应力交替变化，如果热应力的变化幅值超过一定范围，那么每一次应力循环都会造成新的塑性变形，不断增加的塑性变形会使管道出现疲劳裂纹。为了避免热应力产生疲劳破坏，必须控制热应力变化幅值及循环次数，该幅值即为热应力许用范围 σ_A。

一般工程管系并不是一个简单平面管系，而是一个复杂的立体管系。试图寻找一个展开长度最短而且又满足自然补偿的最优管系，是非常困难的。现在工程上对一些简单的管系形状，如 L 形、Z 形、π 形，建立了方便实用的计算图表。另外对于这些简单的管系，虽然弹性中心法比较实用，但其计算量仍然较大，无法满足工程实际应用。

美国国家标准协会（ANSI）判断式，可以对一般管系进行柔性初步判断。ANSI 判断式如下：

$$\frac{DN×\Delta L}{(L-U)^2}=\frac{DN×\Delta L}{U^2(R-1)^2}\leqslant 2.083×10^{-4} \tag{2-15}$$

式中　DN——公称直径，或者使用管道外径，mm；

　　　ΔL——管系总变形量，mm；

　　　L——管系的展开长度，mm；

　　　U——管系两固定点之间直线距离，mm；

　　　R——$R=L/U$，管系的弹性指数。

对于边界固定的独立管系，自然补偿最重要的一点就是要求管系变形是弹性的，不会产生永久变形。管系的弹性是指在力的作用下出现变形，在力停止后又恢复原状的能力。因此根据上述分析，可以通过如下方式增加管系柔性。

在管端距离不变的条件下，增加管道总长度，这是提高管道柔性的主要方法。通过改变管道走向，适当增加弯头数目；减小管道部分管段直径。对管系中异径接头、焊接三通等会引起应力增强的管件，应将其置于管系中热载荷较小的位置。一般情况下，管系中热载荷力矩较大的位置出现在管道的端点或转角弯头处，而离开端点和弯头的地方力矩一般较小。

对于平面和立体管系，欲增加其弹性，宜增加远离固定点连线的管道长度。对于冷箱内实际管系而言，是不存在独立固定边界情况的。管系连接端处的低温设备，如低温换热器、低温纯化器、低温阀等，在低温工况下，同样存在变形，其变形量与低温管道变形量处于同一量级，而且更加复杂，尤其是换热器。换热器内工质进行不同温度的换热，使换热温度分布很复杂；同时换热器材质为铝合金，同等条件下铝材的线膨胀系数比不锈钢管材大得多，这都使得换热器及其端口的变形非常复杂，这种情况同样存在于其他低温设备中。因此冷箱内低温管系的边界十分复杂，难以确定。为解决这一问题，必须获得冷箱内低温设备的应力变形，将低温设备和低温管系作为整体，同时考虑整体热变形及热应力。为简化模型分析过程，本章只选取了冷箱内主要低温设备并适当简化温度分布，将边界定义在设备固定处及管道进出冷箱接口处。

图 2-46 为冷箱内主要低温设备和管系的热应力分析图（参见文前彩插）。由氮气出冷箱管道和换热器 1 上半部分连接组成的类低温管系，两端为硬边界固定，等效视为直线型管系，弹性指数 $R=L/U=1$，同时氮气出冷箱管道的管径较大，因此连接面突变处和固定处热应力较大，是热应力危险区域，实际安装时应注意。而对于其他低温设备和管道组成的类低温管系，都可以等效视为 U 形或 π 形管系，这种管系自然补偿能力最强，热应力比较小。如图 2-46 中换热器 2 及其连接的管道，都可以等效为 U 形管系，虽然换热器 2 下端形变位移最大，达到 8.4mm（主要为竖直方向的形变位移 7.6mm），但是由于 U 形管系自然补偿能力较好，热应力相对较小，因此满足许用热应力需求。

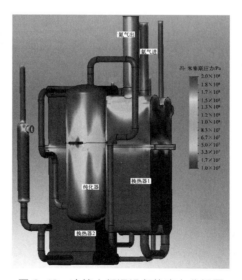

图 2-46　冷箱内低温设备热应力分析图

（5）多层绝热设计及制作要求

低温绝热分为非真空绝热和真空绝热两大类。真空绝热指将绝热空间抽至一定真空度的绝热方式，又可分为高真空绝热、真空多孔绝热、多层绝热和多屏绝热等类型。多层绝热又称高真空多层绝热，将绝热空间保持 $1.33 \times 10^{-3} Pa$ 以下的真空度，并在绝热空间安置许多层平行于冷壁的辐射屏，用于减少高真空空间的辐射热，以达到高效绝热的目的。冷箱内低温管道及低温部件表面使用镀铝涤纶和无纺布交替缠绕 40 层，以减少辐射传热。

　　（6）真空抽气设计

　　为防止在抽真空时，冷箱内壁多层辐射薄膜被吸入抽真空管道，在冷箱抽真空口处焊接防吸入孔板，如图 2-47 所示。

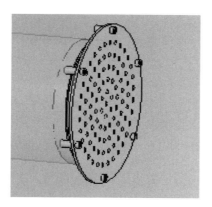

图 2-47　真空冷箱抽口过滤装置

2.3.3　正仲氢催化技术

2.3.3.1　仲氢的制备与储存研究

　　氢除有同位素外，还有自旋异构体。由于两个氢原子的核自旋有平行与反平行两种取向，因此，存在正氢与仲氢两种异构体。根据泡利原理，仲氢核自旋反平行，分子转动量子数为偶数；正氢则有平行的核自旋，分子转动量子数为奇数。

　　两种自旋异构体在常温下较稳定。但正-仲氢混合物的平衡浓度明显随温度的不同而改变，如图 2-48 所示。

　　根据热力学平衡，可计算出不同温度下正、仲氢的平衡浓度，然而，改变温度使其自行调节达到平衡是很缓慢的过程。由于转换是磁性机理，因此氢分子可受到催化剂的非均匀磁场作用而加速转换。

　　正仲氢催化转化技术与氢纯化、氢膨胀机、自动控制、防爆安全技术等构成一整套完整的氢液化核心技术。由于冷战时期美苏对氢液化技术的需求急剧增长等，关于正仲氢转化的研究主要集中在 1960—1980 年之间。近年来，随着深空探测技术、超导技术和大科学工程研究的发展需要，正仲氢催化反应技术得到了更加广泛的应用。我国在 20 世纪 60 年代由大连化物所研制成功正仲氢低温转换催化剂，并应用到氢液化系统。在氢液化器和超导等液氢系统仍然主要采用 $Fe(OH)_3$ 作为正仲氢转化的主要催化剂。关于新型高效催化剂及其转化机制的理论和实验研究仍在不断地深入。

　　Heisenberg 等最早应用量子力学理论得出结论：正氢和仲氢是双原子分子氢的两种量子自旋异构体形态，具有不同的光学与热学性质，其产生原因是氢分子的两个原子核自旋耦合方式不同。氢分子中两个质子自旋平行的称为正氢（ortho H），自旋反平行的称为仲氢

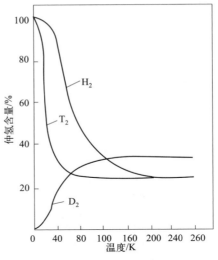

图 2-48　仲氢含量与温度的关系

（para H）。仲氢是低温下氢比较稳定的形式，在 20K 时，平衡液氢混合物中仲氢的含量高达 99.8％，而在较高温度下的平衡混合物中，正氢的含量有所上升，但正氢的含量不会超过 75％。对于大型氢液化装置，产品中仲氢含量应超过 95％。标准液氢一天内释放的转化热在无漏热的情况下可蒸发掉 18％的液氢，100 小时后损失将超过 40％，因此长时间贮存液氢必须重视正、仲氢转化。在一定条件下，正氢可以转化为仲氢，简称氢的 O-P 态转化，液氢会缓慢地自行发生正-仲态转化。氢的正-仲态转化是一个放热反应，转化过程放出的热量和转化时的温度有关，热量随温度升高而迅速减小，在 30K 以下的低温条件下几乎保持恒定，约 706kJ/kg。这一转化热大于液氢的汽化热 447kJ/kg，使液氢难以贮存，所以必须在氢液化的同时加催化剂促进转化。正氢和仲氢可以相互转化，但由于自然条件下转化的速率十分缓慢，达到平衡常需要花费数月甚至数年的时间。因此在低温工程上采用特定催化剂实现正、仲氢快速转化。低温催化转化一般被认为是磁性机理，磁性催化剂的非均匀磁场使氢分子中原子核自旋取向发生改变。如活性炭、氧化铁等顺磁性物质对正氢和仲氢的转化反应有催化作用。

2.3.3.2　正仲氢催化转化的机理

正仲氢转化的机理通常认为有两种：分子机理与原子机理。在工业生产中，非均相固体催化剂转化几乎是用于正仲氢催化转化的唯一方式。一般认为，低温催化转化为磁性机理，即氢分子由于受到顺磁或铁磁性催化剂的非均匀磁场作用而发生转化，使氢分子中原子核自旋取向发生改变。

分子机理又称物理机理或磁机理。如果分子内核自旋方向的改变不是由于原子间键的断裂和再结合，而是通过催化剂表面上顺磁性物质分子构成的非均匀磁场对被吸附在表面上的氢分子内核自旋产生的磁场进行作用，从而引起核自旋方向改变而实现正仲氢转换，这种催化转化机理称为分子机理。低温条件下存在顺磁性物质（或铁磁性物质）做催化剂时，此机理被认为占主导地位。

根据磁机理从变换概率，可以推导出反应速率常数 k 与催化剂结构的关系为：

$$k \propto \mu_a^2 / r_s^6$$

$$M_a = 2\sqrt{S(S+1)} = \sqrt{n(n+2)} \tag{2-16}$$

式中　μ_a——催化剂顺磁中心的磁矩；

　　　r_s——有效碰撞中氢分子与催化剂分子间的距离；

　　　S——催化剂离子的最终转动力矩；

　　　n——催化剂离子的未成对电子数。

由此可知，具有分子机理的催化剂活性大小与顺磁性物质分子有效磁矩的二次成正比。因为分子或原子中含有未配对电子时常呈现顺磁性，且配对电子越多，顺磁性越强，所以有效磁矩也就越大。

原子机理又称化学机理，在非均相固体催化剂作用下，正仲氢转化的化学机理可表示为：

$$2M + O\text{-}H_2 \rightleftharpoons 2M\text{-}H \rightleftharpoons 2M + P\text{-}H_2$$

$$M\text{-}H + O\text{-}H_2 \rightleftharpoons M\text{-}H + P\text{-}H_2$$

式中，M 为催化剂原子；M-H 为活性络合物；$O\text{-}H_2$ 为正氢；$P\text{-}H_2$ 为仲氢。

第一个反应式可以解释为：氢分子中原子间的键被削弱，以致被催化剂原子化学吸附成活性络合物，此时就失去了氢分子的特性而不再存在正氢或仲氢。当两个活性络合物进行表面反应重新结合为氢分子而离开催化剂表面时，正氢或仲氢的含量就与表面温度下的平衡浓度取得一致，从而完成正仲氢催化转化。

第二个反应式可以解释为：活性络合物与物理吸附在催化剂表面上的氢分子进行交换反应从而完成催化转化。

原子机理在催化剂表面有解离的化学吸附（即形成活性络合物）的情况下才有可能。一般认为在较高温度时（液空温度以上），金属催化剂镍、钨、铂等的表面解离的化学吸附较为显著，原子机理占主导地位。也有学者认为在液氮温度下反应也可能以原子机理进行。

2.3.3.3　正仲氢催化转化的反应动力学

正仲氢转化研究的文献主要集中在 1960—1980 年。应用固体催化剂进行气相及液相正仲氢转化的反应过程多属于多相催化反应。在一定的压力和温度下催化剂颗粒度对其活性的影响可以看出内扩散对反应的影响。粒度减小，活性表面增加，催化剂活性提高；但粒度太小时催化剂活性并无进一步的提高，反而增加床层阻力。

在一定条件下正仲氢转化受过程的反应动力学区域影响。试验研究表明，催化转化基本符合一级反应动力学，亦即转化反应速率与反应原料氢浓度的一次方成正比。

一级反应动力学方程式可以表示为，

$$k = \frac{G(1-x_e)}{V_c} \ln \frac{x_0 - x_e}{x - x_e} \tag{2-17}$$

式中　k——催化剂反应速率常数，$\text{kmol}/(\text{L} \cdot \text{s})$；

　　G——待处理的氢流量，kmol/s；

　　V_c——催化剂的体积，L；

　　x_0——反应前正氢的摩尔分数；

　　x——反应后正氢的摩尔分数；

x_e——反应温度下平衡氢中正氢的摩尔分数。

反应速率常数 k 与多种因素有关，除催化剂的活性外，还受反应温度、压力、截面强度、颗粒度大小等条件影响。

反应器设计中的 k 值一般以试验数据为依据。

正仲氢催化转化反应常用的催化剂有：$Cr_2O_3 + Ni$、$Cr(OH)_3$、$Mn(OH)_4$、$Fe(OH)_3$、$Co(OH)_3$、$Ni(OH)_2$ 等（表2-7）。

表2-7　几种常用催化剂的反应速率常数 k 值

催化剂	反应速率常数 $k/[10^3 kmol/(L \cdot s)]$			比值 $k_{22K} : k_{78K}$
	78K	64K	22K	
$Cr_2O_3 + Ni$	1.5~1.7	1.4~1.5	1.6~2.1	1.05~1.25
$Cr(OH)_3$	0.56~0.73	0.53~0.68	0.9~1.6	2.0
$Mn(OH)_4$	0.73~1.20	0.60~1.15	1.6~2.1	2.0
$Fe(OH)_3$	1.0~2.3	0.70~1.67	0.9~2.1	0.93
国产 $Fe(OH)_3$	1.20~1.44	—	2.56~2.72	2.0
$Co(OH)_3$	0.24~0.28	0.20~0.25	0.32~0.34	1.3
$Ni(OH)_2$	0.44~0.68	0.35~0.60	0.5~0.8	1.3

2.3.3.4　正仲氢转化反应器的设计

（1）反应器类型

正仲氢催化转化的反应器，一般有绝热型、等温型和连续型三种类型。绝热型反应器不用外部冷源冷却，过程较简单，转化过程中产生的转化热，通过升高反应气流的温度被带走。等温型反应器是装填催化剂的较细的通道，外面用液氮或液氢冷却以保持等温反应过程。连续型反应器又称恒推动力反应器，实际上是一个装有催化剂的换热器。原料氢与冷气流进行热交换而被冷却，正、仲氢随着原料氢的不断冷却连续进行转化反应，从而保持接近平衡的仲氢浓度。中国散裂中子源液氢冷箱内的正仲氢转化反应器属于绝热型，转化热通过升高液氢温度被带走。

① 绝热型。这类反应器不用外部冷源冷却，过程较简单，转化过程中产生的转化热通过升高反应气流的温度被带走。选择适当的温度级，布置多段绝热转化，则可将转化热逐段排出，这符合在尽量高的温度下排出热量能够减少功率消耗这一热力学原理。

② 等温型。等温型反应器是装填催化剂的较细的管子或通道，外面用液氮或液氢冷却以保持等温反应过程。

③ 连续型。其又称恒推动力反应器，实际上是一个装有催化剂的换热器。原料氢与冷气流进行热交换而被冷却，正、仲氢随着原料气的不断冷却连续地进行转化反应，从而保持接近平衡的仲氢浓度。

转化反应器中催化剂的用量 V_c 可用下式计算。

$$V_c = \frac{G(1-x_e)}{k} \ln \frac{x_0 - x_e}{x - x_e} \tag{2-18}$$

本设计方案的正仲氢转化反应器属于绝热型，转化热通过升高液氢的温度而被带走。

正仲氢催化反应速率常数试验研究表明，应用固体催化剂进行气相和液相正仲氢转化的反应过程基本符合一级反应动力学，亦即转化反应速率与反应原料氢浓度的一次方成正比。催化剂存在时，氢的正-仲态转化可以表示为一级反应动力学方程式。

（2）催化剂的选择

为实现正仲氢的转化，首先要选择合适的催化剂。根据相关研究经验，效能最好的催化剂是铬镍催化剂和氢氧化铁，常用催化剂的粒度约为 $0.7\sim2.0$mm。催化剂使用前必须活化。其中，铬镍催化剂的活化是将反应器和催化剂一起加热到 150℃ 并用氢气吹除。氢氧化铁催化剂的活化是将催化剂在反应器中加热到 130℃ 同时抽至真空，经过 24 小时，然后用室温氢气代替真空。活化后的铬镍催化剂是一种自燃物，因此不允许空气中的氧与之接触；如果发生这种情形，则催化剂将会燃烧并不可逆地中毒。考虑到氢液化器的工作特点，氢液化器中反应器使用氢氧化铁催化剂，虽然效能较低，但是和空气接触之后经活化仍能恢复其活性。

正仲氢催化转化反应器的结构一般选用圆筒形，如图 2-49 所示。关于结构对转化性能的影响，尚未有实验验证。具体转化反应器的结构和催化剂用量的计算参考上海化工研究院的实验。转化反应器中催化剂的用量可用一级反应动力学公式计算。

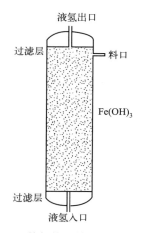

图 2-49　正仲氢催化转化反应器基本结构

在氢液化器的正仲氢转化器中的液氢流速一般为 $30\sim120$g/(h·cm²)。催化剂用量的计算主要有经验法和数学模型法。经验法简单，但精确度较差，是用实验室、中间试验装置或工程装置中最佳条件测得的数据，如以空速等作为设计依据，按要求的催化转化能力计算并确定催化剂的用量、床高、床径等。数学模型法是根据反应动力学模型进行计算，根据催化剂床层的温度分布可分为一维模型和二维模型。

接触时间是反应条件下，气体通过催化剂床层中自由空间所需要的时间，计算方法如下。

$$\tau=\frac{V_R\varepsilon}{V_0}=\frac{\varepsilon}{\frac{1}{3600}\times\frac{T}{273}\times S_v\frac{p_0}{p}} \tag{2-19}$$

式中　V_0——反应条件下气体的体积流量，m³/h；

　　　　ε——催化剂的孔隙率，%；

　　　　V_R——催化剂的体积，m³；

    S_v——空床速度（空速），s^{-1}；

    T——温度，K；

    p——工作压力，Pa；

    p_0——大气压力，101325Pa。

床层线速度是反应条件下气体通过催化剂床层自由截面的速率。空床速度是反应条件下气体通过床层截面时的速率。反应器高度和直径，可根据经验法计算。转化器结构和催化剂用量参考上海化工研究院的实验数据，空速取 20.83 次/s（转化为标准状态下的流量除以催化剂用量），标准状态下的流量 813.68L/s，催化剂用量 39.06L。催化转化过程的反应速率用反应速率常数来表示，以实验数据为依据。以绝热型正仲氢转化反应器为例，转化热通过升高液氢的温度而被带走。在 20.39K 下，正仲氢转化热 q_{Conv} 为 702.85kJ/kg（30K 以下基本不变），此温度下平衡氢的仲氢含量为 99.789％。

    转化热的计算：

$$Q = mC_p\Delta T = m_0 q_{Conv} \tag{2-20}$$

式中 Q——反应条件下转化热，kW；

    m——催化剂质量，kg/s；

    C_p——催化剂比热容，kJ/(kg·K)；

    ΔT——催化剂温度升高，K/s；

    m_0——转化部分的正氢质量流量，kg/s；

    q_{Conv}——单位质量的正仲氢转化热，kJ/kg。

    例如：$Q = 73.15g/s \times 702.85kJ/(kg) \times (99\% - 97\%) = 1.028kW$

15bar、20K 条件下，液氢的比热容为 8.93364kJ/(kg·K)，则正仲氢转化反应器出口的温度为：$20K + \Delta T = 21.573K$。国产 $Fe(OH)_3$ 在 22K 下反应速率常数为 2.56～2.72kmol/(cm^3·s)。

    催化剂填入正仲氢转化反应器后，一般需要用130℃的干燥氢气进行活化，温度过高会破坏催化剂的结构。某些杂质也容易引起催化剂中毒，例如甲烷、一氧化碳或乙烯会引起催化剂暂时中毒，氯气、氯化氢、硫化氢等引起催化剂永久中毒。

    正仲氢的转化需要注意活化时间和温度。称取制备好的 40～60 目催化剂（孔径 0.30～0.44mm），置于反应管内，在 110℃下抽真空（真空度 10^{-2} mmHg[❶] 以下）活化 6～8h。催化剂为含水氧化铁，在不同的低温下，能有效促进制取不同含量的仲氢。实验研究发现，原料气的纯度对转化影响很大，因此，必须严格纯化原料气，否则易使催化剂中毒，降低转化率。由不同原料制备的催化剂，其促进转化的能力有差别。适当地提高活化温度，可使转化率提高。

    我国大连化物所研制的正仲氢低温转化催化剂，可在低温下迅速将正氢催化转化为仲氢，已在上海试剂厂批量生产。

2.3.3.5 正仲氢组分测量

    所谓正氢和仲氢，是分子氢的两种自旋异构体，是由两个氢原子核自旋的耦合方式不同引起的。正氢中两个核的自旋是平行的，仲氢中两个核的自旋则是反平行的。氢气通常是正

---

❶ 1mmHg＝133.322Pa。

氢和仲氢的平衡混合物，正氢和仲氢混合物的平衡浓度随温度的不同而有显著的变化。室温热平衡态下，氢气大约由 75％正氢和 25％仲氢组成。在 77K 时，正氢占 51％，仲氢占 49％。饱和液氢（20.4K）中，正氢仅占 0.2％，仲氢占 99.8％。根据热力学平衡，可以计算出不同温度时正、仲氢的平衡浓度，然而，通过改变温度使其自行调节达到平衡是极其缓慢的过程。有学者认为正氢与仲氢的转化是磁性机理，当氢分子受到催化剂的非均匀磁场作用时，这种转化速度会加快。

目前国内外对于正仲氢转化的研究相对较少，针对正仲氢转化的机理，尤其是其组分的测量也鲜有全面的文献报道。在 20 世纪 80 年代，中国科学院大连化学物理研究所成功研制了高效率、长寿命、易于再生的正仲氢转化催化剂。研究人员在室温下使用分子筛色谱柱的方法进行气相色谱分析，通过测定不同仲氢含量的样品与正常氢之间热导率的差别，测量仲氢的含量。2006 年，美国国家高磁场实验室 Lydzinski 等人报道了采用测量蒸气压的方法实现了正、仲氢组分的测量。近年来，随着测量技术的不断发展，声速测量、蒸气压测量、热导率测量、核磁共振方法、色谱分析等在物质组分测定中发挥着重要的作用。将这些新兴测量方法利用到正、仲氢组分测量中，进而发展出一套高效简便的测量方案，对液氢的高效利用有着深远的意义。

正、仲氢组分的测量基于正氢与仲氢之间的性质差异。仲氢含量的检测在 80～250K 温区内，仲氢的比热容及热导率分别超过正氢将近 20％。对于含有正、仲氢的气体成分，可以根据正、仲氢之间热导率的差异，利用色谱分析仪进行分析。采用正常氢（仲氢含量为25％）作为载气，利用热导检测器测定不同仲氢含量的样品与正常氢之间热导率的差别，从而测得仲氢的含量。使用色谱分析仪进行正、仲氢的气体成分分析时，在恒温槽中有四个标定点。

分离柱使用分子筛填充，是为了将样品中的杂质（如氧气、氮气等）与氢分离，以准确测定出样品中仲氢的含量。采用不同温度下制备出的不同浓度的标准样，绘制出色谱峰高（或峰面积）和浓度的标准曲线，利用该曲线可对被测样品中的仲氢进行定量。

2.4　氢气纯化

2.4.1　氢气纯化必要性和技术指标

氢气是无色无味的气体，是公认最洁净的燃料，主要以高压气态形式作为燃料或原料使用，在长距离输送分配方面，液氢具有发展优势。

我国现行标准《氢气　第 2 部分：纯氢、高纯氢和超纯氢》（GB/T 3634.2—2011）定义纯度 99.99％以下的氢气为工业氢，大于或等于 99.99％的为纯氢，大于或等于 99.999％的为高纯氢，大于或等于 99.9999％的为超纯氢（表 2-8）。

表2-8　纯氢、高纯氢和超纯氢质量技术指标

项目		指标		
		超纯氢	高纯氢	纯氢
氢纯度(体积分数)/10^{-2}	≥	99.9999	99.999	99.99
氧含量(体积分数)/10^{-6}	≤	0.2	1	5

续表

项目		指标		
		超纯氢	高纯氢	纯氢
氮含量(体积分数)/10^{-6}	≤	0.4	5	60
一氧化碳含量(体积分数)/10^{-6}	≤	0.1	1	5
二氧化碳含量(体积分数)/10^{-6}	≤	0.1	1	5
甲烷含量(体积分数)/10^{-6}	≤	0.2	1	10
水分(体积分数)/10^{-6}	≤	1.0	3	30

氢气的应用范围很广，其中用量最大的用途是作为一种重要的石油化工原料，用于生产合成氨、甲醇以及石油炼制过程的加氢反应，世界上约60%的氢用于合成氨，中国的比例更高。氢气在电子工业、冶金工业、食品加工、浮法玻璃、精细化工合成、航空航天工业等领域也有应用，这部分应用对氢气的纯度要求非常高。氢气在电子工业、冶金工业、浮法玻璃等行业中主要作为还原气体，也可在电子工业中用作燃料。航天领域主要应用液氢，作为火箭推进的主要燃料。

氢气在电子工业中主要用于半导体、电真空材料、硅晶片、光导纤维生产等领域。在电子工业中，氢和氧作为热处理气氛气和过程气被广泛使用。这些气体的纯度对产品的质量影响很大，需要高纯氢和高纯氧。

2.4.2 物理方法与吸附剂

氢气纯化就是去除氢气中少量的氮、氧、水、一氧化碳、二氧化碳、烃类等杂质，获得杂质总含量小于10μL/L的高纯氢或杂质含量小于0.1μL/L的超纯氢的过程。氢气纯化既是大型低温制冷装置的关键技术之一，也是集成电路和光纤生产等大规模使用的必要技术。氢气纯化方法主要有低温吸附、变压吸附、低温液化、金属氢化物氢净化、膜扩散法（含钯膜扩散和中空纤维膜扩散）等。在高纯氢或超纯氢的纯化系统中主要采用低温法，包括低温吸附法和低温冷冻法，低温法处理原料气源的杂质浓度范围也最宽。

（1）催化脱氧-变温吸附

催化脱氧-变温吸附纯化氢气方法，是目前电解水制氢普遍采取的氢气纯化方法。变温吸附是利用吸附剂的平衡吸附量随温度升高而降低的特性，进行常温吸附、升温脱附的操作方法，具有工艺简单、投资少、操作简单、维护量小等优点，在工业上应用很多。变温吸附主要用于吸附氢气中含有的液态水和气态水，属于物理吸附过程。常温吸附，升温解吸（温度高于170℃）。减少吸附剂装量的途径主要有提高氢气纯化装置工作压力、降低氢气温度。

采用常温催化脱氧法可以将氢气中的氧含量降低到0.5μL/L以下。催化剂的活性决定了反应温度及残氧量。大连化物所研制的HT-1型催化剂是一种金属-半导体型催化剂，脱氧深度可达0.02μL/L以下，空速大，无须活化和再生。

（2）变压吸附

变压吸附（pressure swing adsorption，PSA）是改变系统压力提纯氢气，基本原理是增压吸附、降压解吸。变压吸附接近于等温过程，因为吸附热和解吸热引起的吸附剂床层温度变化不大。

吸附剂是PSA气体分离技术的基础，吸附剂的性能直接影响最终分离效果，甚至影响工艺步骤的复杂性和装置使用寿命。针对杂质种类较多的氢气，可一次性提纯氢气至99.9999%，需消耗部分氢气。

自 20 世纪 60 年代末美国联碳公司首次推出 PSA 工业制氢装置以来，这一技术已在全球推广应用。PSA 法与低温吸附和膜分离法相比有许多优点。PSA 法装置和工艺简单，可进一步获得 4N 氢气（纯度为 99.99%）。对于许多氢气源，例如各种弛放气、变换气、精炼气等（其本身的压力可以满足这一要求）可以省去原料气加压所需能耗。PSA 法对原料气中杂质组分要求不苛刻，可以省去一些预处理装置。PSA 制氢已由最初的三床发展到五床和多床流程，氢纯度可达 5N（纯度为 99.999%），氢回收率为 86%。采用多床工艺，在床之间可进行广泛的气体互换和多次均压，使得生产能力大大提高。

2.4.3　低温吸附与分离

低温吸附利用低温下吸附剂对杂质气体吸附率比室温提高 10 倍以上的特点进行吸附纯化。低温吸附法在低温条件下（通常是在液氮温度下）利用吸附剂对氢气源中杂质的选择吸附作用可制取纯度达 6N（纯度为 99.9999%）以上的超高纯氢气。为了实现连续生产，一般使用两台吸附器，其中一台处于使用阶段，而另一台处于再生阶段。吸附剂通常选用活性炭、分子筛、硅胶等，这要视气源中杂质组分和含量而定。以电解氢为原料时，由于电解氢中主要杂质是水、氧和氮，可先采用冷凝法干燥除水，再经催化脱氧，然后进入低温吸附系统脱除微量氮、氧等杂质。

吸附质分子与吸附剂表面分子间存在的范德瓦尔斯力引起的吸附，称为范德瓦尔斯吸附。吸附过程类似于气体的凝结过程。吸附是某种物质（离子或分子）在另一种物质表面或微孔内积聚的现象。

国际上一些商品化的氢液化器多采用自动化程度较高的内纯化器，并且多为利用冷冻法去除杂质的内纯化系统。我国目前普遍采用的低、中压（纯化压力低于 30bar）纯化系统存在能耗大、效率低及设备占用场地大等不利因素，使循环利用的经济效益下降。

随着吸附技术的发展，低能耗的纯化技术取得了很大进展，如采用新的吸附工艺和吸附材料。由于低温真空吸附泵、吸附式制冷机和氦制冷机及氦液化器的发展，对各种吸附剂特性的研究也在深入，许多试验研究已取得不少数据。为满足各种氦制冷机的需要，已有自动化程度很高的多种纯化器。

低温纯化方法包括低温吸附法和低温冷凝法。使用何种方法与原料气的成分及纯度相关。冷凝法适用于原料气的预处理。低温吸附适用于高纯气体的纯化，纯化杂质含量较少的原料气，或用作最后纯化工序。根据原料气组分的不同，可采用一种或几种相应的低温纯化方法联合纯化气体。

冷凝法与冷冻法相似，都是建立在组分相平衡基础上，只是温度级不同，前者为气-液相分离，后者为气-固相分离。冷凝法在液氮温度和一定压力下进行。冷冻法是指采用板式换热器等设备冻结杂质以脱附杂质的方法。杂质被冻结在内表面上，由气固相平衡，可得到杂质含量为 $0.6\mu L/L$ 的氢气。

冷凝-低温吸附法：当原料氢中杂质含量高时，纯化分为两步。第一步，采用低温冷凝法（干燥器）进行预处理，以清除氢中的杂质水和二氧化碳。处理过程应针对粗氢中杂质的组分和含量，在不同温度下进行两次或多次冷凝分离。第二步，采用传统的低温吸附法，经预处理的氢在换热器中预冷，然后进入吸附塔，在液氮蒸发温度下（-196℃），用具备选择吸附氢中杂质性能的吸附剂——活性氧化铝进一步除去微量水，4A 分子筛吸附除氧，5A 分子筛吸附除氮，硅胶吸附除一氧化碳、氮、氩，活性炭吸附除甲烷等杂质。采用两塔工艺，当一塔在吸附时，另一塔吸附剂中被吸附的杂质经加热脱附，使吸附剂得到再生。两个吸附塔循环交替进行吸附和再生，可连续制得纯度为 99.9999％的超高纯氢。纯度较高的电解氢，主要杂质是水分、氧气和氮气，可经冷凝干燥器除水和钯 A 型分子筛（105 催化剂）除氧后，再采用低温吸附法处理。

目前在国际研究领域内，低温吸附技术的研究现状是没有通用的设计方法，缺乏足够的实验数据，理论研究一直落后于产品的应用开发。目前的发展趋势是，采用新的吸附工艺，无热再生技术；在新型吸附材料性能研究方面有所发展，如活性碳纤维的性能研究等。

2.4.4　化学方法与催化剂

利用氢气可透过钯膜的特性，可得到纯氢。纯度为 99.99％的氢气通过钯膜纯化后，可以获得纯度优于 99.99999％的超高纯氢气。钯膜扩散法在 400～500℃温度下操作，对原料气中 O_2、CO、H_2O 等要求较高，以防钯膜中毒失效。目前，国外已研制出具有高选择性和高渗透性的钯合金膜——钯银合金、钯金银合金、钯钇合金等。光明化工研究所研制的 BG-60 型氢纯化器，利用合金膜对氢进行纯化，制得纯度为 99.9999％的超高纯氢。日本纯氢有限公司采用钯膜扩散法的 0.06～500m³/h 系列精制氢装置，可得到纯度为 99.9999％的超高纯氢。

金属钯对氢气具有选择透过性，工作机理为：氢分子首先在钯表面化学吸附，被相邻的两个钯原子解离为两个氢原子，进而溶解在钯体相内。如果膜两侧氢气压力不同，由氢/钯浓度梯度引起的化学势梯度促使氢原子扩散，然后两个氢原子再耦合为氢分子（图 2-50）。

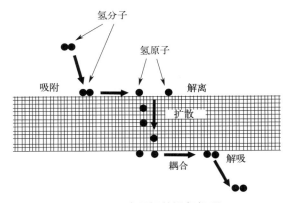

图 2-50　金属钯的透氢机理

氢气透过钯膜遵循溶解-扩散机理，包含以下几个过程。

① 扩散过程：在浓度差的推动下，高压侧气相中的氢分子越过边界层向钯膜表面扩散。

② 吸附解离过程：氢分子在钯膜表面发生化学吸附并迅速解离成两个氢原子。

③ 溶解-扩散过程：膜表面吸附的氢原子溶解到钯晶格内并迅速解离为 H^+ 和电子，穿过体相后扩散到低压侧的膜表面并迅速结合成氢原子。

④ 结合脱附过程：低压侧钯膜表面的氢原子结合成氢分子后脱离钯膜的表面并扩散到边界层。

⑤ 扩散过程：边界层内的氢分子向低压侧气体体相中扩散。

整个工艺共包括八个功能区模块：气源、原料气净化脱除颗粒杂质、原料气流量分配、高温热能回收利用、防爆电加热器供热、钯膜组件分离提纯氢气、氢气压缩机压缩充装或循环供气、集散自动化控制系统模块。纯钯复合膜在氢气气氛下，当温度由高温降低至 275℃ 及以下时，金属钯将发生氢脆现象而导致钯膜破裂，所以原料氢一般预热到 300℃ 以上才能进入钯膜；为保证钯膜的纯化效率，氢气通常要预热至 400℃。因此在该工艺中，钯膜组件首先要在高纯氮气气氛下逐渐升温至 400℃，之后才能切换成氢气进行分离提纯。

催化脱氧，氧气来源主要有隔膜渗透或者生产氢气时碱液中夹带的氧气。

反应式：$2H_2 + O_2 \longrightarrow 2H_2O + Q$

该反应的催化剂为钯。在伴热温度 120℃ 时，可脱除氢气中氧气至 $0.5\mu L/L$；在伴热温度 180℃ 时，采用定制的钯催化剂，可脱除氢气中氧气至 $0.06\mu g/g$。

催化脱氧的催化反应过程，总共分为以下步骤：

① 反应物从流动的气相中扩散至催化剂表面；
② 反应物从外表面扩散到催化剂内表面；
③ 反应物吸附在催化剂表面上；
④ 在催化剂表面进行氢氧化合反应；
⑤ 水分子从催化剂表面脱附；
⑥ 水分子从内表面扩散到外表面；
⑦ 水分子从外表面扩散到流动的气相中。

2.4.5　氢气纯化工艺流程

常见氢气纯化流程主要有两塔纯化流程和三塔纯化流程，主要针对三塔氢气纯化流程脱氧、脱水。原料氢气经脱氧、冷却、滤水后进入的第一个干燥器处于工作状态，处理气量为全气量，干燥器不加热，介质为未脱水的原料气。

某氢气纯化装置的工艺流程如图 2-51 所示，该装置由光明化工研究设计院设计制造，在实际操作中进行了部分改动，某些性能优于原设计，装置的特点如下。

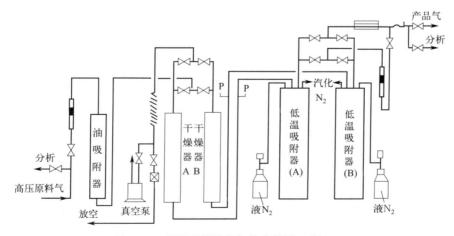

图 2-51　低温吸附法氢气纯化装置工艺流程

① 以电解氢为原料，氢中所含的杂质主要是水及氧、氮，纯化过程比较简单。

② 采用高压氢低温吸附纯化工艺，防止纯化后压缩过程中渗漏空气，确保产品氢气纯度符合要求。

③ 采用负压抽空与低压氢吹除相结合的再生工艺，减少吹扫气用氢，缩短再生时间，强化再生效果。

④ 根据生产的氢气纯度，采用浅冷吸附与深冷吸附相结合的纯化方法，提高液氮冷量的利用率，降低液氮耗量，增加经济效益。

⑤ 使用先进的高洁净管路施工技术，防止颗粒杂质污染，有利于生产高纯氢和超纯氢。

⑥ 设置自动化程度较高的温控及超温保护系统，确保吸附器再生的安全。

2.5　氢液化装置的结构特点与运行

氢液化装置主要由氢气源、氢气或氦气压缩机、精密除油系统、真空冷箱、液氢储槽、室温管线等组成。真空冷箱又包括透平膨胀机、低温换热器、低温阀、内纯化器、低温传输管线等。只有压缩机和透平膨胀机属于运行设备，而氢液化装置的运行主要涉及低温部件（如膨胀机和低温阀门）的调节问题。室温管线一般采用 304 不锈钢管道，要求完全脱脂处理。室温管线附件包括管道过滤器、金属软管等全部采用 304 不锈钢。管道及附件均需要进行处理与检验，包括清洗、吹除、试压、检漏等。常温阀门包括球阀、安全阀、减压阀、背压阀、止回阀、仪表阀、针阀等。到货后按要求进行检验。

2.5.1　低温阀门与附件

2.5.1.1　低温阀门基本参数和工作条件

以 2000W@20K 制冷机为例，主低温调节阀的基本参数和工作条件如表 2-9 所示。

表2-9　主低温调节阀选型

项目	1	2	3	4	5	6
阀门位号	CV-1201	CV-1202	CV-1203	CV-1204	CV-1205	CV-1206
阀门工位	膨胀机进口	膨胀机进出口之间	膨胀机出口（HEX 进口）	HEX3 口	HEX3 进出口之间	液氮进口
工质	GHe	GHe	GHe	GHe	GHe	LN_2
管道尺寸/mm	$\phi 42 \times 2$	$\phi 50.8 \times 2$	$\phi 70 \times 2$	$\phi 70 \times 2$	$\phi 57 \times 2$	$\phi 19 \times 1.5$
温度/K	25	80	20	20	80	80
阀前压力/bar	7.16	7.16	1.25	1.15	1.25	2.0
阀后压力/bar	6.96	1.25	1.23	1.13	1.14	1.99
工作流量/(g/s)	106	106	106	106	106	17
故障时阀门位置	常闭	常闭	常闭	常闭	常开	常闭
阀门形式	气动调节	气动调节	气动调节	气动调节	气动调节	气动调节
阀体形式	角阀	角阀	角阀	角阀	角阀	角阀
安装方位	垂直	垂直	垂直	垂直	垂直	垂直
阀门规格	DN32	DN25	DN65	DN65	DN50	DN10
阀杆长度/mm	650	650	875	875	857	650
连接形式	焊接	焊接	焊接	焊接	焊接	焊接

　　低温阀门工作温度极低。在设计这类阀门时，除了应遵循一般阀门的设计标准外，还有一些特殊的要求。我国低温阀门设计标准为《低温阀门技术条件》（GB/T 24925—2019）。其他国际先进工业标准有《低温用阀门》（BS 6364）、《明杆式耐低温钢制阀门》（DIN 3352），在一些先进工业国家标准中，虽然没有专门的低温阀技术条件，但在各类阀门标准中有低温阀门设计的要求参数。低温阀门的波纹管设计和填料函计算、气动调节结构与常温工业阀门基本一致。低温阀门研制难点在于材料选择和低温测试、热设计、气动机构。

　　一般要求低温调节阀的调节性能为可调比 $R \geqslant 10$，冷损要求为漏热率≤1W。低温调节阀研制主要包括结构设计及各部件设计、材料选择、流量系数及其计算、口径的选择、阀芯型面设计、气动执行机构选择（包括定位器）、热沉的设计、热分析及校核等。

　　阀杆是热传递的主要途径，因此一定要尽量加长阀杆。传统的方法是加长阀盖颈部，这种结构需要填料函密封，为避免填料函处于冷区而失去密封功能，一般将它设计在阀盖颈部，因为阀盖颈部处于热区，不容易使填料函失效。但是这样的传统结构有两个弊端：第一，采用填料函密封容易失效，使介质泄漏；第二，长颈阀盖会直接暴露在空气之中，使大面积的阀盖跟空气直接接触，会产生大量的对流热交换，即冷损率很高。氢液化系统对阀门的冷损率、密封性能要求都很高（冷损率要求小于 1W，密封要求为介质零泄漏），通常采用的长颈阀盖结构远远达不到要求，因此这里采用特殊的真空绝热与波纹管密封的结构。

　　具体方法如下。将阀体分为上阀体和下阀体两个部分，中间用阀体连杆将上下阀体连接起来。上阀体设计一道焊接口，焊接在管道上，使焊接口以下的部分处于真空。这样在加长阀杆（相应加长阀体连杆）以后，处于真空的这段基本上只有阀杆的轴向热传导，只要加长阀杆长度并且减小阀杆面积，一定能达到冷损率要求。另外，采用波纹管端口焊接来进行密封，能保证介质的零泄漏。

　　一种典型的气动薄膜执行机构的参数为：行程 12mm、有效面积 $100cm^2$、弹簧范围 50～130kPa、气源压力 5bar、重量 16kg。气动活塞传动机构，动作时间为 1～6s，以减少冲击和动负荷。实验证明，阀门关闭速度超过几十毫米每秒并多次动作时阀座就受到破坏，因此在关闭阀门时需要限制气动传动机构的运动速度。

　　低温阀门的材料，要求具有良好的力学性能，即一定的冲击韧性和相对延伸率；符合低温介质防爆性的相容条件。阀芯表面要求具有良好的耐磨性、表面硬度（阀头和阀座），零件表面氮化并采用硬质合金。

2.5.1.2　大口径液氢真空截止阀

　　大口径液氢阀门如图 2-52 所示。

图 2-52　大口径液氢阀门

在大型液氢输送系统管路中，一般安装有大量的低温截止阀，结构形式以角式和直通式为主，口径≤200mm，压力≤25MPa。而随着国家对新型氢氧火箭发动机研制的不断深入，对于氢氧用低温阀门也提出了更多的要求。其中 DN250 液氢截止阀就是为满足该需要并应用于航天新一代发动机全系统长程试验台液氢主管路加注用的阀门。该阀门工作条件：口径 250mm、压力 1.0MPa、温度 253℃。阀门常开，但要求紧急关闭后漏率符合《工业阀门压力试验》（GB/T 13927—2022）A 级要求，阀门流体阻力系数小。目前该阀门已被成功研制并应用于试验系统中。

对于低温阀门来说，漏热问题是关键，尤其在液氢温度下，漏热问题更是突出，为保冷，低温阀门采取的绝热形式有堆积绝热、高真空绝热、真空粉末绝热和真空多层绝热。对于液氢来说，阀门从整体结构上采用真空多层绝热比较经济，故阀门采用真空多层绝热。根据试验系统要求，输送流体的阀门阻力系数要小，流体的波动要小，通常选用球阀和直流式截止阀。

球阀一般为等径、同轴输送，流阻小，波动也小，所以在生产中得到了广泛应用。但是应用于低温条件的球阀往往由于材料的收缩在低温下的泄漏不容易得到控制，因此阀门采用直流式截止阀。

2.5.1.3 液氢阀门的材料选择

因为低温阀不仅要求在低温下保证正常工作，同时也要保证其常温的工作性能，所以其使用的材料不仅要满足常温力学性能，同时也要满足低温下所需的力学性能，尤其是冲击功（AKV）和相对延伸率的要求。对于在低温状态下使用的材料，为防止材料的低应力脆断，一般多采用奥氏体组织的材料，如奥氏体不锈钢、铜及铜合金、铝及铝合金等。这是因为经过对低应力脆性断裂特点的研究，对金属断裂机理进行分析，发现金属的低温韧性，即缺口尖端处的金属微观塑性变形能力，是决定设备抵抗低应力脆断破坏的能力。实验表明，具有面心立方结构的金属如铜、铝、镍和奥氏体类钢基本上没有这种温度效应，即没有低应力脆断。这是因为当温度降低时，面心立方金属的屈服强度没有显著变化，而且不易产生形变孪晶，位错容易运动，局部应力易于松弛，裂纹不易传播，一般没有脆性转变温度。而不锈钢在满足相同力学性能的条件下，与其他材料相比具有价格优势，所以该阀门的主体材料选择奥氏体不锈钢。

在真空低温管道中，阀门与外部管道的连接方式有法兰和焊接两种连接方式。相对于为降低漏热主要选用真空法兰的连接方式，该方式的优点就在于其阀门更换方便，拆卸阀门不破坏管道的真空状态。但是低温状态时，真空法兰的漏热会对运行中管道系统的安全性造成很大威胁。而采用直接焊接连接结构，由于不存在液氢的外泄，则不存在这种潜在危险。为满足阀门维修时不破坏管道真空的要求，在对阀门进行结构设计时，设计了阀盖组件直接从阀体中整体抽出来的结构形式，而阀门的外壳及内阀体与管道连为一体。该结构为阀门的维修提供了更多方便。而阀门真空腔与管道真空腔形成一体的结构，更有利于阀门真空腔内真空度的维持，并提高阀门的真空使用寿命。

实际应用证明，液氢阀等低温设备采用聚氨酯泡沫塑料耦合外绝热是行之有效的。为降低漏热，内外阀体的支撑材料可选用热导率较低［热导率仅为 0.25~0.45W/(m·K)］强度相对较高的环氧玻璃钢。对于阀座密封面的密封性能来说，阀座的变形将直接影响密封面的性能，所以阀座的结构设计在满足强度的前提下更应考虑刚度的要求。而且阀座的制作加工过程即阀门配合面的加工质量对阀门的密封影响也很大，尤其是阀杆轴线与阀座密封面的垂直度。所以阀座、弯头、内阀体焊接后整体加工，这样可以保证密封面与阀体轴线的垂直度和阀杆支撑件与阀体的同轴度。该阀门涉及的密封主要包括密封面密封、阀杆密封、法兰密封面密封三种。密封面的密封形式选用平面软密封，而没有选择对中性较好的锥形或者球面密封，主要考虑到在低温状态下出现过阀瓣卡死在锥形座内的情况。法兰密封面的密封考虑到阀门处于低温状态，可选用比较常用的铝垫片平面密封。

2.5.2　液氢管路

液氢管路主要包括真空绝热的低温传输管线及低温快接头（Bayonet）。一般要求，液氢管线的漏热≤1W/m，设计压力 0.6MPa，设计温度 4～350K。Bayonet 是整个管线上最为"娇气"的部件。在低温管线上全部使用 G10 材料，不能使用粘有油污、有裂纹、夹气泡的材料。使用的全部管材必须符合国家材质标准，提供材质报告单。管道内外表面不得有划痕、碰伤（尤其是薄壁管）。一般选用 316 卫生级管线制作，制作前必须进行管道内部的清理。加工前必须进行打压试验（16kg 水压试验测试）。内、外管长度在 6m 以内的可在工厂车间直接完成加工；超出 6m 的需分段加工处理，并在运到现场后进行连接装配焊接，其内、外管长度应预留出焊接收缩量，以保证满足图纸设计要求，并以现场实际尺寸为准。所有管线与硬件设备的对接不能在安装前完成，须在主管线与设备就位之后按照实际尺寸进行调整，现场实施。绝热包扎须在上述工作完成后进行，包扎层数为液氮管路 30 层，氢、氦管路表面 30～40 层（包扎方法按照培训要求实施）。绝热包扎材料选择定宽铝薄膜和石纤维无纺布 5 层复合使用，以提高绝热性能（增加层梯度，有效拦截辐射）、减少漏热、吸水，便于抽空；外层选用定宽镀铝涤纶薄膜单层包扎。所有外管焊接应避免出现内侧夹缝（尤其要避免长夹缝）、裂纹、气孔、夹渣及咬边等焊接缺陷。在整体管线制作中，真空设备与检漏设备的状况也是对整体进度有着直接影响的重要因素，检漏设备的精度值直接影响着整体管线的质量定位，对此应予以高度的重视。低温管线内管的所有焊口（金属软管、膨胀节必须在焊接前进行质检及低温处理）必须进行低温处理。使用液氮对每道焊缝进行 3 次冷激处理后，焊口漏率应小于 $1 \times 10^{-10} \mathrm{Pa} \cdot \mathrm{m}^{3} / \mathrm{s}$。

液氢低温管线的漏热原因主要是支撑结构的导热以及氢管的辐射换热和外界换热。可采用数值计算的方法，通过建立相应的物理模型，开展液氢低温传输管线传热特性的理论研究，考察低温管线内部温度场的分布特性，在此基础上得到多层绝热材料层数对漏热量的影响，并对支撑结构进行优化设计。

由于氢气与氧气混合有爆炸的隐患，应充分避免出现氢气与氧气混合的可能，同时，万一出现意外事故时，应避免对人员与设备造成危害。可采用三级纵深防御安全设计：第一级，尽可能减少氢循环系统运行过程中氢气与空气形成可燃性混合气体的可能性；第二级，使系统具备泄漏检测功能，在第一级防御实施出现故障的情况下，系统应能探测到氢系统的氢泄漏，以免事故进一步发展；第三级，使系统具有紧急排放功能，在第二级防御检测到存在氢泄漏时，把所有氢快速排放到指定地点。

为确保制冷机装置低温管线的安装质量，需要编制《低温管线施工作业指导规范》，作为低温管线安装过程中质量控制的指南，以保证低温管线管道及管道元件的安装质量满足技术条件规定的各项指标。对特定工艺和设备的质量检验，安排经过培训具有特定资格的检验人员进行。要求安装部件 100% 合格，安装完成后总体 100% 合格。主要包括以下关键控制点：确定安装工序流程，明确各工序质量职责；确定各工序的详细工艺，确保安装用技术文件充分、有效，符合技术条件要求；对技术文件的完整性与适用性进行审查，确定质检内容、检验规范；对内容、规范和质检能力进行审查，确保产品质量受控；安装前准备状态检查，对材料、配件、工装与人员配备情况进行检查；控制安装工序，按照系统安装工序质量控制执行；验证质量，各工序质量检验与管线完成后最终检验按工序质量控制规定执行；应对检验状态进行标记；作好各项检验记录，使整个生产过程中的每一工序质量受控和可追溯；记录检测器具计量检定情况。低温管线安装中间过程的质量控制需要注意以下方面：管路焊接、冷屏连接、真空隔断安装、真空检漏、多层绝热材料的包敷、安装环境清洁等。

大型氢液化装置系统集成的主要安装工序如图 2-53 所示。

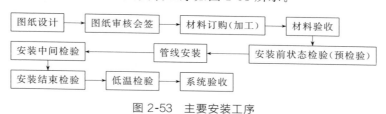

图 2-53 主要安装工序

2.5.3 检测仪表

大型氢液化装置的检测仪表主要包括温度传感器、压力传感器、流量计、多组分气体纯度分析仪、真空计、氧含量检测仪等。

压力传感器（pressure transducer）是能感受压力信号，并可按照一定的规律将压力信号转换成可用输出电信号的器件或装置（图 2-54）。压力传感器通常由压力敏感元件和信号处理单元组成。按不同的测试压力类型，压力传感器可分为表压传感器、差压传感器和绝压传感器［《压力传感器（静态）检定规程》（JJG 860—2015）］。

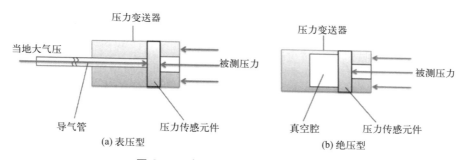

图 2-54 表压型和绝压型压力传感器

以压阻式常用压力传感器为例，电阻应变片是压阻式应变传感器的主要组成部分之一。金属电阻应变片的工作原理是吸附在基体材料上的应变电阻随机械形变而产生阻值变化的现象，俗称电阻应变效应。

温度传感器多为铂电阻温度传感，快速可靠，精确度高，精确度范围为±0.1K。铑铁温度计具有广泛的测温范围，且不受电离辐射影响，在 77K 温度以上受磁场环境影响小。线绕型铑铁温度计稳定性强，多作为二级标准温度计使用。铑铁温度计具有正温度系数，测温范围内呈现单调变化，在 100～273K 之间，电阻随温度的变化具有良好的线性。

2.5.3.1　温度采集与温度传感器安装

　　低温领域的温度测量一般需采用电阻温度计。为消除电流引线电阻的影响，可用四线制测量方法，即 2 根线提供电流，2 根线测量电压，如图 2-55 所示。

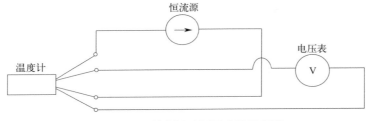

图 2-55　四线制温度测量方法示意图

　　在液氢温度下，采用铑铁电阻温度计。液氮温度以上，用工业标准温度计 Pt100。温度计安装方法见图 2-56。在冷箱内使用 $0.1mm^2$ 聚四氟乙烯导线由温度计连至 55 芯真空接头。漆包线使用 $\phi 0.15mm$ 的导线。

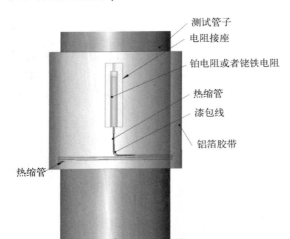

　测试管子
　电阻接座

　铂电阻或者铑铁电阻

　热缩管
　漆包线

　铝箔胶带

热缩管

安装说明：
①先把温度计接座焊在测试管子上；
②再把电阻表面均匀涂上真空硅脂，然后插入接座中；
③漆包线上套入两小段热缩管，然后和电阻线头焊接；
④在测试管子表面涂上缩醛胶，把焊接好的漆包线缠在上面五六圈，然后在漆包线上面涂缩醛胶；
⑤漆包线另一头也套入热缩管，再与测试线连接；
⑥最后用铝箔胶带粘在表面。

图 2-56　温度计安装示意图

2.5.3.2　压力测量与压力传感器安装

　　由于一般的压力传感器无法在低温下工作，故用毛细管引到室温进行测量。压力传感器采用两线制，输出 $4\sim20mA$ 电流，通过 250Ω 电阻转换为 $1\sim5V$ 电压信号。1V 代表绝压为零或表压为零，5V 代表最大量程。直流电源应采用线性电源，避免使用开关电源。接线原理见图 2-57。压力传感器至控制箱采用 $0.3mm^2$ 两芯屏蔽导线。

　　为了对纯化装置的效能进行评估，需使用专门仪器来测量经过纯化后的氦气中各杂质的相对含量，为此配备了瑞士林德公司的测量仪器 WE34M-3/SM38 多组分联合分析仪（简称纯度分析仪），纯度分析仪由两部分组成：WE34M-3 多组分检测仪和 SM38 热解器。通常以 WE34M-3 检测器作为仪器的主机。

　　两台仪器通过自带的数据线连接起来。WE34M-3 可以实时测量氦气中 H_2O、N_2 和

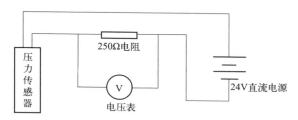

图 2-57　压力传感器接线原理图

C_xH_y 的含量，而无须打开热解器；需要测量油的含量时，必须开启热解器，将油热解成小分子的气态烃化物，然后送入主机 WE34M-3 中进行测量。

纯度分析仪能测量出各种杂质（H_2O、N_2、C_xH_y、油）含量。该探测器含有一个裂解装置，用来测量氦的含油量。

仪器的测量范围：

纯氦中的 H_2O：0～100cm^3/m^3；

纯氦中的 N_2：0～100cm^3/m^3；

纯氦中的 C_xH_y：0～30cm^3/m^3；

纯氦中的油（气溶胶）：0～250mm^3/m^3。

测量数据若超过量程，则仪器显示屏上显示的数据会有星号。油分析仪的测量数据通过数据线传输到控制室计算机上，得到四组 4～20mA 标准输出信号，4～20mA 标准输出信号对应的测量范围为：H_2O 0～200cm^3/m^3，N_2 0～50cm^3/m^3，C_xH_y 0～50cm^3/m^3，油（气溶胶）0～250mm^3/m^3。

在实际测量中，仪器显示的 H_2O、N_2、C_xH_y 的数据单位为 vpm（即体积比为 10^{-6}，即 cm^3/m^3），显示的油的数据单位为 ppb（即体积比为 10^{-9}，即 mm^3/m^3），见图 2-58。

图 2-58　WE34M-3 纯度分析仪显示界面

初次使用需对仪器进行吹除。吹除工作完成后，即可开机测量。通过调节阀来调节进入 SM38 热解器中氦气的压力和流量，观察 WE34M-3 纯度分析仪的压力和流量值，压力要保证维持在 1bar±0.07bar，流量约为 30mL/s。如果超出上述范围，需通过表盘上的压力调节阀和流量调节阀进行适当调节。然后开启分析仪和热解气的电源，观察检测室压力、光电流、检测室窗口及热解器。它们的信号指示灯相继点亮，如果压力指示灯不亮，需要通过调节主机表盘上压力调节旋钮来调节。

系统的净化过程中，首先对系统进行抽空置换处理，之后向系统充入高纯氦气。压缩机投入运行以后，利用油过滤器的 Ⅰ 级和 Ⅱ 级滤油器以及活性炭吸附筒进行纯化处理，同时使用外纯化器液氮吸附进行处理。通过纯度分析仪在线监测氦气纯度，达标后才能开始降温。

2.5.4　液氢涡轮泵

为实现较大的流量和扬程，一般可采用离心式液氢泵，即液氢涡轮泵，如图 2-59 所示，由高速电机直接驱动，轴承采用双排角接触滚珠轴承。以散裂中子源液氢泵为例，涡轮泵的转子质量约 25kg，转速 46000r/min，在泵壳内由 35mm 和 40mm 双排角接触滚珠轴承支撑。轴承由液氢冷却，保持架材料起润滑作用。

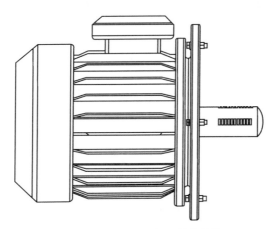

图 2-59　离心式液氢泵基本结构

液氢涡轮泵的叶轮，可采用三元流理论进行优化设计，为获得较高的效率，不同比转速下的叶轮形状不同。

比转速的定义为：

$$n_s = \frac{3.65n\sqrt{Q}}{H^{3/4}}\qquad(2\text{-}21)$$

式中　n_s——比转速；
　　　n——转速，r/min；
　　　H——扬程，m；
　　　Q——流量，m^3/s。

根据离心泵理论，泵的水力效率与比转速密切相关。通常比转速在 30～50 范围内的离心泵具有较高的效率。

比转速的大小与叶轮形状和泵的性能曲线有密切关系。比转速确定以后，叶轮形状和性能曲线（流量与扬程和效率之间的关系曲线）的形状就大致确定了。比转速越小，叶轮流道越细长，叶轮外径和进口直径的比值（D_2/D_0）越大，性能曲线越平坦；随着比转速逐渐增大，叶轮流道越来越宽，D_2/D_0 越来越小，性能曲线也就越陡。当比转速达到一定数值后，叶轮出口边就倾斜，成了混流泵，性能曲线开始呈现"S"形。如果比转速继续增大，当 $D_2 = D_0$ 时就成了轴流泵，此时性能曲线更陡，"S"形更明显。由于泵比转速与叶轮形状有关，因此泵的各种损失和离心泵的总效率均与比转速有关。

液氢泵的稳定性与转子临界转速相关。以某型号液氢泵为例，为保持稳定工作，液氢泵的工作转速与转子临界转速相隔不小于 15%。转子不平衡力引起的共振往往发生在启动段。压力脉动是可能引起液氧泵主级工作段共振的主要振源。泵离心轮设计不当也可能产生旋转失速，由于涡轮和离心轮陀螺力矩作用，转子固有频率随转速增大。氢泵"跳点"实质上是旋转失速现象，而旋转失速是离心轮流动分离现象。

液氢泵的轴密封决定泵的可靠性和工作寿命，密封形式有正压吹气迷宫密封和机械密封两大类。

液氢泵的实际扬程通常达不到理论数值，这是由液氢泵工作中存在的各种不可逆损失造成的，包括摩擦损失、冲击损失以及沿着叶轮叶尖缝隙的泄漏损失等。离心泵理论扬程与理论流量、叶轮直径和转速及几何形状有关，理论扬程的计算如式（2-22）所示。

$$H = (gr_2\omega)^2/g - Q\omega\cot\beta_2/(2\pi b_2 g) \tag{2-22}$$

式中　H——扬程，m；

$\quad\omega$——角速度，s^{-1}；

$\quad\beta_2$——叶轮出口倾角，（°）；

$\quad r_2$——出口叶轮半径，m；

$\quad b_2$——出口叶轮宽度，m；

$\quad Q$——体积流量，m^3/s；

$\quad g$——重力加速度，$9.8m/s^2$。

液氢泵的诱导轮和主叶轮，在低压泵（约50bar以下）场合，使用铝合金，在高压泵场合，使用铬镍铁合金，液氢泵闭式叶轮的最大圆周速度为600m/s。此外，蜗壳壳体、轴承、机械密封等所用材料与液氧泵的大致相同，采用铝合金、不锈钢、铬镍铁合金718等。蜗壳壳体在中、低压泵中使用铝合金，在高压泵中则用铬镍铁合金718。

2.5.5　氢液化装置的运行

2.5.5.1　氢液化装置的控制

大型氢液化装置采用完全无人值守的全自动化运行模式，整个系统包括系统启动都是全自动运行的，在正常运行过程中也不需要值班人员操作。操作人员只负责日常检查和检验。监控、报警和自动互锁功能将由控制系统控制。

氢液化装置的压缩机和冷箱通常分离安装，制冷机冷箱和压缩机附近分别安装本地控制机柜，由Profibus总线连接。流程控制的硬件包括低温系统主控制柜、油分离系统的次级机柜以及冷箱的次级机柜。可编程控制器（PLC）与低温系统的监控电脑相连，也能通过网络或者与控制电话线相连的调制解调器实现远程监控。

控制系统架构如图2-60所示。

电脑按PID图（工艺和仪表图）模拟显示过程，包括检测过程的全部信息，如压力、温度、阀门状态、报警等。PLC可实现低温系统的自动控制操作。因此，在预调试后，启动、正常运行、停机这些自动程序，都可由PLC负责实现。操作员可以从监控电脑监控系统运行情况，并通过专门的动态视图来监控和调整工艺参数。控制界面如图2-61所示（参见文前彩插）。控制界面的设计以控制过程清晰、操作便捷为原则。基于以上考虑，界面设计有以下几个特点。

① 将流程中的主要部分（尤其是需要远程显示和控制的部分）都在界面中显示。为实现清晰显示，将整个流程分为两个可切换的界面，分别为室温界面和冷箱界面，如图2-61所示。

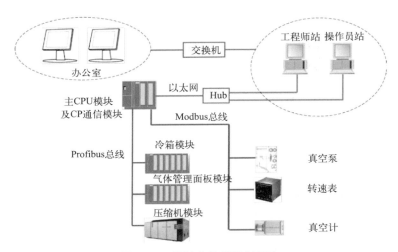

图 2-60　氢液化装置控制架构

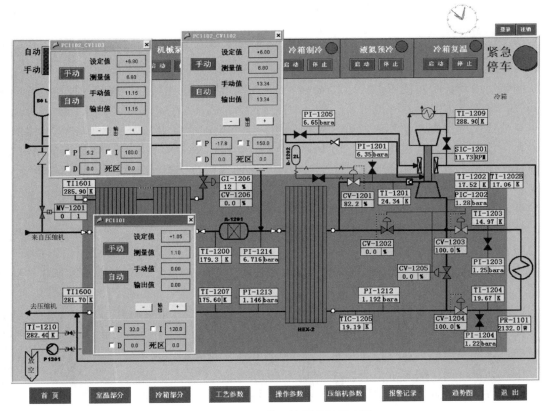

图 2-61　氢液化装置控制界面示意图

② 设有压缩机启停、真空泵启停、冷箱制冷启停、液氮预冷启停、冷箱复温启停、紧急停车等操作按钮。

③ 界面软件具有调看参数表、查阅信号趋势图、回查报警记录等记录与存储功能。

冷箱内有压力传感器和温度传感器，以便于监控相关参数。传感器能确保系统的安全运行和自动运行。监控的相应参数可以引发报警和/或错误。这些参数将用作时序控制的条件或者控制回路的过程参数。

为确保氢液化装置的连续安全运行和液氢产品质量，需要对氢液化工艺各关键质量控制点的氢进行分析化验，严格控制氢品质。按照火箭推进剂的使用要求，通常需要检测液氢中的氧、氮、氦、水、甲烷、一氧化碳、二氧化碳的含量。随着仪器分析技术的发展，氢中杂质含量的测定方法也得到了快速发展。

2.5.5.2　氢液化装置关键质量控制点

通常氢液化装置运行过程的关键质量控制点包括：氢气气源、低温吸附器出口、液氢的质量。液氢作为火箭推进剂使用时，质量指标要求符合《液体火箭发动机用液氢规范》（GJB 71A—2019）液氢生产技术指标要求，包括氧（含氩）含量、氮含量、水含量、总碳含量（甲烷、一氧化碳、二氧化碳三者含量之和）。

氢液化装置运行过程中，需要密切关注氢中微量杂质含量水平。氢中杂质氧含量可使用气相色谱法或微量氧分析仪进行检测。微量氧分析仪与气相色谱法相比，操作和维护都较为简单，且更能实时反映流动气体的氧含量，因此被广泛应用于气体中氧含量的在线分析检测。其中燃料电池式与赫兹电池式的微量氧分析仪应用较为广泛。燃料电池式为消耗型检测器，市场上多见的是更换周期为 1 年的燃料电池；赫兹电池式属非消耗型检测器，响应速度比燃料电池式氧分析仪快，使用期间只要定期往电解池中加入纯水或蒸馏水即可，但是这类电池频繁使用及长时间使用容易导致碱液渗出，腐蚀管路、电路板等。这两种类型检测器各有利弊，经实践证明，两种检测器结合起来使用可满足长期、稳定分析的要求。燃料电池式微量氧分析仪可作为主要检测仪器，长期使用；赫兹电池式微量氧分析仪作为辅助检测仪器，在主仪器受含氧量较高的氢气污染、更换燃料电池、检定中等不可正常使用的情况下，可通过四通阀迅速切换至辅助仪器，从而保证实时监测氢气中的氧含量。经脱氧管纯化后，氧含量<$0.1\mu mol/mol$，保护作为备用仪器的检测器不受被测气体中氧杂质的污染，并达到切换仪器后快速响应的目的，节省切换仪器时的吹除时间，并延长检测器使用寿命。

氢中微量氮的分析可使用热导检测器（TCD）的气相色谱法或放电离子化检测器（DID）的气相色谱法，其中 TCD 灵敏度较低，检测氢中微量氮杂质，须使用浓缩进样法，方能满足微量氮含量的检测。DID 对于 10^{-6} 级的检测，噪声很小，不影响氮峰判峰，推荐使用 DID 色谱法。

微量水分的常用测量方法有露点法、电解法、电容法。其中露点法是最基本的测量方法，作为大多数高纯气体中水分含量检测的仲裁方法，不确定度 0.1℃。电解法和电容法响应时间快，准确度高，在线检测时使用电解法或电容法更合适。氢中微量一氧化碳、二氧化碳、甲烷含量可用火焰离子检测器（FID）色谱法测定。

对于氢液化装置，提出采用杂质含量在线分析系统，以满足实时、可靠、自动化等需要，通过使用 PLC 监控打开相应的电磁阀，控制其开启和关闭，从而实现监测接管的切换，随时可以远程读取任何监控点的分析数据。杂质含量氧分析仪输出 4～20mA 标准信号，接入氢液化生产线总控制系统，并设置报警限，保证氢液化装置可靠、稳定、安全地运行。

参 考 文 献

[1]　Krasae-in S，Stang J H，Neksa P. Development of large-scale hydrogen liquefaction processes from 1898 to 2009 [J].

International Journal of Hydrogen Energy，2010，35（10）：4524-4533.

[2]　Dewar J. Liquid hydrogen [J]. Science，1898，8（183）：3-6.

[3]　Bracha M，Lorenz G，Patzelt A，et al. Large-scale hydrogen liquefaction in Germany [J]. International Journal of Hydrogen Energy，1994，19（1）：53-59.

[4]　Scott R B，Denton W H，Nicholls C M，et al. Technology and uses of liquid hydrogen [M]. Oxford：Pergamon Press，2013.

[5]　张祉祐，石秉三．制冷及低温技术 [M]．北京：机械工业出版社，1981.

[6]　陈双涛，周楷森，赖天伟，等．大规模氢液化方法与装置 [J]．真空与低温，2020，26（3）：173-178.

[7]　吕翠，王金阵，朱伟平，等．氢液化技术研究进展及能耗分析 [J]．低温与超导，2019，47（7）：11-18.

[8]　Asadnia M，Mehrpooya M. A novel hydrogen liquefaction process configuration with combined mixed refrigerant systems [J]. International Journal of Hydrogen Energy，2017，42（23）：15564-15585.

[9]　Aasadnia M，Mehrpooya M. Large-scale liquid hydrogen production methods and approaches：A review [J]. Applied Energy，2018，212：57-83.

[10]　计光华．透平膨胀机 [M]．北京：机械工业出版社，1982.

[11]　Quack H. Conceptual design of a high efficiency large capacity hydrogen liquefier [J]. AIP Conf Proc 2002，613（1）：255-263.

[12]　Antipenkov B A，Davydov A B，Perestoronin G A. Hydrogen turboexpander [J]. Chemical & Petroleum Engineering，1969，5（6）：430-432.

[13]　Agahi R R，Lin M C，Ershaghi B. Improvements in the efficiency of turboexpanders in cryogenic applications [M]// Advances in Cryogenic Engineering. New York：Plenum Press，1996.

[14]　Davydenkov I A，Davydov A B，Perestoronin G A. Hydrogen and nitrogen turboexpanders with high gas expansion ratios [J]. Cryogenics，1992，32（2）：84-86.

[15]　Ohira K. A summary of liquid hydrogen and cryogenic technologies in Japan's WE-NET project [J]. American Institute of Physics，2004，710（1）：27-34.

[16]　房建成，杨磊，孙津济，等．一种新型磁悬浮飞轮用永磁偏置径向磁轴承 [J]．光学精密工程，2008（3）：444-451.

[17]　Antipenkov B A，Davydov A B，Perestoronin G A. Hydrogen turboexpander [J]. Chem Petrol Eng，1969，5（6）：430-432.

[18]　王丽丽．气体轴承及磁悬浮轴承在低温透平膨胀机上的应用 [J]．石油和化工设备，2007（3）：35-38.

[19]　陈长青，沈裕浩．低温换热器 [M]．北京：机械工业出版社，1993.

[20]　王汉松．板翅式换热器 [M]．北京：化学工业出版社，1984.

[21]　嵇训达．我国板翅式换热器技术进展 [J]．低温与特气，1998（1）：22-27.

[22]　孙荣滨，马英义，王国军．铝合金板式换热器真空钎焊泄漏原因分析 [J]．轻合金加工技术，2009，37（3）：47-50.

[23]　粟祐．真空钎焊 [M]．北京：国防工业出版社，1984.

[24]　凌祥，涂善东，陆卫权．板翅式换热器的研究与应用进展 [J]．石油机械，2000，28（5）：54-58.

[25]　Scott R B，Denton W H，Nicholls C M. Technology and uses of liquid hydrogen [M]. London and New York：Pergamon Press，1964.

[26]　阎守胜，陆果．低温物理实验的原理与方法 [M]．北京：科学出版社，1985.

[27]　化工第四设计院．深冷手册：下册 [M]．北京：燃料化学工业出版社，1979.

[28]　布亚诺夫 P A，泽里道维奇 A Γ，毕里扁柯 Ю K，等．获得仲氢的液化器与正-仲氢转化催化剂 [J]．深冷简报，1962（1）：48-50.

[29]　刘蕙芳，沈惠华．仲氢的气相色谱分析 [J]．色谱，1989，7（1）：26-27.

[30]　路兰卿，郁焕礼．大口径液氢真空截止阀的结构设计 [J]．机电产品开发与创新，2010，23（5）：41-43.

[31]　王立兴．液氢阀门外绝热的研究 [J]．低温与超导，1983（3）：17-22.

第3章
液氢的绝热与真空技术

3.1 低温传热与绝热机理

热力学第二定律指出，当两个物体存在温度差时，热量总是自发地从高温物体向低温物体转移。热传导、热对流和热辐射是已知的三种基本传热方式。热传导是热量通过物质直接接触部位传递的过程。热对流发生在流体中，是指由温度不同的各部分流体之间发生宏观相对运动而引起的热量传递过程，因此热对流必然和热传导同时发生。特别地，工程上会把流体流过与其温度不同的固体壁面时所发生的热交换过程称为对流换热。物体会因各种原因对外发出电磁波来传递能量，其中因热而发射的电磁波被称为热辐射。热辐射是最普遍的传热方式，因为热辐射的传播不需要任何介质，而且只要温度高于绝对零度，热辐射就能发生。即使两个物体达到热平衡，物体的热辐射吸收与发射也不会停止，只是对外表现为净热辐射量为零。需要指出的是，辐射换热不仅有能量的转移，还伴随能量的转换，这是热传导和热对流不具备的。例如，热辐射发射时是将热能转换为辐射能，吸收时则是将辐射能转换为热能。

此外，三种传热方式的传热量都与面积线性相关，热传导、热对流与温度线性相关，热辐射则与温度的四次方之差线性相关。可以看出，物体之间温差越大，由热辐射引发的热量转移占比越高。

液氢的储存温区在−253℃左右（约20K），与常温环境存在200K以上的温差，因此液氢与常温环境之间转移的热量是巨大的。为尽可能减少传热，需要针对传热方式的特点，对液氢容器采取合适的绝热措施减少冷损失。

对于热传导和热对流，可以使用低热导率材料或颗粒型、纤维型的分散介质减小传热速率。理论上一切低热导率材料都可以用于绝热，但在实际工程中，不与设备表面发生反应、不易受生物（如害虫、霉菌）损坏、材料易得、安装布置方便是材料选取的基本前提条件。对于液氢设备而言，绝热材料除要求热导率最小外，还需要具有较弱的疏松度和吸湿性，因为水分的存在会增大绝热材料的热导率。

另外，采取抽真空的方式消除传播介质，可以使上述两种传热方式不能进行。由于人造绝对真空环境基本不可能获得，真空环境中或多或少存在残余气体，而稀薄空气可以作为热传导和热对流的介质，因此仍不可忽略其传热效果。此外，抽真空操作难度高，维持真空也为日常维护带来较大负担。

根据斯蒂藩（Stefan）-玻尔兹曼（Boltzman）定律得到的辐射传热量计算公式，可知热辐射传热量与物体温度的四次方之差有关，同时还与物体表面的发射率（衡量发射热辐射的红外电磁波的能力，大小介于 0 和 1 之间，数值越小，发出热辐射能力越弱）有关。因此，为减少热辐射传热，首先可以使用低发射率材料覆盖物体表面，减少热辐射的绝对值；其次，可以采取设置多道热辐射途径的方式，使与液氢最贴近的热辐射发射源温度接近液氢温度，间接减少液氢与常温环境的热辐射换热。

3.2　液氢设备的绝热方法与使用条件

液氢设备绝热可分为非高真空绝热和高真空绝热两大类。非高真空绝热包括堆积绝热和低真空绝热两类；高真空绝热包含高真空多层绝热和高真空多屏绝热两类。需要指出的是，由于在高真空环境下辐射换热成为主导，因此通常会采取额外措施减小热辐射强度以提高绝热效果。故除实验室的小型液氢容器和管道外，单纯的高真空绝热并不是液氢设备的主流绝热方法。

3.2.1　堆积绝热与低真空绝热

（1）堆积绝热

堆积绝热是指将需保温的装置放置于绝热材料之中的绝热方法，具有安装简单、可靠性高的优点。

堆积绝热中，热传导形式主要为固体热传导和气体热传导，其热流可达总热流的 90%。为减少固体导热，堆积绝热应选用密度较小的绝热材料，如膨胀珍珠岩（珠光砂）、聚苯乙烯、泡沫塑料等。为防止绝热材料缝隙中的气体冷凝固化而降低绝热性能，需要在堆积的绝热材料缝隙内充填冷凝温度低于保温装置冷表面温度的低热导率气体。通常情况下，冷表面温度高于 77K 时会选择在缝隙内充填氮气，而在液氢温区下，必须选用冷凝温度和热导率更低但价格高昂的氦气完成充填。由于固体热传导并未完全隔绝，堆积绝热是效果最有限的绝热方法。

堆积绝热有单壁和双壁两种结构。单壁结构较为简单，只是在低温设备外部套装一外壳，二者之间充填有绝热材料。这类结构在低温设备的检修、拆装时需卸下所有绝热材料，而且预冷周期长，因此已不再是主流方案。为解决上述问题，工程中常使用双壁结构。双壁结构在单壁结构基础上，在低温设备外再设一内壳体（常称为冷箱），内壳体与外壳之间充填绝热材料。与单壁结构相比，双壁结构在预冷周期大大缩短的同时，总质量也得到大幅减少。

目前，超大容积的液氢球罐通常采用双壁堆积绝热作为绝热方式，但传统的绝热材料热导率很难满足液氢温区对保温性能的要求。为进一步提高保温性能，美国国家航空航天局（NASA）在肯尼迪航天中心的 125 万加仑（约 4731.8m³）液氢球罐便采用镀银真空玻璃微球作为绝热材料，在冷箱与外壳之间间接形成了具有一定真空度的保温层，较好地降低了辐射传热和气体导热的传热强度，预计其性能可比采用珍珠岩绝热系统的上一代液氢球罐提高40%～100%。

（2）低真空绝热

低真空绝热又被称为真空多孔绝热、真空粉末（纤维）绝热，适用于大、中型低温贮槽和设备。其原理是对填充有低热导率粉末或纤维的绝热夹层维持较低的真空度。根据理论分析与试验测量，粉末和纤维等多孔材料的热导率与低温下的气体热导率接近，而约 10Pa 的真空度便可消除多孔介质中的气体对流传热，因此维持一定真空度可以有效减少气体导热，并消除对流传热，最终实际热导率只有堆积绝热的几十分之一。

绝热材料的选择和规格将直接影响低真空绝热方式的绝热性能。材料密度、直径和是否加入金属粉末是三个最大的影响因素。

多孔绝热材料密度的变化主要来自两方面：一是材料颗粒或孔壁厚度的变化；二是单位体积内微粒数量或孔隙数量的变化，如纤维材料的压缩。前者因壁厚增大，吸收率也随之增大，进而辐射传热得到增强；后者则主要是由于散射效应使得密度增大。可见，密度较小的多孔绝热材料接触压力小，接触热导率也小，但辐射传热因孔隙变大而增强；密度较大的多孔绝热材料可有效抑制辐射传热，但因接触热导率变大，固体热传导逐渐成为漏热主要途径。因此，存在一个最佳密度使低真空绝热的有效热导率达到最小值。对于大多数绝热材料而言，理想的最佳密度在 $150\sim200\mathrm{kg/m^3}$。另外，颗粒对辐射的散射特性在多孔材料的颗粒直径接近入射的辐射波长时达到最大值，此时由辐射引起的有效热导率达到最小值。例如硅胶和珠光砂的最佳颗粒直径为 $10\sim50\mu\mathrm{m}$。

为进一步抑制辐射传热，还可以在绝热材料中添加金属粉末作为阻光剂提高绝热性能。虽然不同种类金属粉末的绝热性能各不相同，但其有效热导率与添加量的关系基本都呈"U"形：金属粉末质量分数较低时，辐射热流未被有效抑制，但随着金属粉末添加量的提高，明显的固体导热问题也随之而来。一般而言，金属粉末的最佳质量分数在 30% 到 50% 之间。但需注意铝粉等金属粉末在绝热结构中存在燃烧的可能性，因为铝粉和气凝胶混合物在空气中便会燃烧，所以液氧容器中不可添加铝粉作为绝热材料。

3.2.2 高真空多层绝热

空气分离与液化技术的进步，工业气体行业的发展，以及清洁能源的推广应用，对液氧、液氮、液氩、液化天然气（LNG）等的高效经济储存运输提出了更高的要求，绝热性能优异的低温容器的应用较 20 世纪得到了更加迅猛和深入的发展，高真空多层绝热已经成为低温液体罐车、罐箱等移动式低温容器首选的绝热方式，在大型固定式真空绝热容器中应用的案例也越来越多，国外甚至出现了 $1000\mathrm{m^3}$ 的高真空多层绝热容器。同时，我国的航天事业和国防事业也促进了低温技术的发展和应用，氢能产业的高速发展对液氢的大规模储运也提出了新的要求，因此高真空多层绝热技术备受关注。

高真空多层绝热在国外文献中又称"超级绝热（super insulation）"，与真空粉末绝热相比，这种绝热方式用于低温容器时，夹层间距小、自重轻，具有明显的优势。高真空多层绝热是在高真空绝热的基础上于绝热空间中安装许多层反射屏的绝热方式。自 20 世纪 50 年代以来，由于宇航计划和超导技术的需要，此类绝热方式在液氢储运中得到广泛的应用。

随着多层绝热材料迅速国产化，高真空多层绝热成为目前国内移动式低温容器的首选，某些对绝热性能要求较高的固定式容器和大型液氢容器也会选择高真空多层绝热，此时固体导热甚低而气体传热可以忽略，采用多层反射屏可有效减少辐射传热，从而提高绝热效率。尽管高真空多层绝热结构的制造和应用受工艺装配因素的影响非常多且明显，高真空环境的获得需要更多的时间和能耗，但是绝热结构单位面积上的漏热量小，绝热结构自重轻且比热容小，从而减少了低温容器的预冷损失，在真空状态下绝热性能稳定性非常好。尤其随着打孔绝热被技术和内加热抽真空工艺在国内的推广，高真空多层绝热容器的规模化生产成本迅速降低，已经成为国内低温行业的主流绝热技术。

　　高真空多层绝热结构中的传热和其他传热过程一样，热流可以三种形式进行传递：①辐射换热；②层间固体材料的接触导热；③多层内残余气体引起的对流换热。研究结果表明：层间固体导热引起的漏热大约占总漏热量的 5%，残余气体换热引起的漏热大约占总漏热量的 70%。这个结果指引学者们通过提高夹层的真空度和层间的真空度来减少残余气体换热，所采用的措施和方法包括选择更透气的隔热材料，在反射屏材料间加入具有吸附能力的间隔物，改变多层绝热结构中反射屏的层数、绝热结构的层密度，减小绝热结构层间的压紧力，等等。随着低温技术的发展和对多层绝热传热机理的研究进展，能够提高高真空多层绝热效果的方法和措施越来越多，应用经验不断丰富，绝热结构工艺日趋成熟。

　　当真空度 p 达到 1.33mPa 以下时，残余气体之间的对流现象微弱，基本可忽略对流传热，而残余气体的导热也较小，辐射传热则成为主要传热方式。

3.2.2.1　反射屏的绝热性能

　　简化的多层绝热模型如图 3-1 所示，两平行金属壁面之间存在 n 个反射屏。

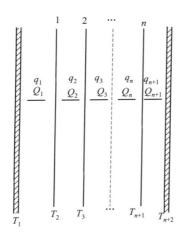

图 3-1　简化多层绝热模型

（Q—热流量，q—单位面积热流量）

　　假设各反射屏的发射率相同。根据斯特藩-玻尔兹曼定律，第 n 层对第 $n+1$ 层反射屏的辐射传热关系见式(3-1)。

$$\frac{Q_n}{\sigma A} \times \frac{2-\varepsilon}{\varepsilon} = T_{n+1}^4 - T_n^4 \tag{3-1}$$

式中　Q_n——辐射热流量，W；

　　　　σ——斯特藩常数，5.670×10^{-8} W/($m^2 \cdot K^4$)；

　　　　A——面积，m^2；

　　　　ε——发射率；

　　　　T——温度，K。

　　若两容器壁 1、$n+2$ 之间安装有 n 个反射屏，即图 3-1 中的形式，利用式(3-1) 可以推算出两容器壁之间的辐射热流量为

$$(n+1) \times \frac{Q_n}{\sigma A} \times \frac{2-\varepsilon}{\varepsilon} = T_{n+2}^4 - T_1^4 \qquad (3-2)$$

换言之，安装 n 个反射屏后，两壁面之间的辐射热流量降为之前的 $1/(n+1)$。可见在理论上，高真空多层绝热具有优异的绝热性能。

但实际上，高真空多层绝热漏热来源较为复杂，影响其性能的主要因素包括材料种类与组合方式、层厚度、层密度、真空度、温度等，因此工程中更多地采用有效热导率等实验值表征其保温性能。

如图 3-2 所示，在 $10^{-2} \sim 10\mathrm{Pa}$ 的真空度范围内，高真空多层绝热的有效热导率呈指数级增长，而其他条件下真空度变化对有效热导率影响不大，因此绝热空间内的真空度应不大于 $10^{-2}\mathrm{Pa}$。

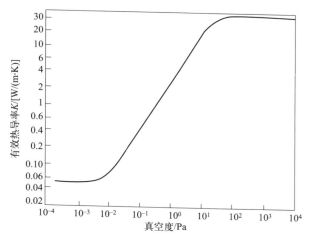

图 3-2　真空度与高真空多层绝热有效热导率的关系

在多层绝热结构中，层间气体导热占据传热量的主要部分，因此要提高绝热效果，必须减少层间气体导热量，主要途径是提高真空度。但多层绝热结构中，绝热材料所处夹层空间的真空度，并不等于绝热结构层间材料的真空度，由于抽真空泵的能力不同以及结构设计中抽气阻力不同的影响，多层间的真空度远比腔内真空度低。因此，为抑制残余气体导热，必须提高多层绝热结构的层间真空度。在层间放置填炭纸等强吸附性物质可以有效吸收残余气体。国内学者开展了用填炭纸作为多层绝热间隔物的试验研究，取得了一定的成果，并投入了实际应用。表 3-1 给出了国外填炭纸绝热效果研究情况。

表3-1　国外填炭纸试验结果

试验材料	层数	厚度/mm	真空度/mmHg	比热流/($\mu\mathrm{W/cm^2}$)	当量热导率/[$\mu\mathrm{W/(cm \cdot K)}$]
8.7μm 铝箔 + 机制填炭纸	10	3.24	3×10^{-6}	96.6	0.144
8.7μm 铝箔 + 烘过的机制填炭纸	10	2.98	4×10^{-6}	77.8	0.107
8.7μm 铝箔 + 机制填炭纸 + 吸气剂	10	3.05	3×10^{-6}	92.1	0.128
铝箔 + 烘过的机制填炭纸 + 吸气剂	10	3.24	3×10^{-6}	51.7	0.077
铝箔 + 烘过的机制填炭纸 + 吸气剂(只用机械泵抽空)	10	3.24	3×10^{-6}	50.3	0.076
铝箔 + 验货标准的玻璃纤维纸	10	2.85	1×10^{-6}	173.4	0.228

试验材料	层数	厚度/mm	真空度/mmHg	比热流/(μW/cm²)	当量热导率/[μW/(cm·K)]
铝箔 + 烘过的玻璃纤维纸	10	2.09	3×10⁻⁶	187.2	0.179
铝箔 + 验货标准的尼龙网	10	3.11	4×10⁻⁶	91.6	0.131
12μm 镀铝迈拉膜 + 机制填炭纸	10	1.84	1×10⁻⁶	373.4	0.312
		2.16	5×10⁻⁶	216.7	0.215
12μm 镀铝迈拉膜 + 玻璃纤维纸	10	2.67	7×10⁻⁶	248.2	0.305
镀铝迈拉膜 + 烘过的机制填炭纸	10	3.24	4.5×10⁻⁶	178.3	0.265
镀铝迈拉膜 + 手工填炭纸	9	2.80	1×10⁻⁶	116.3	0.15
镀铝迈拉膜 + 烘过的手工填分子筛纸	10	约3	6×10⁻⁶	298.5	0.41
镀铝迈拉膜 + 烘过的机制填氧化铝纸	10	约3	4×10⁻⁶	253.2	0.35

从表 3-1 可以看出，反射屏间加入填炭纸、氧化铝纸、分子筛纸等吸附材料后，当量热导率会有不同程度的下降，这些吸附材料可以吸附多层绝热结构中积聚的残余气体，有效提高层间真空度。研究还表明，吸附剂在材料中的含量有一个最佳值，含量过低会影响吸附效果，含量过高又会造成辐射传热和固体导热增加，必须考虑吸附剂间隔物对绝热效果的综合影响。

3.2.2.2　反射屏和隔热材料的选择

反射屏最常见的材料是发射率高、造价低且轻便的铝箔或双面镀铝薄膜。铝箔的厚度一般在 7μm 左右，双面镀铝薄膜厚度普遍在 12μm 以上。国内学者在研究中发现：与发射率较高的铝箔相比，发射率较低的双面镀铝膜能在低温侧建立起较大的温度梯度，而发射率较高的铝箔能够在高温侧建立起较大的温度梯度，这种差异会随着反射屏数量的增加而减小。因此，对于液氢、液氦的低温容器，由于冷侧温度更低，希望绝热材料建立起更大的温度梯度，适合选择双面镀铝膜作为反射屏材料；对于多层绝热结构的高温侧，采用铝箔能够建立起较大的温度梯度。尤其是当反射屏数量小于 30 个时，低温侧和高温侧选择不同的反射屏材料，可以获得更好的绝热性能。当反射屏数量大于等于 30 个时，双面镀铝膜和铝箔的多层绝热结构性能差异不大，反射屏材料的选择更多考虑工艺的需求，例如：双面镀铝膜的强度比铝箔高，不易破损；铝箔的耐高温性能更好，在抽真空过程中可以采用更高的内加热温度。

隔热层的作用是增加热阻、减少导热，因此尽可能选用纤维长度短、热导率低的材料。常用的隔热层材料有玻璃纤维纸和低温隔热干法成型纸两种。

干法成型纸是由耐温化学细纤维原料经干法成型加工工艺生产的，其特点是单位面积质量低、均匀度好、真空下放气率小，且纤维较短、强度好，但耐高温性能不佳，在真空下烘烤温度达到 150℃ 持续 4 小时以上就会出现碳化发黄、变脆的现象，因此在抽真空过程中的最高加热温度一般不超过 120℃。

玻璃纤维纸的隔热性能与纤维长度有很大关系。短纤维的超细玻璃纤维纸虽然隔热效果好，但强度很差，很容易脆裂。常用的玻璃纤维纸是由全电窑火焰法工艺生产的超细玻璃纤维棉原料经特殊加工工艺生产的，优点是遇明火不燃烧、克重低、均匀度好、热导率低、接触热阻大，缺点是抗拉强度低、易碎，粉尘对人体的呼吸系统有害，与皮肤接触会致使皮肤发痒。

3.2.2.3 反射屏和隔热材料的组合

典型的多层绝热结构是一层反射层和一层隔热层间隔成为一个组合。由于需要尽量在低温侧建立温度梯度，因此靠近低温侧的组合可能会含有多层隔热层。需要注意的是，同一种隔热材料之间容易贴合，进而降低接触热阻。因此，在采用多个隔热层时，需要将两种及以上隔热材料交替使用，以获得更好的隔热性能。

改善多层绝热性能的关键是设法提高多层绝热结构所处环境的真空度，特别是提高多层绝热结构内部层与层之间的真空度。学者们的研究成果主要有以下几方面。

① 通过在反射屏和隔热材料上开小孔，在材料表面压花或压波纹等措施，降低抽气阻力，改善多层绝热结构的透气性，以利于多层绝热结构的抽空。

② 降低层间阻力，使气体分子易于在层间流动，例如可以采用较薄的间隔材料和蓬松的多层绝热结构。

③ 对绝热材料进行烘烤，加快多层材料所吸附的气体脱附出来，在减少抽真空时间的同时，也可提高夹层的真空寿命。

④ 在绝热层内部采用活性炭粉末、氧化铝纸、分子筛纸等吸附材料，可以有效维持绝热结构内部的较小压强，提高层间真空度。

⑤ 减小多层结构的层密度，可改善多层绝热结构的抽气性能，降低抽气阻力，提高真空泵的工作效率，从而提高层间真空度。

为加快低温容器产品生产进程，原本铺层安装较为耗时的高真空多层绝热结构已经实现批量化加工，也就是将高真空多层绝热材料复合成被子的形式。将反射层材料和隔热材料按一定层数组合后复合成为一条绝热被，然后包裹在需要绝热的低温设备或容器外表，这种方法会大大简化多层绝热结构的装配工艺。虽然由于边缘效应，这种方法或多或少会使高真空多层绝热的性能略有下降，但是，以简化的工艺、结构的稳定性和层密度的保证换来稳定可控的绝热性能，是传统单层缠绕所不能比拟的优点。绝热被的使用还能保证在振动冲击环境下绝热结构不会发生脱落，从而适应更恶劣的工况和具有更长的使用寿命。因此，绝热被技术越来越多地应用在批量化生产的大中型低温容器中。

俄罗斯的绝热被技术应用较早，20世纪90年代就将该技术应用于航空航天和低温储运设备。21世纪初美国国家航空航天局（NASA）肯尼迪空间中心和欧洲核子研究中心（CERN）也对多层绝热被的传热机理和实际应用做了大量的研究。国内外的各项试验研究表明，在反射层层数相同时，采用干法成型纸和镀铝膜的绝热结构，其绝热性能略高于采用玻璃纤维纸和铝箔的绝热结构。这是因为，干法成型纸和双面镀铝薄膜所组成的多层绝热结构，比铝箔和玻璃纤维纸组成的多层绝热结构更容易获得较小的层密度和更大的层间固体接触热阻。特别是铝箔和玻璃纤维纸在绝热结构的装配过程中很容易撕裂和破碎，这些损伤带来的绝热性能下降对于液氢超低温容器来说可能是致命的缺陷。铝箔和玻璃纤维纸的组合做成绝热被的形式某种程度上会减少这种装配损伤，这也是绝热被在工程施工中的重要优势，可以减少对缠绕工装的依赖性。双面镀铝膜和干法成型纸组合在一起，强度高，更容易加工成绝热被，不易破损，工程应用中的绝热性能更有保障，在超大容器和户外施工的球罐中使用时更有优势；缺点是含水率高，空气中放置久了易吸水受潮，耐高温性能差。

3.2.2.4　绝热被的设计制作与装配

绝热被的机械化生产方法已获得中国发明专利授权，通过下面的生产方法来实现绝热被的高效组合。

高真空多层绝热被的生产过程包括以下步骤。

① 制备生产多层绝热被的机械化流水线，该流水线包括滚轮架、打孔机、缝边机、送料传动装置、出料传动装置和工作平台；

② 将反射屏材料滚筒和隔热材料滚筒交替固定在滚轮架上；

③ 通过送料传动装置向缝边机连续送料，两侧用缝纫线缝合；

④ 用打孔机对缝合好的绝热被进行机械化穿透性开孔，并通过出料传动装置控制绝热被的流转过程；

⑤ 绝热被烘烤除气和脱脂脱水，烘烤温度控制在 $100\sim120℃$，处理时间不少于 48h；

⑥ 采用塑料膜对绝热被进行密闭包装。

包装好的绝热被不与大气环境接触，因此可保持干燥清洁，在使用前方可拆封。绝热被在绝热体外包扎时，根据绝热体外表面的状况将绝热被裁剪成所需要的形状，当裁剪破坏了机制缝纫线时，应用手工缝制的方式修补防止绝热被松散。应通过适当的绝热被尺寸来达到所需控制的层密度。当多条绝热被组合重叠使用时，每条绝热被的接缝处应在每层之间错开，以防止绝热效果下降和局部绝热材料过厚占据真空夹层空间。

绝热被拼缝连接处应采用真空铝胶带粘贴或脱脂玻璃纤维布带捆绑的方式固定，操作更加便利。在整个绝热结构的最外层，应采用玻璃纤维布套或不锈钢丝网保护，或用玻璃纤维布带捆扎固定。目前的工程应用更多采用真空铝胶带粘贴，最后的绝热结构再采用玻璃纤维布带捆扎的方式，如图 3-3 所示。

图 3-3　包扎好绝热被的低温容器内筒体

采用机械化流水线生产绝热被的优势体现在以下几个方面。

① 多层绝热被在容器或管路上包扎使用时，只需 $1\sim5$ 条被子重叠使用，即可达到绝热效果，大大减少了缠绕的工作量，缩短了包扎时间。

② 采用适当的缝合线针脚密度，确保绝热被在包扎使用过程中不松散，同时又可避免层间压紧力过大对绝热性能造成不利影响。

③ 绝热被上的穿透性开孔，当夹层抽真空时，可保证绝热体和绝热材料放出的气体以及材料层与层之间的气体都可以通过开孔排出，被真空泵抽走。合理的开孔孔径，既可减少局部无反射层引起的辐射换热增加，又可保证抽真空的效率。

④ 绝热被原材料的叠放、缝合和开孔均在机械化流水线上完成，因此制作出的绝热被组合单元反射层与隔热层错边均匀，缝合线针脚松紧一致，穿透性开孔大小与布置规则，确保了绝热性能的稳定，这些都是手工方法制备所不具备的。

高真空多层绝热材料在机械化流水线上复合成绝热被后，还需在大型干燥箱内进行规模化烘烤处理。这种处理可以使绝热材料吸附的水分和油脂等充分脱除，在装配到低温容器内筒体上套装之后抽真空的过程中，一方面可以提高效率、缩短抽真空时间，更加高效地获得所需的夹层真空度；另一方面还能减少真空计规管因与水或油脂发生反应而造成测量准确度的下降。

为加快容器抽真空速度，还需要在多层绝热结构中开一定大小的气孔。与强度较低的单层材料相比，绝热被不会因开孔而造成材料的撕裂。开孔率是反射层开孔面积占总面积的比例。开孔率越大，抽真空越快，但是会增大反射屏材料的发射率，从而使辐射换热增加。在开孔率相同的条件下，孔径越大，对发射率的影响越小，但是会影响抽真空速度。

绝热被成品的幅宽在 1m 左右，长度可以根据需要裁剪，因此在低温容器上使用时，其结构原理与量体裁衣相同。筒体采用环向缠绕的方式，封头与人孔根据直径大小，小于 1m 的结构可采用圆片式，1～2m 的结构可采用两个半圆片式，大于 2m 的封头可采用瓜片式或多片拼圆的方式。

对于容积在 $5m^3$ 以下的小型容器，同一层两条绝热被之间的连接可采用真空铝胶带粘贴的方法来定位。对于罐箱、槽车等大型低温容器，可在绝热被两侧缝合玻璃纤维带，相邻绝热被采用玻璃纤维带捆扎的方法定位。大型低温容器为了防止绝热被的移位和松脱，可采用钢钉辅助定位和固定的方法。

典型的低温容器钢钉定位方法见图 3-4。在绝热被包扎之前，先在内筒体上进行钢钉预焊。在内筒体外表面横向预焊一排，间距 250～350mm。当低温容器处于正常使用状态时，这一排钢钉应全部位于筒体的底部。在两个封头上距离筒体环焊缝弧线长 200～300mm 处各预焊一圈钢钉，钢钉高度约 35mm，可使用不锈钢焊丝制作，直径 2～3mm，顶部 5mm 磨尖，尾部焊接于筒体上。焊接好的钢钉应基本垂直于筒体。

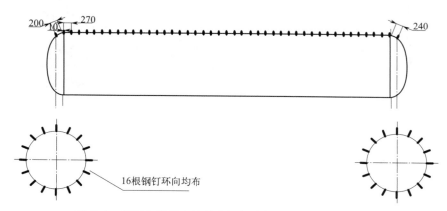

图 3-4 低温容器用绝热被的钢钉定位方法 （单位： mm）

筒体旋转至钢钉距地面 1.5m 左右，将绝热被第一层边缘的玻璃纤维带由左向右固定在钢钉上，注意第一幅与筒体左环缝的相对位置（第一条与最后一条同时固定在封头上环形布置的钉子上），后面依次固定，横向打结；转动筒体至绝热被中部时停下，将绝热被中部横向玻璃纤维带打结固定；继续转动筒体至绝热被横向接缝，将绝热被上所有玻璃纤维带打结系紧（横向与纵向）。一般的大型低温容器采用 5 层绝热被，绝热被包扎的顺序依次为：筒体第一层，封头第一、第二层，筒体第二、第三层，封头第三层，筒体第三、第四层，封头第四、第五层，筒体第五层。

绝热被包扎完毕后应对绝热层进行固定。利用封头上环形布置的钉子，用玻璃纤维带把左右封头拉网缠绕固定；筒体用玻璃纤维带轻拉缠绕固定，缠绕间距 120mm±10mm。

在常温下安装时，绝热被务必紧贴在低温容器内筒体上。因为低温液体充入容器内后，罐体收缩会导致绝热被蓬松，层密度减小，可能影响绝热性能。

3.2.3　高真空多屏绝热

高真空多屏绝热是将反射屏与蒸气冷却屏相结合的绝热方式。金属屏与低温流体的蒸气相连，金属屏因与气体发生热交换而温度降低，从此抑制辐射热流。因此，高真空多屏绝热具有绝热效率高、热平衡快、质量轻、成本低等优点。

但在工程实践中发现，高真空多屏绝热的热导率主要随温度变化，且不同低温液体采用高真空多屏绝热的实际效果各不相同，但多数与预想中相比效果较差，尤其是液化温度较高的流体，其绝热空间内辐射传热更活跃。对于液氢装备而言，高真空多屏绝热对热辐射的抑制效果较好，但与使用高真空多层绝热与铝片组合的绝热效果相差不大，因为铝片较普通反射屏有更好的低发射率和不通透率，可以高效抑制冷壁对外的热辐射，因此实际生产中使用高真空多屏绝热的案例并不常见。

液氢容器用高真空多屏绝热结构宜在多层绝热的基础上增加氢气冷屏或液氮保护屏，可只采用其中一种冷屏。不管是采用氢气冷屏还是液氮保护屏，辅以金属屏都可以提高系统结构强度并增强换热效果。氢气冷屏或液氮保护屏采用蛇管固定在金属屏上，保证冷氢气或液氮在蛇管内具有良好的流动性。

内容器与冷屏之间，以及冷屏和外壳之间，均应采用多层绝热结构。

辅以金属屏的氢气冷屏或液氮保护屏均需单独考虑支撑结构，该支撑结构应使金属屏在常温和低温下均可保持悬挂状态，不会对内侧多层绝热结构造成挤压。金属屏的刚性应可承载蛇管结构和支撑结构在交变温度载荷下的变形。

当采用液氮保护屏时，储存液氮的内容器应单独考虑支撑结构，且不得与液氢内容器之间有刚性连接件，也不允许与液氢内容器直接接触。

3.2.4　液氢过程设备的真空绝热技术

虽然人类在 200 多年前就开始讨论以氢作为能量供应源，但直到 20 世纪 50 年代，美国利用液氢作为超音速飞机燃料进行氢能飞机首飞后，氢能才开始小规模应用。直至 21 世纪初，氢能尤其是液氢的最大利用场景仍然是航空航天领域。

（1）海南文昌火箭发射场 300m^3 液氢罐

我国首个 300m^3 液氢罐于 2011 年建造完成，用于贮存海南文昌火箭发射场及其配套的氢液化工厂所需液氢（图 3-5）。该储罐为卧式，其外筒体内径 4800mm，壁厚 14mm，材料选用 16MnDR 钢板；内容器内径 4200mm，壁厚 14mm/16mm，材料选用 06Cr18Ni11Ti 奥氏体不锈钢。内筒体和外筒体之间的夹层间距达 300mm，去除外筒体加强圈和夹层管路所

图 3-5 300m³ 液氢罐制造现场

占用的空间后，多层结构（绝热被）有效间距在 50mm 以上。

为确保该罐箱在液氢温度下具有良好性能，采用三类共八层绝热被作为绝热结构，绝热被的组合方法见表 3-2。

低温侧第一层绝热被为第一类的 4 层组合；第二至第七层绝热被为第三类组合；第八层绝热被较为复杂，分为内外两部分，内部采用第三类组合方式，外部为 8 层铝箔与 8 层超细玻璃纤维纸交叉复合的阻燃结构。整个绝热被结构共 75 个反射屏，其中有 67 个双面镀铝膜反射屏和 8 个铝箔反射屏。

表3-2 绝热被结构中反射屏材料和绝热材料组合方法

项目	第 1 层	第 2 层	第 3 层	第 4 层
第一类	玻璃纤维纸	干法纸	玻璃纤维纸	双面镀铝薄膜
第二类	玻璃纤维纸	铝箔	玻璃纤维纸	铝箔
第三类	双面镀铝膜	干法纸	双面镀铝膜	干法纸

注：干法纸为"低温隔热干法成型纸"的简称。

包扎完毕后，绝热被的有效厚度为 40mm。包扎好绝热被的 300m³ 液氢罐内筒体见图 3-6。包扎绝热被的内容器外表面积为 310.97m²。绝热被计算传热面积要考虑绝热被的厚度。经液氮静态蒸发率测试，该液氢罐平均日蒸发率为 0.037%（LN₂）。通过传热分析计算，该液氢容器的总漏热量约为 186.3W，其中绝热被的漏热量为 129.4W，折合单位面积上的比热流为 0.406W/m²。

图 3-6 包扎好绝热被的 300m³ 液氢罐内筒体

（2）NASA 肯尼迪航天中心液氢球罐

20 世纪 50 年代，美国航空航天局在肯尼迪航天中心开工建设一座世界最大的液氢球罐。1966 年，球罐正式落成，至今仍占据着世界最大液氢罐的位置（图 3-7）。

此球罐外径约 21m，有效容积为 85 万加仑（约 3218m³），最大允许工作压力约为 0.62MPa，并采用堆积绝热方式，使用珍珠岩作为绝热保温材料。正因如此，其保温效果有限，日静态蒸发率达 0.0625%。

图 3-7　NASA 肯尼迪航天中心 85 万加仑液氢球罐

为给新型运载火箭提供燃料，2018 年 NASA 在肯尼迪航天中心开工建设一座新液氢球罐。新球罐有效容积为 125 万加仑（约 4731.8m³），外径达 25.3m，并由 15 个支撑腿支撑，总高为 28.0m（图 3-8）。

图 3-8　NASA 肯尼迪航天中心 125 万加仑液氢球罐结构图与施工图

与此同时，球罐设计方采用了被动绝热和主动绝热结合的方式进一步提高绝热能力。被动绝热方面，仍采用堆积绝热的方式，但用镀银真空玻璃微球代替了行业内沿用几十年的珍珠岩粉末（图 3-9）。

1970 年前后，亚拉巴马州的 3M 工厂在生产中意外制造出第一堆真空玻璃微球，可惜这项意外创造当时尚未引起行业内足够重视。1998 年，肯尼迪航天中心低温测试实验室开始对玻璃球产品进行低温恒温器测试和研究，并于 2003 年向 NASA 提交了利用真空玻璃微

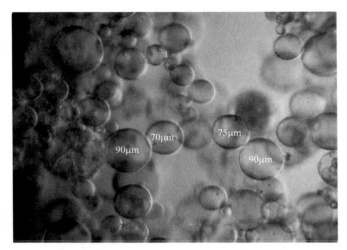

图 3-9　3M 公司 K1 真空玻璃微球 200 倍放大图

球代替珍珠岩粉末的低温储罐改造提案。提案引起了行业内广泛关注。2005 年，在宾夕法尼亚州艾伦敦市（Allentown）开展了采用真空玻璃微球和珍珠岩粉末作为绝热材料的 6000加仑（约 23m^3）液氮储罐绝热性能现场对比；2008 年，NASA 斯坦尼斯航天中心又进行了5 万加仑（约 189m^3）液氢球罐绝热性能对比。两次对比显示，采用真空玻璃微球作为绝热材料的低温罐绝热性能较珍珠岩颗粒有显著提高：液氮储罐蒸发率降低约 20％，而液氢容器在 2008—2016 的 9 年间经历了 3 次完整的热循环测试，其平均蒸发率下降了 46％，达到0.10％d^{-1}（图 3-10）。这一组数据展现出真空玻璃微球的广阔应用前景，因此在 2016 年启动新液氢球罐建设计划之初，肯尼迪航天中心第一时间就将真空玻璃微球绝热系统作为首要方案，并开展相应的工程研究。

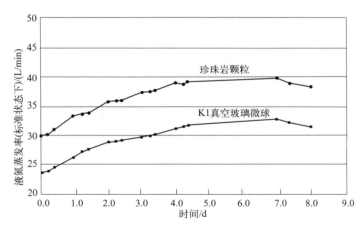

图 3-10　采用珍珠岩颗粒与 K1 真空玻璃微球的液氮储罐蒸发率对比

　　除绝热性能更佳外，真空玻璃微球的密度只有珍珠岩的一半，降低了大型低温容器的结构设计和安装施工难度。

　　主动绝热方面，新液氢球罐配有集成制冷和存储（integrated refrigeration and storage，IRAS）热交换器，理论上可以实现完全受控和零蒸发的存储能力。这项技术通过在液氢球罐内置一大型热交换器，并与外部制冷机组连接，通过制冷剂的循环，为整个系统不断提供冷量（图 3-11）。

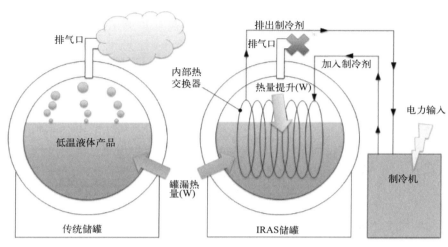

图 3-11　IRAS 原理图

3.3　液氢设备的真空获得与维持技术

3.3.1　真空获得与真空检测

（1）真空获得

要使液氢设备的真空夹层获得所需的真空度，需要对其进行抽真空操作，并合理选择适合的真空泵。适合低真空绝热方式的真空泵较多，只需根据结构特性和注口大小选择即可；对于各类高真空绝热，涡轮分子真空泵则是常见选择。

涡轮分子泵包括十余个交替排列的动叶轮、静叶轮、驱动系统和泵体。动叶轮转速极高，其外缘线速度可达到气体分子热运动速度（$150 \sim 400 \mathrm{m/s}$）。静叶轮与动叶轮结构几乎相同，但叶片倾斜角相反。使用前，绝热空间需达到低真空状态。此时气体分子进入分子流状态，其平均自由程显著提高，并远大于分子泵叶片的间距，气体分子与容器壁和分子泵叶片碰撞概率也将大于气体分子之间碰撞的概率。当气体分子与具有接近气体分子热运动速度的转子叶片发生碰撞后，不再具有随机散射特性，而开始做定向运动：一部分气体分子返回绝热空间，另一部分与静叶片发生碰撞；发生碰撞的分子中，又有一部分气体分子返回绝热空间，另一部分则继续向深处的泵体空间运动，并与下一处动叶片发生碰撞；……如此往复形成吸气效果。通过控制叶片的倾斜角、尺寸和形状，可以使碰撞后的气体分子返回原处的概率低于向泵深处运动的概率。

涡轮分子泵最大真空度可达 $10^{-9}\mathrm{Pa}$ 以下，对油蒸气等高分子量气体的压缩比很高，因而残余气体中油蒸气的分压力极低，几乎不能被仪器检测出，而且泵用润滑油只在其出口侧存在，因此涡轮分子泵可以获得清洁无油的超高真空。不过分子泵在使用前务必对其入口处进行高温烘烤处理，因为轴承处的润滑油蒸气会不断扩散至泵入口处，进而可能降低分子泵抽真空效果。动叶轮转子的转速极高（可达 $1000\mathrm{r/s}$ 以上），这对转子的动平衡提出了极高的要求，否则转子会发生振动而极大缩短轴承寿命。因此，为减少外界异物进入泵内影响转子动平衡状态，涡轮分子泵通常在入口处设有金属过滤网。

液氮冷阱是抽真空时所需的另一项设备，主要用于吸附、冷凝水蒸气，大大缩短抽真空时间。冷阱装置位于容器和真空泵之间，经液氮冷却的低温表面使气体分子集聚在冷阱壁上，以提高真空度并帮助泵抽气。此外，冷阱也可以作为冷却装置，用来收集某一凝结点范围内的物质，例如阻止反流的油蒸气再次进入真空空间，防止低温容器绝热夹层污染。

在抽真空开始前，务必对夹层的内、外壁面进行去油处理，保证壁面的清洁干燥。同时，还需保证厂房环境清洁，以防止处理好的绝热材料被污染，使放气量增加。

当前，将采用高真空多层绝热形式的容器抽到高于 1mPa 真空度并不困难，但因为绝热材料存在巨大抽气阻力，所以抽气时间较普通的高真空绝热长得多。绝热材料出气率一般可用式（3-3）表示：

$$g = g_0 \exp\left(-\frac{E}{RT}\right) \tag{3-3}$$

式中　g——出气率，$Pa \cdot L/(s \cdot cm^2)$；

　　　g_0——常数；

　　　E——出气活化能，J/mol；

　　　R——摩尔气体常数，8.3143J/（mol·K）；

　　　T——温度，K。

可见，绝热材料的出气率与温度相关，温度越高，出气率越大，单位时间内真空夹层中压力下降也越快。而且，加热能提高气体分子平均热运动速度。因此，对设备进行加热处理可以显著加快抽真空流程。另外，因为绝热材料吸附性较强，常常附有水分，这些水分在安装后较难抽出，而加热操作则可以使水分蒸发随气体抽出，有效保证夹层干燥。

除此之外，还可以采用充氮气置换结合加热方式提高抽真空速率。试验表明，二氧化碳、氮气比其他气体更易吸附、更难脱附。在真空夹层中充入上述气体后，可以将吸附性差的不凝性气体置换，加热后被真空泵抽走。此外，在抽真空开始时，处于黏滞流态下的高浓度氮气分子极易以碰撞的形式将不凝性气体卷出，进一步减少不凝性气体的存积，有利于提高夹层空间的真空度。

（2）真空检测

真空检测需要利用真空计实时检测真空夹层的真空度。按照真空度（压力）测量的方式，真空计可分为直接式和间接式，但直接式真空计只适用于压力为 $10 \sim 10^5 Pa$ 的情形，否则无法检测到单位面积所有的力，因此液氢设备中常见的真空计均为间接式。

在高真空条件下，常用的压力计为电离真空计。在一定温度下，电子飞行过程中与气体分子发生碰撞而电离产生的离子数正比于气体密度，而气体密度又正比于气体压力。由此，可以向空间内射出一定电子流，通过测量离子流的数目，即可推算出空间内真空度。高速飞行的电子需要由人工产生，电离产生的离子数对外表现为电流，因此电离真空计基本结构包括提供电子流的电极（阴极）、产生电子加速场并收集电子流的电极（阳极）、收集离子流的离子收集极（三种电极及其附属结构统称为规管）和相应的控制电路。

由于气体密度和真空计灵敏度受温度影响较大，因此需尽量保证不同测量时刻温度相近。对于被测空间温度发生变化的情形，如果真空度较低（$10^2 Pa$ 以上），可认为二者真空度相同，否则需根据式（3-4）进行换算。

$$\frac{p_1}{p_2} = \sqrt{\frac{T_1}{T_2}} \qquad\qquad (3\text{-}4)$$

真空度越高，两次测量的真空度之比越接近 $\sqrt{T_1/T_2}$。对于真空计使用温度与校准温度不同的情形，则必须根据温度特性查出此时规管的灵敏度。

真空计规管安装位置对测量结果有较大的影响。真空计规管应尽可能安装在夹层内或距离夹层较近的管道上，同时连接管道应尽量短而粗。存在气源的地方不宜作为安装位置，以减少气体流速和气体杂质对测量结果的影响。

在测量过程中，待测空间内除氢气外，还包括水蒸气、氧气甚至油蒸气等，成分较为复杂。以热阴极电离真空计为例，水蒸气可使电极的钨丝持续蒸发；氧气在低真空条件下会使钨丝很快烧毁，在高真空下虽然可以长期使用，但是规管对氧气有较大抽速，测试精度会受到影响；油蒸气在钨丝表面因受热或被电子轰击生成碳氢化合物，严重污染钨丝表面，并产生较大测量误差。因此抽真空前务必确保壁面无油污，并尽量采用氮气置换加热的方式，尽可能减少夹层内水蒸气、氧气等的含量。

3.3.2　真空寿命与真空维持

真空夹层的真空度不可避免地会因壳体微孔、焊缝处漏气和吸附材料气体释放而逐渐下降。漏气是引起真空夹层真空度下降的主因。为减少漏气，每条焊缝均应用氦质谱检漏仪检漏，其漏气率应在设计单位给出的规定值以下。

极端情况下，真空夹层的真空度可能会大幅降低其至完全丧失。造成真空环境失效的原因主要是两大类，即焊缝严重缺陷与外部猛烈撞击，后者常常出现在移动式槽车上。在车辆行驶过程中，因车辆与其他物体或车辆碰撞导致的交通事故时有发生，若撞击猛烈或恰好与槽罐直接碰撞，容器外筒壁可能就会发生破裂，进而导致真空夹层的真空度丧失。

（1）固体放气机理与真空维持

任何固体材料在制造过程中都会溶解并吸附一些气体，之后维持吸附-释放的动态平衡。材料置于真空条件下时，原有的动态平衡所在的环境条件发生变化，动态平衡因此被破坏。这些气体在材料内部和表面进行扩散解离，表面吸附气体将会脱附，宏观上表现为材料的放气。例如大多数金属在冶炼过程中会熔入微量氢气，因此内外壁和高真空多层绝热中使用的金属箔都有氢气在使用过程中陆续释放，其放气速率可按 $10^{-9}\,\mathrm{Pa \cdot L/(s \cdot cm^2)}$ 和 $10^{-11}\,\mathrm{Pa \cdot L/(s \cdot cm^2)}$ 考虑。以 175L 液氮瓶为例，在常温下保存 61 天，其真空夹层残余气体氢气的平均含量达到 69.0%，对应压力为 38.7mPa，并且随着放置时间延长，氢气的压力一直在增加。

为维持真空，在抽真空封口前，会在真空夹层中装入吸气剂（吸附剂）。吸附剂通过吸附绝热材料释放的气体和壳体漏气，尽可能长时间维持绝热空间真空度处在可接受水平。此外，还可以选择具有自吸气功能的绝热材料（如填炭纸）进一步提高真空维持能力。

（2）吸气剂

根据吸气原理不同，吸气剂可分为三类。第一类是指吸气剂与被吸附气体之间只存在物理反应，此类吸气剂通常为多孔结构，因此也被称作吸附剂，且要求其具有性能稳定、不易发生化学反应、易活化、强度高等特性。第二类吸气剂与被吸附气体之间存在物理反应和化学反应，通常此类吸气剂需要经激活（加热蒸散）后才能工作。第三类则与第二类相似，但不需经激活便可使用。

目前，最常用的吸气剂类型仍是第一类吸气剂，即吸附剂。常见的吸附剂包括微球形的活性炭和经炭化、活化处理的椰子壳等。高碳有机物在高温隔离空气条件下除去内部水分，经焦油炭化处理后，通入二氧化碳、水蒸气和氧气对炭化物完成活化处理，最终形成活性炭。活化反应过程可通过如下化学方程式表达。

$$C + H_2O \longrightarrow H_2 + CO$$
$$C + CO_2 \longrightarrow 2CO$$
$$C + O_2 \longrightarrow CO_2$$
$$2C + O_2 \longrightarrow 2CO$$

活性炭具有较大的比表面积和丰富的微小孔道，且化学性质稳定，成本低廉，容易再生。

分子筛是低温绝热中另一种常用的吸附剂。其成分主要是一种由四面体连接而成的骨架结构铝硅酸盐，经过高温烘烤处理成为具有大量晶穴（直径 $0.12 \sim 0.25nm$）的多孔晶体。因此，分子筛不仅具有很大的内表面积，能吸附直径小于晶穴尺寸的气体分子，还对极性分子（如水）具有极好的吸附性。虽然氢气分子尺寸远小于晶穴尺寸，分子筛对其吸附能力较差，但在低温尤其是液氢温区下可以实现对氢气的吸附。

实验数据表明，在液氮温区下，活性炭与5A分子筛吸附容量相当，但活性炭吸附氧气时不可逆。两种吸附剂吸附情况如表3-3所示。

表3-3   分子筛与活性炭在相同条件下的吸附情况

吸附条件	吸附剂类型	吸附容量/(cm³/g)				
		氮	氧	氢	氖	氦
77K	5A 分子筛	85	> 85	1.0×10^{-3}	$< 1.0 \times 10^{-5}$	$< 1.0 \times 10^{-5}$
	活性炭	> 85	> 85	1.0×10^{-3}	$< 1.0 \times 10^{-5}$	$< 1.0 \times 10^{-5}$

当吸附剂达到最大吸附值后，此时真空夹层的真空度不能再维持较高水平。待真空度降至设计最小值时，需要对真空夹层进行真空度恢复。两次抽真空之间的时间被称为真空寿命。实际上，真空寿命是一个可以调节的预期值。根据漏气率的估测值和真空寿命的预期值，可以反推出吸附材料的添加量，由此尽可能维持真空寿命预期。

3.3.3   液氢容器绝热系统的阻燃性设计

绝热材料的性能直接影响液氢容器的保冷效果，考虑到设备安全运行需要，还要充分识别绝热系统与液氢的相容性。在液氢温区高度抽空的条件下，因为温差增大带来的支撑固体热传导漏热量增加显著，所以液氢设备需要采用更高效、更低漏热量的高真空多层绝热方式，必要时还会增加高真空多屏绝热。

《固定式真空绝热深冷压力容器 第3部分：设计》（GB/T 18442.3—2019）对绝热材料的选用有明确的规定。但是该标准的适用范围不包括液氢介质。美国标准《低温氢储存》（CGA H-3—2019）内9.2.2中规定：绝热系统及绑扎材料须与氧互相兼容。该标准条款中先是提到了绝热材料（insulation material）的概念，而在描述氧兼容要求时，用词改成了绝热系统（insulation system），而用于固定绝热结构的绑扎材料用词是"retaining materials"。

根据标准的描述，笔者认为，对于液氢设备，其氧兼容指的是结构和系统的氧兼容，而不是所有绝热材料的氧兼容。当真空丧失，空气进入夹层形成富氧环境时，只要最外部的绝热结构和捆扎材料是阻燃的，就能保证绝热系统的完整性；即使是发生火灾，外部阻燃材料也可以保护内部材料不受损伤，同时完好的绝热结构也不会让内部材料具备发生剧烈燃烧的条件（点燃温度和富氧环境）。完好的绝热结构会阻挡空气进入内层结构，真空丧失时的富氧环境更多是在绝热结构外侧和外层绝热结构中形成。

欧洲 Linde 与俄罗斯 JSC 的液氢、液氦容器以及美国航天系统的液氢容器等大量的案例证明，包括移动式的罐箱和罐车都大量使用镀铝膜和聚酯纤维材料作为绝热结构的主要组成部分，并通过激光焊接的工艺做成绝热被结构，以确保超低温液氢、液氦温区的绝热性能，相比易碎的铝箔和玻璃纤维，其可以大大降低由绝热材料损伤造成绝热结构失效的风险。同时，上述容器的绝热结构会在最外层采取阻燃措施，最常用的就是"防焊布"，这是一种外表面镀铝、厚度≥0.1mm 的玻璃纤维布结构，即使在外罐合拢缝焊接时火花飞溅到绝热结构上的情况下，也不会引起绝热结构的破坏和内部绝热材料的燃烧。根据我国低温企业绝热材料和绝热结构的研究成果，兼顾欧洲绝热材料的高绝热性能，同时遵循美国标准 CGA H-3—2019 中规定的系统氧兼容性，在内层采用多种绝热材料组合，而在最外层采用多层铝箔与玻璃纤维复合的阻燃结构，必要时包覆玻璃纤维布，并用玻璃纤维布带作为绝热结构的捆扎材料，以此确保绝热系统与捆扎材料的氧兼容性和安全性。

已有不少研究结果证明，残余气体的热传导甚至在足够高的表观真空度下也起着重要的作用。绝热层中残余气体压强的增大，使多层传热结构中的传热方式从以热辐射为主变为以气体导热为主。对于高真空绝热设备，夹层腔内的真空度并不等于层间真空度，因此提高层间真空度才是解决残余气体导热问题的根本途径。在绝热结构中加入填炭纸，当量热导率有不同程度的下降，这正是由填炭纸中的碳纤维吸附了绝热材料放出的气体，从而提高层间真空度造成的。在低温侧靠近内容器内壁的绝热结构层间加入填炭纸的效果尤其明显，这是因为低温下填炭纸具有更好的吸附层间气体的能力，可以获得更高的层间真空度。

由于填炭纸的主要成分是玻璃纤维，经测试证明，填炭纸也是一种阻燃材料，用于绝热结构不仅可以提高真空性能，也可提升结构的阻燃性。

以查特为代表的美国低温容器企业在其企业标准中有对液氢容器绝热材料的特殊规定。这与该企业的生产工艺习惯、质量控制管理等有关。

参 考 文 献

[1]　陈邦国，林理和．低温绝热与传热［M］．杭州：浙江大学出版社，1989．

[2]　徐成海，张世伟，谢元华．真空低温技术与设备［M］．2 版．北京：冶金工业出版社，2007．

[3]　王晓冬，巴德纯，张世伟，等．真空技术［M］．北京：冶金工业出版社，2006．

[4]　刘玉岱．真空测量与检漏［M］．北京：冶金工业出版社，1992．

[5]　徐烈．低温绝热与贮运技术［M］．北京：机械工业出版社，1999．

[6]　Barron R F, Nellis G F. Cryogenic heat transfer［M］. Florida：CRC press, 2017.

[7]　魏蔚．打孔高真空多层绝热被的传热机理及其复合结构的开发研究［D］．上海：上海交通大学，2013．

[8]　陈树军，谭粤，杨树斌，等．低温绝热气瓶漏放气性能的研究［J］．真空科学与技术学报，2012，32（5）：447-451．

[9]　朱鸣，崔栋梁，黄强华．吸气剂在高真空绝热类低温容器中的应用及其吸附性能研究综述［J］．中国特种设备安全，2021，37（12）：1-7，12．

[10]　符锡理．活性碳和 5A 分子筛的吸附特性及其在真空获得中的作用［J］．低温工程，1994（1）：11-17．

[11] Jacob S，Kasthurirengan S，Karunanithi R. Investigations into the thermal performance of multilayer insulation (300-77K)，part Ⅱ thermal analysis [J]. Cryogenics，1992，32 (12)：1147-1153.

[12] 李弘，鲁雪生. 吸附性多层材料绝热性能的试验研究 [J]. 能源技术，2004，25 (1)：7-9.

[13] Scurlock R G，Saull B. Development of multilayer insulations with thermal conductivities below 0.1μW·cm^{-1}·K^{-1} [J]. Cryogenics，1976，16 (5)：303-311.

[14] Stubblefield M A，Pang S S，Cundy V A. Heat loss insulated pipe the influence of thermal contact resistance：A case study [J]. Composite PartB：Engineering，1996，27 (1)：85-93.

[15] 朱鸣. 复合绝热低温容器性能与真空丧失后的热响应研究 [D]. 上海：上海交通大学，2013.

[16] 汪荣顺，魏蔚. 一种可吸附氢气的高真空多层绝热结构：201110129437.1 [P]. 2011-05-17.

[17] 赵晓航. 深冷高压储氢气瓶的碳纤维复合材料缠绕力学分析与优化设计 [D]. 南京：东南大学，2022.

第4章
液氢环境用材料

为了设计液氢环境下所使用的低温设备并保证其使用可靠，必须了解液氢条件下结构材料的性能。对于材料的选择，应充分考虑材料的力学性能、物理性能、工艺性能以及其与介质的相容性。通过对低温下材料力学性能的研究发现，金属和非金属材料在性能变化特点上有很大差别。

4.1 金属材料

4.1.1 化学成分对金属材料低温力学性能的影响

通常钢和合金的强度特性（强度极限、屈服点和弹性极限）、硬度以及弹性模量会随温度降低而增大，而延伸率和收缩率则随之减小。随着温度的降低，大多数金属的冲击韧性将急剧降低，冲击韧性是由材料标准试样受冲击破坏所需的工作强度决定的。在其他条件（材料、组织、热处理、试验方法等）相同的情况下，冲击韧性的大小取决于试样的形状和尺寸、切口的锐度和深度。

冲击韧性下降时，金属变脆，可能不适合用来制造低温设备，所以必须掌握低温下结构材料的冲击韧性数据。确定一系列试样在低温下的冲击韧性是评价金属在深冷技术中适用性的主要方法。

必须指出，与铁素体钢一样，碳、氮、氧、硅和磷、硫夹杂物的存在对奥氏体钢的冲击韧性有负面影响。含碳量最低的钢在低温下具有最大的韧性。所以材料中杂质的含量也是材料选择需要考虑的因素。

对碳素钢、镍钢和奥氏体不锈钢试样以及有色金属和合金（铜、黄铜、铝青铜和硬铝）试样进行研究结果表明，这些金属的屈服点与强度极限随温度降低而提高。总的来说，低温下钢的力学性能变化比有色金属和合金明显。随着温度降低，钢的强度逐渐提高，钢的成分不同时，其力学性能的变化也不一样。

例如，强度极限和屈服点的提高与含碳量的增加成正比，但 Mn 对钢强度变化的影响尚不清楚。添加 Ni 有助于钢在低温条件下保持足够的强度，同时可改善其塑性。杂质会影响钢在低温下的力学性能变化。杂质（例如氧、硫、磷）含量增加，则钢在低温下的力学性能变化将减小。

随着温度降低，碳素钢和镍钢在弹性、塑性和强度特性等方面的变化与有色金属显著不同。在研究的整个温度范围内，有色金属的弹性极限、比例极限、屈服点和强度极限均匀地发生变化，而钢在低于−80℃温度下上述性能的变化明显大于温度高于−80℃时的变化。此外，对于铝合金和铜合金来说，屈服点提高程度相对较小，所以在很低的温度下它们仍保持足够的塑性。

不仅在单纯含 Ni 的合金中，Ni 有助于改善钢在低温下的韧性，即使在含有其他元素（如铬、钼等）的合金中，Ni 也起到同样的作用。在含 Ni 量高的镍钢中，低温下屈服点与抗拉强度极限不接近，其结果是钢的韧性得到改善。在低温区，含 Ni 量最大的钢冲击韧性随着温度降低而平稳地下降。但对于具有体心晶格组织的钢（含 α-铁的铁素体钢）来说，即使含 Ni 量高达 8.9%，其冷脆性界限温度也只能低到 78K，所以，选择制造液氢设备的材料时，这类材料是不会被采用的。奥氏体钢（主体为 γ-铁）在低至液氦温度（3K）时都能保持足够的塑性和可接受的韧性，因此是制造极低温（低于 73K）设备的主要结构材料。

与有色金属一样，奥氏体钢的弹性极限、比例极限和屈服点在研究的温度范围内会均衡地提高，而在 15℃至−80℃温度范围内强度极限急剧地提高，温度继续降低时，变化较小。例如 Cr18Ni10Ti（1Cr18Ni9Ti）不锈钢就是如此。这种钢的冲击韧性随温度下降而下降，但其变化性质与普通钢、铜合金和铝合金有着本质区别。在低温下镍钢冲击韧性的下降是不均衡的，在 15℃至−40℃内下降程度比在更低的温度下更明显，但是不锈钢在低温下的冲击韧性下降得比铜、铝更强烈，在这方面，奥氏体钢与普通碳素钢类似。尽管如此，正如上面已指出的那样，即使在极低温度区，奥氏体钢的冲击韧性也完全可满足深冷技术中的使用条件。低温对铬钼不锈钢冲击韧性的影响见图 4-1。

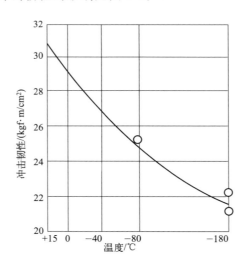

图 4-1　低温对铬钼不锈钢冲击韧性的影响

(1kgf＝9.8N)

在长期的低温作用下，钢材的奥氏体组织将会向马氏体转变（钢表现出磁性）。除低温的持续作用外，金属的塑性变形对这种转变也有影响。但是，即使组织发生明显转变，材料的塑性也不会明显降低。奥氏体钢与铁素体钢的不同之处不仅是其拥有高韧性，而且与温度降低时强度的提高程度相比，其屈服点的提高程度很低。

与研究铁素体钢时得到的结果不同，奥氏体钢断裂时的延长和收缩完全符合它的冲击韧性，已经查明，即使在液氢温度下，奥氏体钢的应力集中部位仍具有相当强的抵抗脆性断裂的能力。这种钢的主要缺点是含 Ni 量高（达 11%），缺乏高的强度性能（$\sigma_b = 539MPa$，$\sigma_r = 196MPa$），所以在寻找代用材料方面做了大量工作，主要是依靠提高 Mn 含量和添加 N 来减少 Ni 含量，得到的材料强度高（$\sigma_b = 735MPa$，$\sigma_r = 294MPa$），低温下具有高的冲击韧性。

在温度降低时，铜和铝的冲击韧性变化极具代表性，特别是随着温度降低至 93K 时，韧性有了提高。与室温下相比，铜的韧性提高了 1.2～1.5 倍，铝提高了 1.5 倍。在 73K 温度下铜的冲击韧性达到 274.4J/cm^2，而在液氢温度下（退火的试样）与它在 20℃时的韧性相比有了提高。所以工业纯铜是制造各种液氢设备最好的结构材料。

应该指出，当温度降低时，铜和铜合金的力学性能一般均得到改善。强度极限和硬度增加最显著，屈服点提高较小，塑性指标变化不大。铜合金在冷变形过程中力学性能变化很大，所以铜合金以冷作硬化和半冷作硬化状态供应。低温设备的重要零部件可采用黄铜、锡磷青铜、镀青铜和铝青铜制造。

大多数铝合金的力学性能随温度降低而得到改善。硬铝在保持高弹性极限和高比例极限的同时，冲击韧性变化不大，这决定了它可以代替稀缺的铜合金，用来制造可在深冷条件下工作的设备。必须补充一点，像纯金属一样，所有铝合金在低温下是可塑的，有良好的可加工性。温度降低时，铝合金的强度和硬度提高显著，屈服点和延伸率提高较小。随着温度降低至 3K，强度极限与屈服点差距的加大保证了铝合金有一定的塑性裕度。

铝合金早已在低温机械设备中得到推广，成功应用于制造液氧、液氢和液氮容器。研究结果和低温设备使用经验都表明，它们在低温条件下十分可靠。

在选择制造低温设备所用的结构材料时，不仅应从低温下材料的力学性能出发，而且要考虑到它们的热物理特性及其与温度的关系。决定材料能否在低温设备中使用时，最重要的热物理参数有热容、导热性和冷却时的体积变化（收缩）。

热导率取决于合金的原子晶格结构。此外，奥氏体钢的热导率大大低于铁素体钢或珠光体钢的。这再次证明，在制造低温设备部件时应优先选择奥氏体钢。

对一切有色金属来说，热导率是正的。在接近液氮温度时，铝和铝合金热导率的降低极明显。

4.1.2　液氢火箭发射系统用金属材料的研究

4.1.2.1　氢介质环境条件下材料研究的复杂性

氢介质温度、压力环境对材料性能的影响，材料在实际使用条件下的物理、力学行为，不但与材料的自身成分组织、冷热加工工艺决定的材料性质（properties）有关，而且与实际使用的环境因素密切相关，这些环境因素包括：温度、压力、介质、介质凝聚态、载荷特性、时间特性（包括应变率特性）、射线（核环境）等。环境因素的改变，意味着热力学条件的改变，可能导致材料内部的物理和化学变化，引起材料强度、刚度、塑性、冲击、疲劳、断裂、环境氢脆、摩擦等力学特性的改变，以及热物理、电磁等特性的改变。

温度特性对材料的物理力学行为影响最大，对于金属结构材料而言，当温度范围由常温（或高温）到液氢、液氮温度变化时，将导致材料内部组织结构、相变特性、位错运动、缺陷形成扩展机理等发生变化，导致材料的力学行为随温度的改变而变化，而力学行为的变化又与其他环境因素如压力、介质、载荷特性、应变特性等相关。特别是在氢介质条件下，材料行为的变化更加复杂。这是由于氢元素的原子结构和化学性质特点，在一定的温度、压力、载荷、应变率等条件下，易与金属结构材料中的碳和某些金属元素形成氢化物，或渗入材料内部的晶格，或促使材料表面裂纹的形成和扩展，从而形成各种类型的氢致脆性，如反应型氢脆、内氢脆及环境氢脆，导致材料性能严重下降，形成突发性或延迟性失效。

因此，材料在氢介质环境条件下物理力学行为的复杂性和多样性，在材料金属物理研究领域几乎是最典型的。同时由于氢易燃易爆炸，对试验设备和环境有安全性的要求，使其相应的试验技术更为复杂。

4.1.2.2　液氢环境条件下金属材料的研究

目前，国内外低温钛合金的应用主要集中在航空航天等军事工业领域，见表 4-1，民用层面上的应用极少。降低钛合金的成本以及提高低温钛合金的综合性能是扩大其应用范围的有效途径。

表4-1　国内外低温钛合金的应用情况

国家	应用情况
俄罗斯	①液体燃料火箭发动机的燃烧仓和轨道对接件 ②容器-增压系统蓄压器和低温液体的储存箱 ③发动机吊架构件、管接头和托架 ④液氢输送泵叶轮
美国	"阿波罗"计划中的液氢容器、导管和高压气瓶材料
日本	①液氢涡轮泵 ②超导发电机转子和磁悬浮列车的低温部件
中国	航天火箭发动机用液氢管路系统等

氢介质环境材料力学行为的研究始于氢氧发动机的研制，美、苏等国自 1960 年开始了较为系统的试验研究，研究对象主要集中在火箭低温贮箱、火箭发动机关键部件材料，如 Inconel718、Ti-5Al-2.5Sn、Rane41、Ti-6Al-4V、铝合金、铜锆合金等。力学行为研究包括材料及其焊缝从液氢（液氮）介质温度到常温（高温）范围内强度、塑性、断裂、疲劳、蠕变、冲击、缺口敏感性等的变化。除了为满足结构设计和制造使用的需要而提供模拟使用条件的力学行为数据外，还从金属物理角度对材料的断裂机理进行深入的研究，如低温断裂、氢致开裂以及材料自身组织结构与加工工艺等对材料行为的影响等，用以指导材料研究和构件的冷热加工工艺，保证构件在氢介质环境下安全使用。如美国在"阿波罗"计划中使用了大量的钛合金（Ti-5Al-2.5Sn 和 Ti-6Al-4V）作为液氢容器、导管和高压气瓶材料（三艘阿波罗飞船中用了 40 多个钛合金气瓶）。根据压力容器的实际服役条件，对 Ti-5Al-2.5Sn 材料进行了大量的力学性能研究工作，内容包括 Ti-5Al-2.5Sn 母材及其焊接接头从常温到液氢温度的强度、塑性、表面裂纹断裂、韧度、疲劳性能、蠕变特性等的变化。同时，为研究氢对该材料性能的影响，在不同温度（低温、常温和高温）、不同压力条件下对氢介质和氦介质下的材料进行了大量的对比试验，包括高低周疲劳、表面裂纹断裂、蠕变、拉伸等，并对其氢脆等级进行评定，为压力容器设计和生产提供了全面的力学性能数据和性能分析报告。这些工作，前后持续 10 余年，涉及多家材料和低温物理研究机构，为钛合金压力容器的安全设计和可靠使用奠定了基础。

另一种有代表性的材料是 Inconel718（国内相应牌号为 GH4169），是火箭发动机的关键结构材料，美国航天飞机主发动机、日本 H-2 火箭 LE-7 大型氢氧发动机等都采用了该材料。该材料用于液氢液氧发动机涡轮盘、涡轮叶片、高温及低温导管等部位，其使用条件复杂，温度范围从液氢（20K）到超过 900K，氢压力由约 0.2MPa 到超过 40MPa，载荷环境复杂，如复杂应力、大应变、多次点火的热载荷冲击、疲劳等。美国对该材料在氢介质环境条件下的力学行为开展了大量的、系统的试验研究工作，主要分为两大类：一类是材料力学行为的温度特性研究；一类是高压氢环境下的力学行为研究，其中包括氢氦介质的对比试验研究。研究工作提供了大量从低温到高温、液氢介质到高压富氢介质的材料行为试验数据，在各种实际使用条件下，包括温度、压力、载荷、应变、应变率、介质情况等，对材料与氢的相容性进行了评定，并提出使用建议。苏联在大型运载工具研制过程中，对大量的结构材料开展了低温力学行为和低温物理特性研究工作，范围几乎涵盖了所有航空航天使用的结构材料种类和材料牌号，包括各类不锈钢及低温钢、合金结构钢、高温合金、各类铝合金、铝锂合金、各类钛合金、镁合金、铜合金、玻璃钢、碳/环氧复合材料、碳/酚醛复合材料以及金属基复合材料，性能包括屈服强度、破坏强度、延伸率、冲击韧性及热物理参数。对一些低温钢、镍基合金、钛合金、铝合金、铝锂合金、镁合金等进行了大量的低温疲劳、断裂、多向应力试验研究，其中包括不同介质（氢、氦、真空）、不同凝聚态（液氢、气态氢）对材料力学行为的影响。值得注意的是，苏联学者发现在 20K 附近温度区，某些材料的力学行为在氢介质中与氦介质中相比有较大的差异。对一些典型的铝合金、钛合金和低温钢的研究结果还表明，在 20K 温度下，氢介质凝聚态（液态和气态）对材料力学行为特性有影响。

① 氢介质在温度、压力、载荷、应变等条件下，对金属材料的某些性能，如疲劳、断裂、拉伸、蠕变等可能是有害的，即存在环境氢脆问题；

② 对在液氢介质中工作的材料，用低温氦模拟液氢温度获得的材料性能数据可能是不可靠的，采用这样的设计数据存在潜在的危险；

③ 材料的自身属性、组织结构和工艺条件，对氢介质环境条件下的材料力学行为可能是敏感的；

④ 由于上述原因，氢介质（包括液氢和高压氢）中使用的材料，其性能数据必须在模拟实际使用环境下获得。

美、苏等国在研制大功率运载火箭过程中，关于材料低温力学行为及氢介质相关行为的研究工作有下述特点。

① 重视模拟材料的实际使用条件，包括温度、介质、压力、载荷特性、应变特性和时间特性。

② 重视金属结构材料与氢介质的相容性研究。

③ 对运载火箭包括火箭发动机关键部件材料及其焊接接头的低温力学和氢介质相关力学行为的研究全面、细致、深入。

④ 对主要航天结构材料进行了全面的低温力学和低温物理研究。

⑤ 具备各类安全的氢介质低温力学测试设备和温度、压力、介质、载荷等综合环境力学性能测试手段。

上述特点对我国研制大型运载火箭开展的材料氢介质低温力学性能研究是有借鉴意义的。为适应空间站建设的要求，我国研制的新型大运载火箭要大幅度提高有效载荷能力，将采用新型大功率液氢液氧发动机，涉及一批在液氢及高压氢介质中使用的结构和功能材料，如燃料贮箱及高压气瓶材料、涡轮泵材料、阀门及导管材料、密封材料等，可能应用的材料包括 GH4169、GH2038、GH2132、F151、1Cr18Ni9Ti、2195、LD10CS、L4M、Ti-5Al-2.5SnELI、Ti-6Al-4V、Ti3Al、铜锆合金、镍锰合金、复合石墨、聚酰亚胺复合材料等。这些材料在液氢、高压氢气或富氢燃气的不同温度、压力及介质条件下使用。如燃烧室、涡轮泵关键材料 GH4169，使用温度范围从 20K 到大于 1000K，工作压力大于 20MPa。需要材料从液氢介质温度到常温（或高温）的力学物理性能数据，包括拉伸（强度、模量、断裂延伸率）、冲击韧性、断裂韧度、疲劳性能、蠕变性能、缺口敏感性、膨胀系数、热导率及比热容等性能数据，对一些关键材料，还需要氢介质高压条件下的力学性能特性。

根据美、苏等国在大型运载工具发展过程中的经验，获得相应的模拟实际使用条件的氢介质低温力学物理性能设计数据是必需的。但问题在于，由于氢的易燃易爆性，氢介质力学性能试验设备与技术需要特殊的安全设计，在试验场地（防爆设计、安全隔离）、试验系统设计（高压密封、加载杆密封、液氢加注、气体置换、氢排空或回收等）、防爆设施（如氢气含量报警、防爆开关、防静电措施、防爆灯具等）、操作人员服装、特殊工具（防止撞击火花）等方面都需要保证安全。因此，一般的低温介质力学性能设备不能用于氢介质力学物理性能试验。中国航天工业总公司第一研究院（703 所）液氢低温力学物理性能实验室自 20 世纪 70 年代建成以来，开展了超低温拉压、疲劳、断裂韧度、蠕变、冲击韧性、冷热疲劳、热膨胀、热导率、比热容等性能的测试研究工作，为航天材料的研制提供了一大批宝贵的液氢温度下材料性能数据。但目前该实验室研究工作已经停顿多年。事实上，目前国内从事氢介质低温力学物理性能试验研究的条件远远不够，与美国 NASA 存在巨大差距，难以满足液氢环境下材料研究工作的需求。上述提到的材料中，大部分材料尚缺乏相应的低温氢介质力学数据，其中深冷高压氢介质力学性能方面国内还是空白。

4.1.2.3　液氢环境条件下金属密封的研究

液氢、液氧由于其比推力大和无污染等优点，被越来越多的国家用作运载火箭推进剂。但是，液氢、液氧固有的深冷条件给运载火箭的材料选择带来了新的困难。其中密封材料的选择和密封结构设计的困难较为明显。密封材料的选择及结构设计的困难来自两方面：其一是常温下通用的高弹体密封材料在深冷条件下变成硬而脆的玻璃态，失去弹性，致使按常规状态设计的密封结构失效，后果严重；其二是按常规状态设计的密封结构，经过由室温至深冷的条件变化，密封结构各部分的材料收缩出现不一致、不匹配状态，使最初形成于密封面上的装配力丧失，导致密封失效。因此深冷条件下应用的密封材料选择及相关的密封结构设计，是一个新的技术领域，密封结构研制过程中必然要进行各种材料应用性能探索和结构匹配试验。

经广泛探索认定，许多软金属可制成垫片用作深冷密封件。主要考虑到其两个方面的性能：其一是在深冷中有韧性，不裂不脆且与介质相容；其二是应用其在装配力下的局部塑性变形，以补偿密封接触面上的微小不平度造成的间隙。可用于制作垫片的金属材料有铜、铝、银镍合金和铟等。除铟外，金属材料在运载火箭上作密封应用时，大多制成垫片形式，有的表面涂敷氟塑料或镀更软的金属，以提高密封可靠性。在我国运载火箭中，弹体与发动机对接处应用了三种规格的铝垫镀铟密封件，均满足设计规定的技术要求。软金属铟通常制成环形，装配于榫槽结构的密封槽中，被中外宇航界广泛应用于深冷流体密封。试验证明，该结构的密封效果不随时间推移而降低，而是随装配状态时间的延长越来越好。这是因为铟与密封结构件干净的金属表面加强了浸润与亲和力，致使两者在界面上很难分开。应当说明，该密封结构设计是特殊的，铟环的体积要大于密封槽的体积，而且必须是榫槽结构，否则不能达到预期效果。

液氢、液氧被用于大型火箭推进剂以来，各国都在努力研制新的密封结构，以满足越来越苛刻的深冷高压密封要求。相关文献报道了国外温度作用式复合密封结构并透露了研制压力辅助式密封结构的信息。与此同时，我国也成功研制了"橡胶-钢"温度作用复合密封件和钢镀铟垫片金属基温度作用复合密封件，应用于运载火箭的总装和氢气瓶系统，已成功地进行多次飞行。温度作用复合密封结构，是通过设计使密封件与密封壳体的材料合理匹配，利用温度从室温降至深冷过程中密封结构各部分材料收缩不一致而激发的接触面上的额外应力，提高深冷密封效果的特殊结构。

4J36 钢镀铟垫片密封件与其所在的氢气瓶密封壳体共同组成了全金属温度作用复合密封结构，螺栓和上法兰的收缩系数大于下法兰和垫片基材的收缩系数，因此，当密封结构处于装配状态由室温降至深冷时，连接紧固件比被连接件收缩得多，从而在密封面上激发了额外的紧固力。当温度经过剧烈下降时，不但保持着密封应力，而且提高了密封应力，从而保证了深冷状态下的密封。总之，温度作用复合密封结构是通过密封材料和结构材料合理匹配，巧妙运用由室温至深冷引起的力学作用，变不利因素为有利因素来保证深冷密封效果的一种先进设计。

4.1.3 液氢容器用奥氏体不锈钢性能研究

4.1.3.1 液氢容器用奥氏体不锈钢的选择

氢脆是溶于钢中的氢聚合为氢分子，造成的应力集中超过钢的强度极限，在钢内部形成细小的裂纹，导致材料的强度降低和破坏的现象。对于长期处于超低温工况下的液氢容器，金属的氢脆不仅发生在常温和高压情况下，在低温下也有发生，一旦发生此类情况，内容器将开裂导致液氢大量泄漏，造成严重的危害。不过，随着温度的降低，分子的运动变得越来越慢，分子的扩散越来越难，氢脆发生的条件减少，可能性也越来越低。因此关于氢脆的问题，国外文献和标准中尚没有专门为防止超低温下所用材料发生氢脆而提出化学成分的特殊要求。但是，仍然对可选的材料牌号和化学成分基本要求做出了规定。

国外标准规范中对于液氢条件下的材料选用建议如下。

① 《低温氢储存》（CGA H-3—2019）中 7.1 条规定："不推荐采用铝作为内筒体材料。"同时，该标准 7.2 条规定："通常情况下，内容器由 300 系列的奥氏体不锈钢材料制成。"

② 《现场氢气管道系统标准》（CGA G-5.4—2012）中 3.2.1 条规定："液态和气态氢管道、阀门和配件，建议使用符合 ASME B31.12W 规定的温度极限的奥氏体（300 系列）不锈钢，其中 316/316L 最稳定。316/316L 型暴露在高压氢气中时相对不易产生氢脆，和其他类型相比（如 304L 和 321）优先推荐。"

③ ASME《压力容器设计指南》（第二版）表 1.7 确定对于 304、304L、316、316L、321、347 奥氏体不锈钢最低设计金属温度可以达到 −425℉（即 −254℃）。

④ 《氢气和氢系统安全指南》（AIAA G-095—2017）表 A5.2 对典型材料的推荐中，304、304L、316 或 316L 奥氏体不锈钢适用于液氢条件的杜瓦瓶、管件等。

相关研究文献表明，在强度水平相同的情况下，低碳合金钢比中碳合金钢的韧性更好。

不锈钢中碳含量越高，形成的马氏体对碳的过饱和溶解度就越高，对不锈钢的塑韧性降低作用也越强。减少碳含量可以降低碳在奥氏体和马氏体相中的过饱和度，降低马氏体晶格歪扭程度和马氏体析出量，从而提高奥氏体不锈钢韧性。当深冷低温容器使用温度低于−196℃时，采用超低碳奥氏体不锈钢更为安全。

4.1.3.2 液氢容器用奥氏体不锈钢的韧性研究

决定奥氏体不锈钢能否用于低温压力容器的关键性能指标为低温韧性。目前国内及国际上对于最低设计金属温度≥−196℃的材料低温冲击性能给出了具体的验收指标，且有了很成熟的应用经验。对于奥氏体材料的低温冲击，国内标准对低于−196℃条件的没有规定，因此主要借鉴国外标准。在《锅炉压力容器规范》（ASME BPVC Ⅷ.1—2023）中 UHA-51 规定："当最低设计金属温度（MDMT）低于−196℃应对母材的三个试样在−196℃下进行冲击试验，各试样缺口背面的侧膨胀量应不小于 0.53mm。" ISO 21028-1—2016 中 4.2 条规定："对于工作温度低于−196℃的容器，母材在−196℃进行低冲即可。对于奥氏体不锈钢的冲击功按 EN10028-7 中的要求，在−196℃，横向冲击不低于 60J 为合格。"

S31603 系列材料在−269℃条件下仍然具备良好的韧性，同时可以发现，对于试验温度为−196℃到−269℃的阶段，材料冲击韧性并不会有很明显的波动，甚至会出现平台现象。这个结论和陈勇等发表的《应变强化奥氏体不锈钢的低温冲击韧性》提出的观点是一致的，基于上述研究也能推断出在 ASME 规范规定中对于低于−196℃的工况设备只需要进行−196℃条件下低温冲击试验的原因：从−196℃至−269℃条件的低温冲击数据波动不大。−196℃条件下的低温冲击满足验收指标即能体现低于−196℃条件下的冲击状态。

压力容器构件的冷变形均在室温下进行，冷变形对马氏体相最重要的作用为促进马氏体相变，从而造成材料韧性的下降。因此充分验证奥氏体不锈钢材料是否存在低温下马氏体转变的可能性也是其能否应用于液氢容器的关键考核指标。《氢气管道系统》[CGA G-5.6（R2013）]中给出了一条关于奥氏体不锈钢在冷变形率超过 80% 的状态下可能会发生马氏体转变的稳定因子公式，同时也给出了冷却时亚稳态奥氏体向马氏体转变温度的计算方法。

4.1.3.3 典型液氢容器用奥氏体不锈钢材料

典型的液氢容器用奥氏体不锈钢钢板是 S31603 材料。《承压设备用不锈钢和耐热钢钢板和钢带》（GB/T 24511—2017）标准中给出的材料验收化学成分的具体含量见表 4-2。

表4-2 典型的液氢用奥氏体不锈钢钢板化学成分

数字代码	牌号	材料标准	供货状态
S31603	022Cr17Ni12Mo2	GB/T 24511—2017	固溶

化学成分/%								
C	Si	Mn	P	S	Ni	Cr	Mo	N
≤0.03	≤0.75	≤2.00	≤0.035	≤0.015	10.00~14.00	16.00~18.00	2.00~3.00	≤0.10

结合 CGA G-5.6（R2013）中的计算公式得到 S31603 材料冷却时亚稳态奥氏体向马氏体转变的温度为−466.2℉（约−276.8℃），结合液氢设备制造及运行的过程，采用 S31603 材料完全可以规避马氏体相变的产生。

① 筒体在制作过程中，冷变形量远远低于《压力容器　第 4 部分：制造、检验和验收》（GB/T 150.4—2011）中规定的 10%，所以关于 CGA G-5.6（R2013）中提到的 80% 情况不会出现。

② 封头在压制的过程中会有冷变形，为避免成型过程中马氏体相的转变，要求封头成型后进行整体的固溶热处理，且控制铁素体按≤5% 验收。

③ 锻件均为固溶状态供货，不会有冷变形的工况。

④ 管子在冷弯的过程中会控制铁素体的含量低于 8%，且变形率不会超过标准所述的 80%。

⑤ 团体标准中规定了液氢容器不应采用应变强化工艺，也是为了规避成型过程中马氏体相变的风险。

为验证 316L 不锈钢材料的可靠性，容器制造企业做了大量试验，包括以下几方面。

① 316L 母材试样分别在 -196℃ 和 -253℃ 下的力学性能及化学元素检测试验，证明 316L 不锈钢在 -253℃ 超低温环境下仍具有非常优良的力学性能和低温冲击韧性。

② 对于 316L 不锈钢中的化学元素 Ni 含量的变化是否会影响性能指标，进行了 -196℃ 和 -253℃ 两种温区下，10Ni-316L 钢板与 12Ni-316L 钢板的低冲性能对比试验，通过 36 个夏比冲击试样的结果对比可以看出，-253℃ 低温下 10Ni-316L 不锈钢与 12Ni-316L 不锈钢的性能指标相差不大。

③ 根据焊接材料与金属材料的匹配原则，对 316L 不锈钢材所匹配的焊接材料进行了焊材、熔敷金属试样的化学成分分析以及 -196℃ 和 -253℃ 两个温度下的力学性能试验，以此来验证和选取最优的焊接材料。

④ 进行了多种焊接方法、焊接试板和熔敷金属试板的焊接试验，母板规格从 4mm 到 20mm，分别进行了 -196℃ 和 -253℃ 下的力学性能试验，试验结果证明，对于液氢储运容器而言，最适宜的焊接方法为钨极惰性气体保护焊（GTAW）与等离子弧焊（PAW）。

4.2　非金属材料

4.2.1　常用非金属材料及其用途

随着温度降低，大多数非金属材料的强度和硬度得到提高，塑性和动力黏度则降低。与金属、合金相比，非金属材料的密度小，而拉伸强度有时会超过金属材料，例如纤维增强复合材料的强度就接近钢。

塑料具有自润滑、磨合性良好和摩擦系数低的优点，所以多应用于制造带摩擦面的、易被磨损的设备零部件。聚四氟乙烯（F-4）是唯一的在液氢温度下仍具有极大塑性的材料。不论是在常温下还是在低温下使用的各种密封垫、密封环和密封碗，均可采用橡胶制造。在与液氢接触的设备中，最好使用 F-4 和聚氯三氟乙烯（Kel-F）塑料作为密封材料。

纤维增强树脂基复合材料是指采用纤维作为增强项，有机聚合物作为基体构成的纤维增强树脂基复合材料（fiber reinforced plastics，FRP）。作为复合材料，其既能保留基体和增强项的主要特色，又可以通过复合效应使得各组分的性能相互补充并彼此关联，从而获得原组分所不具备的新的优越性能。在液氢装备中广泛应用的增强纤维以玻璃纤维和碳纤维为主，常用的有机聚合物基体则包括属于热固性树脂的环氧树脂、不饱和聚酯树脂、酚醛树脂、聚酰胺，以及属于热塑性树脂的聚乙烯、聚苯乙烯等。

纤维增强复合材料的共同特点和优势在于具有较高的比强度和比模量、抗疲劳性能好、减震性好、膨胀系数低、尺寸稳定、耐腐蚀、电绝缘等，特别是在低温下依然具有特别好的性能，且绝热性能明显优于金属材料。

选择适合低温环境下应用的工程材料，主要参照依据是如下几个热力品质因数。λ/σ（热导率/强度）和 λ/E（热导率/模量），该数值越低，表明材料的热力性能越好，有效强度得到保证时，在温度梯度作用下通过材料的漏热量小，从而减少冷量消耗；σ/ρ（强度/密度）和 E/ρ（模量/密度），该数值越高，有效强度得到保证时将减小材料的热惯性。从表 4-3 可以看出，硼-环氧树脂、氧化铝-环氧树脂、Kevlar-环氧树脂、玻璃-环氧树脂几类纤维复合材料的 λ/σ 值约为低温下常用金属 304 不锈钢的 $1.7\%\sim4\%$，λ/E 值也分别只有304 不锈钢的 $20\%\sim60\%$ 不等。σ/ρ 方面，单向石墨-环氧树脂、玻璃-环氧树脂纤维复合材料的值是钢的 7 倍以上。

表4-3　典型纤维复合材料与金属的热力品质因数对比（室温）

材料	λ/σ（热导率/强度） / [10^{-9} W/(m·K·Pa)]	λ/E（热导率/模量） / [10^{-9} W/(m·K·Pa)]
单向硼-环氧树脂	1.5	0.01
单向氧化铝-环氧树脂	1.5	0.01
单向 Kevlar-环氧树脂	1.43	0.03
单向玻璃-环氧树脂	0.64	0.02
高模量石墨-环氧树脂	51.61	0.11
高强度石墨-环氧树脂	3.63	0.04
304 不锈钢	37	0.05
铝	1000	2.10
钛	8.10	0.07
因科镍	36	0.07

由此可见，纤维复合材料作为低温设备的结构材料有其独有的性能优势以及良好的可设计性，因此在航天、国防等尖端科学方面得到广泛应用。纤维复合材料主要的应用途径可分为下列三个方面。

（1）支撑元件

所有处在低温环境下的结构都必须通过支撑元件与处于环境温度下的结构相连接，所以，一方面要求支撑元件必须具备足够的强度确保低温系统的安全，另一方面要求处在低温和常温之间的支撑结构材料热导率低，以减少系统通过支撑结构的漏热损失。纤维复合材料正具有这样的性能优势。目前所广泛采用的两类支撑定位元件结构形式分别是支撑管/柱和支撑带，支撑管/柱主要受压缩载荷，而支撑带主要承受拉伸载荷。

（2）容器

压力容器和低温储罐也开始采用纤维复合材料作为结构材料。目前，采用玻璃、硼、碳等高强纤维作为增强材料制成的纤维缠绕式容器，已经被用作火箭及飞机液氢、液氧燃料箱；而在民用方面，随着氢、天然气作为新型能源而逐渐得到广泛应用，开始出现采用氧化铝做内衬材料，外部用碳纤维-环氧树脂做增强材料的压力储氢容器，以及采用玻璃纤维层压复合材料作为液化天然气运输船绝热贮槽的结构材料。

（3）电绝缘部件

在低温超导领域，对设备的要求除了支撑、绝热方面，还有电绝缘性，例如国际热核实验堆（ITER）中涉及的超导磁体装置。目前用于磁聚变反应堆和磁流体能量转换器中大型线圈的框架及励磁绕组线圈层间绝缘，以及脉冲磁体中的非金属低温恒温器，大都采用玻璃-环氧树脂等纤维增强层压复合材料，不仅仅是作为支撑元件，同时也作为电绝缘部件。

纤维复合材料的上述三种应用，对材料物性的要求有不同的侧重点，表 4-4 列出了各自的关键物性。

表4-4　纤维复合材料低温应用及关键物性

纤维复合材料低温应用	具体应用实例	材料关键物性	应用影响因素
支撑元件	支撑管/柱：受压缩载荷；支撑带：受拉伸载荷	拉伸强度、拉伸模量、压缩强度、压缩模量、热导率、热膨胀系数	疲劳度、辐射效果
容器	压力容器、低温恒温器	热导率、拉伸强度、拉伸模量、渗透性	疲劳度
电绝缘部件	线圈层间绝缘、匝间绝缘	热膨胀系数、热导率、垂直纤维方向性能（压缩强度、剪切强度以及剪切/压缩强度）	制造工艺、辐射效果、疲劳度、电场强度

纤维复合材料具有独特的性能优势，以及良好的可设计性。纤维复合材料低温下的力学性能均比常温时有明显提高，材料的热导率也随着温度的降低而减小，因此纤维复合材料是良好的完全适于低温应用的工程结构材料。

低温容器支撑结构采用的纤维复合材料类型包括硼纤维增强复合材料、氧化铝纤维增强复合材料、芳族聚酰胺纤维增强复合材料、玻璃纤维增强复合材料（包括无碱 E 型和高强 S型）、碳纤维增强复合材料（包括高强 HS 型、中模 MM 型、高模 HM 型）。根据 R. P. Reed和 M. Golda 等将自 1980 年以来世界各地研究人员对以上各单向纤维增强复合材料常温和低温性能所测得数据的总结，可以比较上面几种纤维复合材料的热力品质因数，以及热力品质因数与温度变化（4K 至 295K）的关系，分别如图 4-2～图 4-4 所示。

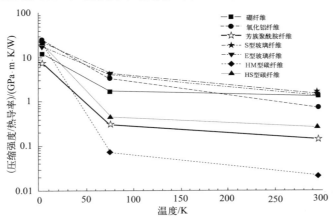

图 4-2　单向环氧基纤维增强复合材料压缩强度/热导率随温度变化示意图

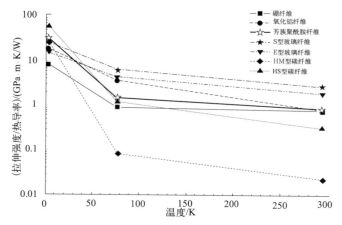

图 4-3   单向环氧基纤维增强复合材料拉伸强度/热导率随温度变化示意图

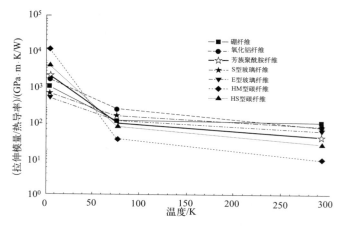

图 4-4   单向环氧基纤维增强复合材料拉伸模量/热导率随温度变化示意图

从以上示意图的比较中可以得出以下结论。

① 对于材料热力品质因数之一的压缩强度与热导率比值，在常温 295K 至低温 50K 的温度范围内，S 型玻璃纤维增强复合材料最高，其次为 E 型玻璃纤维增强复合材料；温度低于 50K 后，氧化铝纤维增强复合材料最高，其次为碳纤维增强复合材料（HM 型、HS 型），然后才是 S 型玻璃纤维增强复合材料和 E 型玻璃纤维增强复合材料；4K 时氧化铝纤维增强复合材料的压缩强度/热导率比 S 型玻璃纤维高出近 50%，HM 型碳纤维增强复合材料要比 S 型玻璃纤维高出 32%。

② 对于拉伸强度与热导率比值，在常温 295K 至低温 30K 的温度范围内，S 型玻璃纤维增强复合材料表现最佳，其次为 E 型玻璃纤维增强复合材料；温度低于 30K 时，HS 型碳纤维增强复合材料具有最高值，其次为芳族聚酰胺纤维增强复合材料和 HM 型碳纤维增强复合材料；但在常温下，HS 型碳纤维增强复合材料拉伸强度/热导率比值较低，仅高于 HM 型碳纤维增强复合材料。

③ 对于拉伸模量与热导率比值，在常温 295K 至低温 77K 的温度范围内，氧化铝纤维增强复合材料最高，其次为 S 型玻璃纤维、E 型玻璃纤维增强复合材料；在温度低于 40K 时，HM 型碳纤维增强复合材料有最好的性能表现，其次为 HS 型碳纤维增强复合材料、芳

族聚酰胺纤维增强复合材料；但在常温下，HM 型碳纤维复合材料性能最差。

综合以上三个材料热力品质因数的分析比较可以看出，在常温至低温 77K 的温度范围内，玻璃纤维（包括 E 型和 S 型）增强复合材料具有性能优势，而当温度低于 30K 时，碳纤维（包括 HM 型和 HS 型）增强复合材料具有最佳的性能表现。因此在低温容器支撑结构应用中，对于容器内低温液体温度不低于 77K 的情形，采用玻璃纤维增强复合材料是最佳选择；若容器内低温液体温度低于 30K，则可考虑同时采用碳纤维增强复合材料和玻璃纤维增强复合材料。通过在常温和低温不同温度区间的组合支撑分布结构形式，充分利用各种复合材料在不同温区下的性能优势，可使支撑结构达到最好的支撑隔热效果。

4.2.2　纤维增强复合材料在液氢支撑元件中的应用

典型纤维复合材料与金属的热膨胀系数如表 4-5 所示。可以看出，纤维复合材料具有比金属低得多的热膨胀系数，特别是碳纤维复合材料的热膨胀系数接近零，尤其适合温度范围跨度大的液氢容器。此外，可以通过合适的铺层设计，进一步降低材料的热膨胀系数。因此，纤维复合材料被用于制造尺寸要求精密、稳定的构件，包括卫星及空间应用的仪器结构，不仅质轻，还可以保证结构尺寸的高精度和高稳定性。

表4-5　典型纤维复合材料与金属的热膨胀系数（现代复合材料）

材料	热膨胀系数/（$10^{-6}\mathrm{K}^{-1}$）
玻璃纤维增强复合材料	8
碳纤维增强复合材料	0.2
Kevlar 纤维增强复合材料	1.8
硼纤维增强复合材料	4.0
氧化铝纤维增强复合材料	4
碳化硅纤维增强复合材料	2.6
钢	12
铝	23
钛	9.0

目前在低温系统中广泛采用的两类纤维复合材料支撑定位部件的结构形式分别是支撑管/柱和支撑带。

4.2.2.1　支撑带

支撑带的主要应用涉及核磁共振元件、杜瓦支撑以及航天应用中支撑并维持冷质体在 4K 下以延长航天器元件使用寿命。液氢和液氦的温度低，同时密度小、质量轻，因此液氢容器和液氦容器经常采用结构纤巧、导热路径长的支撑带结构。

由于支撑带所受载荷主要为拉伸载荷，而单向纤维排布方式可以在纤维复合材料轴向上提供更高的强度和刚度性能，支撑带通常是由单向粗纱（纤维束）长丝沿一具有特定长度、厚度、宽度和直径的跑道形芯轴缠绕成型。在制作过程中，需要注意确保粗纱保持笔直性及相互平行。在低温系统中，通常是采用 6 到 8 个安置在不同角度的支撑带以平衡常-低温结构间的作用力，支撑带可通过线轴或受载销装置与系统中常-低温结构相连接。在系统设计许可范围内，支撑带应被设计为尽可能长，以延长系统低温、常温结构间的传热路径。支撑带及采用支撑带结构的低温杜瓦瓶分别如图 4-5、图 4-6 所示。图 4-5 中线轴两端的平板是为了确保线轴在装配中能够插入支撑带。

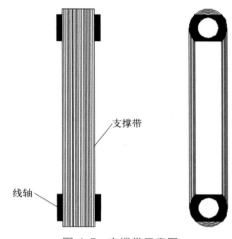

图 4-5 支撑带示意图

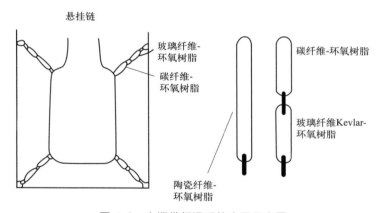

图 4-6 支撑带低温系统应用示意图

目前支撑带所采用的纤维复合材料的纤维类型包括氧化铝纤维、E 型玻璃纤维、S 型玻璃纤维、碳纤维（低模量级和中模量级），树脂基体类型包括环氧树脂基和聚醚醚酮（PEEK）树脂基，其中相关文献表明只有 McColskey 和 Purtscher 在试验研究中（包括 4K 温度下）采用了氧化铝纤维增强 PEEK 树脂基复合材料，其余纤维复合材料均采用环氧树脂作为基体材料。

R. P. Reed 和 M. Golda 在其文献中对自 20 世纪 80 年代以来世界各地研究人员所测得的氧化铝纤维、E 型玻璃纤维、S 型玻璃纤维及碳纤维增强复合材料固定带常温 295K 至低温 4K 下的拉伸性能数据（包括杨氏模量和强度）和热导率数据进行了总结比较，选取各纤维增强固定带性能数据的代表值，并与其先前总结的单向纤维增强复合材料层合板常、低温性能数据进行对比，从性能数据可以看出以下信息。

① 对于各类纤维增强复合材料固定带的拉伸模量，碳纤维增强具有最高值，比氧化铝纤维增强（PEEK 树脂基）固定带的杨氏模量高出 40%～90%，比玻璃纤维增强固定带高

出 1～3 倍；在从常温冷却至低温的过程中，各类纤维增强复合材料固定带的杨氏模量值都有所增加，295K 冷却至 77K 后，碳纤维固定带模量值增加了 11％，S 型玻璃纤维和氧化铝纤维固定带则增加了 6％。

② 在拉伸强度方面，各类纤维增强固定带的强度随模量的增加而增加，碳纤维增强固定带具有拉伸强度最高值，碳纤维固定带的拉伸强度值要比玻璃纤维的高出 37％～100％，比氧化铝纤维的高出 1～4 倍，由此可见氧化铝纤维和其余纤维相比不具有竞争性；在从 295K 冷却至 4K 时，玻璃纤维、氧化铝纤维固定带拉伸强度值提高明显，E 型玻璃纤维提高 51％，S 型玻璃纤维提高了 26％，氧化铝纤维提高了 69％，而碳纤维固定带有不一致的表现，MM 型碳纤维固定带拉伸强度随温度降低而减小，HS 型碳纤维固定带强度随温度变化没有确定的规律性；对于氧化铝纤维和 S 型玻璃纤维增强固定带，低温下其拉伸强度都小于层合板拉伸强度，而 E 型玻璃纤维和 MM 型碳纤维增强固定带低温下的拉伸强度要大于层合板拉伸强度。

③ 在热导率上，各纤维增强固定带和层合板的热导率都随着温度的降低而降低；在温度高于 10K 时，E 型玻璃纤维、S 型玻璃纤维比其他类型纤维有更低的热导率，碳纤维复合材料的热导率最高，而且随着杨氏模量的增加而增大；温度低于 10K 时，碳纤维增强固定带及层合板的热导率最低，而玻璃纤维热导率最高。在所有的温度范围内，氧化铝纤维的热导率保持在玻璃纤维和碳纤维之间。

通过对以上各类纤维增强固定带性能数据的总结分析，可以确定影响固定带强度性能的主要因素有以下几个方面。

(1) 温度

玻璃纤维和氧化铝纤维增强固定带的强度随温度降低而增强，在常温状态下为最低值，因此对固定带的强度条件测试可以在室温下进行，可以简化测试过程。碳纤维固定带强度随温度变化而无一致规律性，已有测试结果表明，HS 型碳纤维固定带强度随温度降低有增强也有减小表现，MM 型碳纤维固定带强度随温度下降而减弱，这种不确定性表明碳纤维增强固定带的性能指标及特征测试必须在室温和低温下分别进行。

(2) 线轴直径 d 与固定带厚度 t 的比值

实际情况表明，拉伸载荷下固定带破坏通常发生于固定带与线轴或受载销装置的接触点区域。在该区域上，固定带承受拉伸载荷、由线轴传递的压缩载荷以及由上述载荷联合作用产生的剪切载荷，形成一个高度应力集中区域。压缩和剪切载荷通过增加线轴直径 d 以提供更多的承载面积来减小。剪切载荷可以用厚度 (t) 更薄的固定带来降低。d/t 越大，材料拉伸强度越强。

(3) 纤维体积分数

随着纤维体积分数的增加，各纤维增强固定带的拉伸强度也相应增强，这表明纤维是纤维增强复合材料中拉伸载荷的主要承载者。而且根据复合材料微观力学，关于单向纤维复合材料纵向拉伸强度的确定方法，纤维体积分数需大于一临界值才能使纤维在复合材料中起到真正的增强作用。氧化铝纤维体积分数不断增大，固定带拉伸强度反而减弱，这是由于随着纤维体积分数的不同，纤维增强复合材料在拉伸载荷作用下呈现不同的破坏方式。当纤维体积分数过高时，复合材料中树脂基体含量很低，纤维和基体间无法形成良好的黏结性和浸润性，在拉伸载荷作用下很容易发生树脂基体破坏及纤维脱黏的破坏方式，造成纤维增强复合材料拉伸强度的下降。一般情况下制造和使用的纤维增强复合材料内纤维体积分数普遍处在

50％至 70％之间。

（4）固定带的刚度

除氧化铝纤维增强固定带外，玻璃纤维和碳纤维增强固定带在 295K 和 77K 下的拉伸强度均随杨氏模量的增加而增强，玻璃纤维和碳纤维增强固定带杨氏模量和拉伸强度依次增加的次序为 E 型玻璃纤维、S 型玻璃纤维、HS 型碳纤维、MM 型碳纤维。而碳纤维增强固定带杨氏模量和拉伸强度的关系与层合板表现相反。

4.2.2.2   支撑管/柱

支撑管/柱的低温应用包括杜瓦支撑、航天应用、高能物理加速器中超导磁体的支撑、超导磁流体动力系统、强冲击加载条件下的超导磁体。此外，支撑管/柱已经被用于大型超导磁体能量存储系统（SMES）。图 4-7 为应用于低温超导磁体支撑的纤维复合材料支撑柱形式。

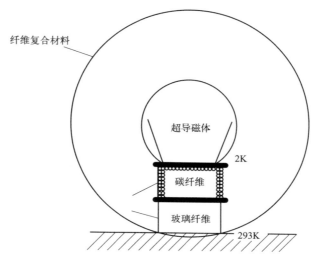

图 4-7   低温超导磁体系统纤维复合材料支撑柱形式示意图

复合材料支撑管/柱通常采用纤维缠绕成型、特定方向上粗纱拉挤手糊成型及两维纤维布高压层压成型。在纤维缠绕成型或高压层压成型制作过程中，增强相粗纱/布沿一圆柱形卷筒缠绕至预定厚度。对于纤维缠绕成型，普通的粗纱方向包括平行于支撑管/柱轴向方向（≤10°，记为 0°）、沿环向垂直于支撑管/柱轴方向（90°）以及与支撑管/柱轴方向成±45°角的准各向同性方向。近 0°方向的纤维铺层提供更高的轴向强度和刚度，近 90°方向的纤维铺层协助阻止分层现象和单根纤维或纤维束的微裂纹，±45°方向的纤维铺层协助抵抗弯曲载荷和剪切载荷的作用。在支撑管/柱结构及纤维粗纱厚度限制条件下，实际选择的纤维粗纱铺层形式取决于工作载荷施加的大小和类型、导热性和热收缩方面的要求，设计中通过调整各方向纤维铺层排布及纤维体积分数可以获得这些性能的综合优势。

拉挤成型是牵引纤维粗纱或纤维布通过模具成型并固化的连续性过程，这一过程比缠绕成型需要更多的资金投入，包括关于缠绕和卷筒夹具的设备开支以及可能存在非轴向纤维方向所需的额外试验经费。制作好的支撑管/柱的最佳力学性能取决于纤维粗纱的笔直性和低空隙率。纤维粗纱的笔直性在成型的支撑管/柱内有不同分布，轴向粗纱上的拉力使其非常平直，但环向及偏轴粗纱容易弯曲或起褶皱（在微结构水平下的粗纱内，单根玻璃纤维的排布总是不完美的）。低空隙率在层压成型过程中可通过高压实现。

由于纤维粗纱铺层的方向分布和尺寸可直接影响纤维增强复合材料性能，因此在支撑管/柱的设计研究中首先需要确定支撑管/柱可能的破坏方式，进而可以通过对纤维粗纱铺层的调整实现对低温支撑管/柱的最优化设计。关于支撑管/柱设计的尺寸包括支撑管/柱的长度 l、壁厚 t、至轴心线的半径 r。压缩载荷下支撑管/柱可能出现的破坏方式有弯曲破坏和挤压破坏，挤压破坏包括轴向排布纤维的压缩破坏、径向的拉伸破坏和轴向排布纤维的剪切破坏。

从现有文献来看，目前所制作的纤维复合材料支撑管/柱基本上都采用 E 型玻璃纤维、S 型玻璃纤维及碳纤维作为增强材料。根据 R. P. Reed 和 M. Golda 对已有的为数不多的纤维复合材料支撑管/柱常、低温性能数据的汇总，可以看出以下信息。

① Miller、Cotter、Reed、McColskey 等在研究中采用纤维缠绕成型及拉挤成型的 E 型玻璃纤维和 S 型玻璃纤维增强的支撑管/柱直径 d 从 19mm 到 250mm 不等，径厚比 d/t 从 3 到 28 不等，长径比 l/d 从 3 到 15 不等。除 Kawasaki 研究的支撑管/柱采用乙烯基酯树脂外，其余支撑管/柱都采用环氧树脂作为基体材料。295K 下玻璃纤维增强支撑管/柱轴向模量分布范围在 23~49GPa，压缩强度分布范围为 0.25~0.9GPa；77K 和 4K 下的性能数据并没有明显的不同，轴向模量分布范围在 30~52GPa，压缩强度分布范围在 0.57~1.2GPa，对比同温下单向玻璃纤维增强层合板的性能数据有所降低。

② Davis 用单向 S 型玻璃纤维预浸渍环氧树脂及热收缩制模方法制作了大量具有不同长度和厚度的支撑管/柱，其中单向纤维体积分数达到 60% 左右。室温下支撑管/柱轴向压缩破坏时弹性模量范围在 48~61GPa，压缩强度在 1.19~1.63GPa，明显高于①中的支撑管性能结果。这些数据清楚表明 0°角纤维方向比偏轴纤维方向使支撑管/柱具有更强的轴向抗压性能。

③ 碳纤维增强支撑管/柱性能测试数据相对玻璃纤维更少，Colvin、Miller、Swanson 等研究人员测试了许多不同纤维铺层方式的碳纤维增强支撑管/柱，纤维铺层从严格的单向（0°角）到准各向同性方向（±45°角），直径 d 从 38mm 到 54mm 不等，径厚比 d/t 从 9 到 20 不等，长径比 l/d 从 3.4 到 4 不等。295K 下碳纤维增强支撑管/柱轴向模量分布范围在 40~120GPa，压缩强度分布范围在 0.4~1.25GPa，对比同温下单向玻璃纤维增强层合板的性能数据有所降低。Colvin 和 Swanson 根据他们所观察的支撑管/柱断裂出现的纤维扭折现象提出纤维微屈曲是主要的破坏方式。

④ 分析已有的常温与低温玻璃纤维、碳纤维增强支撑管/柱压缩强度数据，发现支撑管/柱压缩强度与管/柱内径成反比，即管径 d 越大，支撑管/柱的压缩强度越小。这是由于支撑管/柱的强度也受到实际加工过程决定的纤维笔直性、环氧树脂基体空隙率、树脂富含区域等因素的影响；直径越大的支撑管/柱，制作过程中保持纤维的笔直性而不形成曲折就越难，而且形成树脂基体空隙及树脂富含区域的概率越大。

⑤ Khalil、Kawasaki、Chicago 等研究人员分别对直径 d 为 19mm、44mm、54mm，径厚比为 6、15、14 的 E 型玻璃纤维增强支撑管/柱常温和低温热导率进行了测试，热导率在低温 77K 和 4K 下趋近一致：77K 下为 0.31W/(m·K)，比 E 型玻璃纤维增强单向层合板的热导率低 16%；4K 下为 0.09W/(m·K)，与层合板热导率相同。295K 下三组热导率不尽一致，其中轴向排布纤维增强的支撑管/柱室温热导率以平均值 0.9W/(m·K) 为主。热收缩方面，如 Springer、Kollar 及 Ohtani 等所给出的讨论，支撑管/柱的性能可以在平均模型的基础上，通过具体的轴向、横向纤维铺层结构计算而得。

4.2.2.3　支撑带与支撑管/柱的比较与选择依据

作为低温系统内的两类常用支撑结构，支撑带和支撑管/柱均有各自的特点和优势。

（1）结构方面

支撑带系统结构简单。支撑带通过两端的销和 U 型钩组件在低温系统冷、热质体间传递载荷，销将穿过与支撑带半径有着精密容许配合公差的线轴起固定作用。

支撑管/柱结构更为复杂，支撑管/柱尺寸大于支撑带，且需要多向纤维铺层结构，在生产制作中难度更大且成本更高；此外支撑管/柱与低温系统冷、热质体相配合的末端装置设计难度更大，支撑管/柱末端装置的设计要求是消除支撑管/柱顶端散裂破坏和减少装配界面上因承载所造成支撑管/柱径向膨胀引起的应力集中。支撑管/柱与周围系统的末端过渡部分通常是将支撑管/柱装配进金属底座上的凹槽内，金属与支撑管/柱间的间隙用环氧树脂填充以保证统一的载荷分布；逐渐变细的锥形外部结构可以减少支撑管/柱上的应力集中。

由于支撑管/柱适合承受多向载荷，因此在同等设计条件下需采用的支撑带数目远多于支撑管数目。

（2）装配方面

支撑带比支撑管/柱在装配上难度更高，抵消了其在结构设计上的简单性优势。需要注意的是，在支撑带装配中必须预先对支撑带加载，使支撑带系统始终保持拉伸状态，以确保在冷却和动态载荷作用下支撑带一直呈现正拉伸应力状态，并且最适宜的支撑带拉伸力预加载量应保证在低温系统全部运转条件下所有支撑带上的拉伸应力既不会超过最大的安全设计应力，也不会为零。为确保支撑带的使用安全，在设计室温下对支撑带的预加载量时，需考虑到所用材料的强度、低温系统运行中的载荷情况、系统内各部件（包括支撑带、冷热质体等）的冷却收缩等方面的影响。

支撑带数目远多于支撑管/柱的情况也增加了支撑带的装配难度，并且还会给低温系统内安装辐射及绝热屏障带来困难。

（3）热力效率方面

R. P. Reed 和 M. Golda 根据所汇总的支撑带和支撑管/柱常、低温性能数据，分别取 295K、4K 下支撑带拉伸强度、热导率，支撑管/柱压缩强度、热导率的平均值，以强度与热导率的比值作为评判热力效率的标准。结果表明，静态载荷下，支撑带比支撑管/柱更有效率；碳纤维增强复合材料在 4K 下性能更优异；玻璃纤维增强复合材料在 295K 下表现更好；支撑带和支撑管/柱在 4K 下的热力效率高出 295K 下 10 倍以上。

支撑结构只是低温系统的部件之一，在特定低温系统支撑结构设计中确定采用何种纤维复合材料以及支撑形式时必须考虑的因素包括：

① 低温系统的功能用途要求；
② 低温系统的质量、体积和内部为支撑结构提供的可用空间；
③ 低温系统运行中参与的振动和冲击载荷的大小、方向；
④ 对低温系统所期望的服务期限和设计寿命；
⑤ 支撑结构在设计、制作、安装方面的难易程度；
⑥ 成本。

4.2.3 纤维增强复合材料的其他应用

美国田纳西州的 GTL 实验室（Gloyer-Taylor Laboratories）多年来一直致力于开发由石墨纤维复合材料制成的超轻型低温罐以及其他材料。

质量是航空航天领域最重要的关注点。该实验室声称建造了液氢燃料罐，如图 4-8 所示，内容器长 2.4m，直径 1.2m，质量仅有 12kg。加上真空绝热材料、外壳、支撑、结构件及各种附件后，储氢容器系统总质量为 67kg，可以储存超过 150kg 的液氢，质量储氢密度接近 70%。

图 4-8　碳纤维增强复合材料的液氢容器

4.3　材料的检验与检测

4.3.1 金属材料的检验与检测

采用电子万能试验机、疲劳试验机以及简支梁冲击试验机，可以测量室温、液氮温度、液氢温度（非液氢介质）和液氢温度下的准静态拉伸、断裂韧性、疲劳和冲击性能。

金属材料力学性能检测介绍如下。

（1）拉伸试验

拉伸试验是指在轴向拉伸载荷下测量材料特性的试验方法。

通过拉伸试验获得的数据可以确定材料的弹性极限、伸长率、弹性模量、比例极限、面积减少量、拉伸强度、屈服点、屈服强度等拉伸性能指标。测量材料在拉伸载荷作用下一系列特性的试验，也称为抗拉试验。它是材料力学性能试验的基本方法之一，主要用于检验材料是否符合规定的标准以及研究材料的性能。拉伸试验可以测量材料的一系列强度指标和塑性指标。强度通常是指材料在外力作用下抵抗弹性变形、塑性变形和断裂的能力。当材料承受拉伸载荷时，在载荷不增加后，明显的塑性变形仍然持续发生，这种现象称为屈服。屈服时的应力称为屈服点或物理屈服强度。通常，当材料产生的残余塑性变形为 0.2% 时，称为屈服强度。材料在断裂前达到的最大拉应力，称为抗拉强度或强度极限。

塑性是指金属材料在载荷作用下产生塑性变形而不损坏的能力。常用的塑性指标是伸长率和截面收缩率。伸长率是指材料样品在拉伸载荷作用下断裂后，伸长量与原始长度的百分比。截面收缩率是指材料样品在拉伸载荷作用下断裂后，原截面缩小面积与原截面面积的百分比。条件屈服极限、强度极限、伸长率和截面收缩率是拉伸试验中经常测量的四个性能指标。此外，还可以测量材料的弹性模量 E、比例极限、弹性极限等。

（2）弯曲试验

作为材料力学性能试验的基本方法之一，弯曲试验主要用于测量材料承受弯曲载荷时的力学特性。

弯曲试验主要用于确定脆性和低塑性材料（如铸铁、高碳钢、工具钢等）的抗弯强度，并能反映塑性指标的挠度。弯曲试验也可用于检查材料的表面质量。弯曲试验在通用材料机上进行，有三点弯曲和四点弯曲两种加载方式。样品的截面为圆形和矩形，试验过程中的跨度一般为直径的 10 倍。脆性材料的弯曲试验一般只会产生少量的塑性变形，而塑性材料则是通过弯曲试验来测试其延展性、均匀性。塑性材料的弯曲试验称为冷弯曲试验。在试验过程中，对样品进行加载，使其弯曲到一定程度，观察样品表面是否有裂缝。

液氢环境用金属材料通常都具有非常好的塑性，即使在低温下仍保持较好的延展性。

（3）冲击试验

冲击试验是一种动态力学性能试验，主要用于测量冲断一定形状的样品所消耗的功，又称冲击韧性试验。

根据样品的形状和断裂方法，冲击试验分为弯曲冲击试验、扭转冲击试验和拉伸冲击试验三种。其中弯曲冲击试验方法操作简单，应用广泛。根据试验温度，通常分为室温冲击试验、低温冲击试验。韧性是材料在断裂过程中吸收能量的特性。冲击吸收功的测量原理是，冲击前以摆锤位能形式存在的部分能量在冲击后被样品吸收。摆锤的起始高度与冲击样品后达到的最大高度之间的差可直接转换为样品在冲击过程中消耗的能量，样品吸收的功称为冲击功（AK）。采用一系列冲击试验，即测量不同温度下材料的冲击吸收功，可确定其韧性和脆性转化温度，即当温度下降时，从韧性转化为脆性行为的温度范围，在 AK-T 曲线上显著降低的温度。曲线冲击功变化明显的部分称为转换区。当脆性区和塑性区分别占 50% 时，相应温度称为韧性脆性转换温度（DBTT）。当断口上的晶体或解理状脆性区达到 50% 时，相应温度称为断口形态转换温度（FATT）。

脆性断裂：材料在低温下断裂时会出现脆性断裂。其具体是指材料在塑性变形极小甚至无塑性变形及其预警的情况下断裂。低倍放大镜下的断裂形状通常是明亮的晶体。

解理断裂：当外加正应力达到一定值时，沿特定晶面产生的晶体断裂现象。解理断口的基本微观特征是台阶、河流、舌形等图案。

全韧性断口：断口晶区面积百分比为 0%。

全脆性断口：断口晶区面积百分比为 100%。

韧性断口：断口晶区面积百分比需要用显微镜测量。

（4）硬度试验

硬度试验是检测金属材料软硬度的研究方法。具体方法是将压头压入样品表面，一段时间后去除试验力，测量压痕尺寸，计算硬度值。

　　硬度试验是一种测量固体材料表面硬度的材料力学性能试验。与拉伸试验等其他材料试验相比，硬度试验是一种简单的材料试验。硬度试验具有以下特点：①试验可直接在零件上进行，无论零件大小、厚度和形状；②表面留下的痕迹很小，零件没有损坏；③试验方法简单快捷。硬度试验广泛应用于机械工业中原材料和零件热处理后的质量检验。由于硬度与其他力学性能有关，零件和材料的其他力学性能也可以根据硬度进行估计。硬度试验方法包括：划痕法、压入法、动力法、磨损法和切削法。

　　（5）金相分析

　　金相分析是金属材料试验研究的重要手段之一。合金组织的三维空间形状是通过测量和计算二维金相样品磨削表面或薄膜的金相显微组织来确定的，从而建立合金组成、组织和性能之间的定量关系。

　　将图像处理系统应用于金相分析，具有精度高、速度快等优点，可大大提高工作效率。其主要包括本体取样、试块镶嵌、粗磨、精磨、抛光、腐蚀、观测等步骤。第一步：确定和截取样品的选择部分。选择取样部分和检验表面，综合考虑样品的特点和加工工艺，选择部分应具有代表性。第二步：镶嵌。如果样品尺寸太小或形状不规则，则应镶嵌或夹紧。第三步：样品粗磨。粗磨的目的是将样品平整，磨成合适的形状。一般钢材常在砂轮机上粗磨，软材料可用锉刀平整。第四步：样品精磨。精磨的目的是消除粗磨过程中留下的深层划痕，为抛光做好准备。一般材料的磨削方法分为手工磨削和机械磨削两种。第五步：样品抛光。抛光的目的是去除精磨留下的细微磨痕。一般分为机械抛光、电解抛光、化学抛光。电解抛光的目的是消除粗磨过程中留下的深层划痕。第六步：样品腐蚀。金相分析腐蚀应在显微镜下观察抛光样品的组织。腐蚀的方法有很多，主要包括化学腐蚀、电解腐蚀、恒电位腐蚀，常用的是化学腐蚀。

　　图 4-9 所示为一款万能试验机。

图 4-9　微机控制电液伺服万能试验机

4.3.2　非金属材料的检验与检测

4.3.2.1　纤维增强复合材料常温与低温力学性能测试

力学性能指标包括玻璃钢材料层向（纤维铺层方向）和垂向（垂直纤维铺层方向）的压缩弹性模量、压缩强度、拉伸强度、冲击韧性、层间剪切强度、垂向与层内和层间的泊松比。测试标准依照《纤维增强塑料性能试验方法总则》（GB/T 1446—2005）、《纤维增强塑料拉伸性能试验方法》（GB/T 1447—2005）、《纤维增强塑料压缩性能试验方法》（GB/T 1448—2005）、《纤维增强塑料层间剪切强度试验方法》（GB/T 1450.1—2005）、《纤维增强塑料简支梁式冲击韧性试验方法》（GB/T 1451—2005）。

纤维增强复合材料在不同温度下的压缩极限强度、拉伸极限强度、层间剪切极限强度、压缩弹性模量和泊松比均可由万能材料试验机测得。日本岛津 DCS-25T 万能材料试验机设备性能参数见表 4-6。

表4-6　DCS-25T 万能材料试验机性能参数

加载范围	1g～25000kg，精度 ± 0.5%
加载速度	0.005～500mm/min，精度 ± 0.1%
环境箱工作温度范围	− 190～+ 1100℃

测试试样在低温下的力学性能，一般是将试样浸泡在液氮（液氢）中一定的时间来达到相应的温度，然后快速在万能材料试验机上进行测试。也有带保温箱和低温惰性气体氛围的材料试验机。

4.3.2.2　纤维增强复合材料常温与低温热性能测试

热性能指标包括纤维增强复合材料垂向和层向的比热容、热导率和热膨胀系数。比热容由 DSC 比热仪测出。热膨胀系数依照《纤维增强塑料平均线膨胀系数试验方法》（GB/T 2572—2005）测定。在平行于纤维布层方向和垂直于纤维布层方向分别取三组共六件试样，测量 20℃ 和 −160℃ 下的线膨胀系数并取平均值，测量不同温度条件下平行和垂直于玻璃布方向的热膨胀系数，并计算出不同温度条件下纤维增强复合材料试样相对于 293K 的线收缩率及线膨胀系数。法国 LK.02 高速冷却膨胀仪的性能参数见表 4-7。

表4-7　LK.02 高速冷却膨胀仪性能参数

测试精度	± 5%
工作温度范围	− 200～+ 1300℃
降温速度	(1 ± 0.5)℃/s

国内外以往测量固体材料低温下热导率的方法主要有两种。第一种方法是借助激光导热仪采用脉冲法测量液氮浸泡过的试样的热扩散系数 α，再利用量热仪测出比热容 c，通过公式 $\lambda = \alpha c \rho$（式中 ρ 为密度）计算出材料在低温下的热导率 λ。该方法虽然精确，但是成本高，激光导热仪使用的前期准备工作较复杂。第二种方法是利用傅里叶定律，通过测量材料两端的温差和热流密度来计算热导率。这种方法成本低，操作简单易行，但是低温下材料两端温度的控制以及热流密度测量的精度是试验的关键，因此产生测量误差的因素比较多。如

果试验设计或操作不当，会引起较大的误差。

纤维增强复合材料的热导率一般由专门设计的试验装置测定，其基本原理为上述第二种方法。

参 考 文 献

［1］　TSG R0005—2011. 移动式压力容器安全技术监察规程 ［S］.

［2］　NB/T 47014—2011. 承压设备焊接工艺评定 ［S］.

［3］　GB/T 18442—2019. 固定式真空绝热深冷压力容器 ［S］.

［4］　JB 4732—1995. 钢制压力容器-分析设计标准：2005 年确认版 ［S］.

［5］　GB/T 150—2011. 压力容器 ［S］.

［6］　NB/T 47059—2017. 冷冻液化气体罐式集装箱 ［S］.

［7］　李晓清，刘志颖，过复初，等. $2m^3$ 立式液氢高压容器的焊接研制 ［J］. 压力容器，2005 （7）：25-28，7.

［8］　罗日科夫，阿尔马佐夫，伊利因斯基. 液氢制取 ［M］. 沈法元，译. 北京：中国运载火箭技术研究院第十五研究所，2003.

［9］　周高斌. 应变强化奥氏体不锈钢低温容器研究 ［D］. 杭州：浙江大学，2007.

［10］　高利慧. 应变强化奥氏体不锈钢低温压力容器的可靠性研究 ［D］. 天津：天津大学，2017.

［11］　张文建. 奥氏体不锈钢低温容器应变强化研究 ［D］. 广州：华南理工大学，2011.

［12］　赵福祥，魏蔚，刘康，等. 纤维复合材料在低温容器内支撑结构中的应用 ［J］. 低温工程，2005 （3）：23-26，34.

［13］　Reed R P，Golda M. Cryogenic properties of unidirectional composites ［J］. Cryogenics，1994，34 （11）：909-928.

［14］　Reed R P，Golda M. Cryogenic composite supports：A review of strap and strut properties ［J］. Cryogenics，1997，37 （5）：233-250.

［15］　Schutz J B. Properties of composite materials for cryogenic application ［J］. Cryogenics，1998，38 （1）：3-12.

［16］　赵福祥. 抗强冲击纤维增强复合材料低温性能的试验研究 ［D］. 上海：上海交通大学，2005.

第5章
液氢的储存与运输

5.1 固定式液氢储存技术与设备

5.1.1 液氢杜瓦瓶

　　液氢在使用过程中需要由固定式液氢储罐运输到工作现场或实验室，因此需要一种更灵活便捷的装置运输液氢。杜瓦瓶是一种小型真空低温容器，用于少量低温液体的储运，其绝热性能较好，目前在液氧、液氮、液氩及液化天然气等低温液体的运输及应用中已发展成熟。杜瓦瓶主要由内胆、外壳、夹层绝热材料、汽化器、压力表、液位计以及各种阀门组成，常规杜瓦瓶结构如图 5-1 所示。

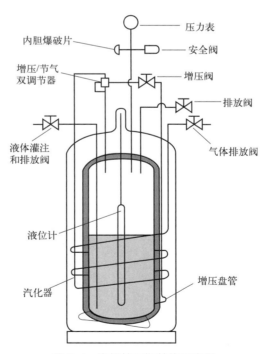

图 5-1　常规杜瓦瓶结构示意图

　　根据其使用特点，杜瓦瓶可直接提供低温液体，排液时将金属软管与杜瓦瓶排液阀快卸法兰相连，打开增压阀控制瓶内压力从而稳定液体流速；也可将液体汽化后供气使用，汽化器的大小按用气量大小配置，可控制增压阀稳定气体流速。杜瓦瓶上安装安全阀、压力表、爆破片等装置控制供气系统安全，既能方便、稳定地用气，也可以确保使用安全。杜瓦瓶结构简单、操作灵活方便，是目前大部分实验室、医院、企业以及天然气汽车的供液供气装置。

相比于氧、氮、氩、天然气等低温液体，液氢的沸点更低，因此对杜瓦瓶的绝热要求更高，需采用多种绝热形式的组合，以达到最大的经济效益。对于液氢杜瓦瓶，可采用以下几种方法来提高绝热性能。

① 采用高真空多层绝热与液氮冷屏相结合的绝热结构，如图 5-2 所示，这种组合绝热形式适用于小型液氢、液氨等杜瓦瓶，能够将容器外壁面温度从 300K 降至 77K，使辐射热流减少到原来的 1/150～1/200，从而大幅降低蒸发损失，具有绝热性能优良、预冷量小、时间段稳定等优点，但结构复杂、制造困难、重量大、体积大，需要消耗液氮冷源，逐渐被多屏绝热替代。

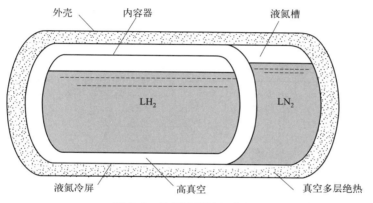

图 5-2　液氮冷屏液氢容器

② 采用多层绝热与蒸汽冷却屏相结合的绝热结构，如图 5-3 所示，金属屏与冷蒸发气体排出管相连，利用冷蒸汽的显热冷却防辐射屏，降低冷屏温度，抑制辐射换热，以提高绝热效果。冷屏不仅可以作为多层绝热的防辐射屏，也可作为蒸汽冷却屏，有助于消除多层绝热的纵向导热，因此蒸汽冷却屏具有绝热效率高、热容量小、质量轻、热平衡快等优点。

③ 采用多层绝热与多屏绝热相结合的绝热结构，如图 5-4 所示，在容器颈部安装翅片，分别与各传导屏连接，屏与屏之间仍缠绕多层绝热材料，热量通过绝热材料时一部分被金属屏所阻挡并传导至颈管，被排出的冷蒸汽带走，从而达到降低漏热的目的，具有重量轻、成本低、抽真空容易等优点。一般屏的数量越多，其绝热效果越好，但屏的数量过多容易使结构变得复杂，工艺难以实现，制作成本增加，因此液氢杜瓦瓶多屏绝热通常为 10 屏。

目前液氢杜瓦瓶使用较少，仅在科研机构、医院、化工厂等有少量需求，因此国内外液氢杜瓦瓶生产厂家也较少。美国 Cryofab 公司生产的 CLH 系列液氢杜瓦瓶规格如表 5-1 所示，该杜瓦瓶采用高真空多层绝热与蒸汽冷却屏相结合的绝热技术，液氢蒸发率能够达到最低漏热标准，内外胆主体材料采用 304 不锈钢，并配有脚轮使移动更加方便，液氢杜瓦瓶实物及流程图如图 5-5 所示。该液氢杜瓦瓶相较于之前产品在减压、安全系统以及排液、供气装置方面进行了极大的改进，同时配有高精度流量液氢阀门。

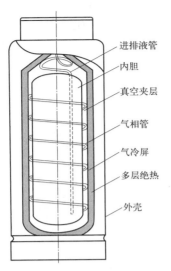

图 5-3 蒸汽冷却屏杜瓦容器

进排液管
内胆
真空夹层
气相管
气冷屏
多层绝热
外壳

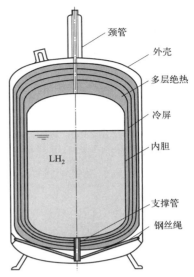

图 5-4 多屏绝热结构

颈管
外壳
多层绝热
冷屏
内胆
支撑管
钢丝绳

LH$_2$

表5-1	美国 Cryofab 公司 CLH 系列液氢杜瓦瓶			

型号		CLH100	CLH250	CLH400
规格/L		100	250	400
几何容积/L		110	275	440
外形尺寸/mm	高度	1422.4	1625.6	1574.8
	外径	660.4	812.8	1016.0
质量/kg	空瓶	114.3	186.0	292.6
	总质量	121.6	203.7	321.1
日蒸发率/%		2.0	1.6	1.0
最大工作压力/kPa		—	345.0	—

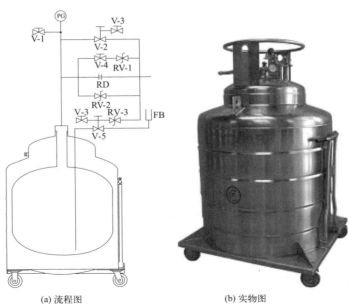

(a) 流程图   (b) 实物图

图 5-5 美国 Cryofab 液氢杜瓦瓶

V—阀门；RV—溢流阀

随着氢能的发展新能源汽车也经历着变革，为满足高续航、轻量化的储氢要求，对车载液氢杜瓦瓶也开展了大量的研究工作。与常规液氢杜瓦瓶不同的是，车载液氢杜瓦瓶更加注重使用安全性能，包括过载、振动、真空失效、火烧、撞击等测试工作，这就决定了车载液氢杜瓦瓶的支撑结构、绝热形式以及增压方式与常规液氢杜瓦瓶有差异。目前国内外对车载液氢杜瓦瓶也进行了大量开发工作，几种车载液氢杜瓦瓶如图 5-6 所示。林德（Linde）公司为城市公交车建造了一个液氢储存系统，质量储氢比约为 7.1%，总休眠时间超过 100 小时，并且绝热性能优异；宝马（BMW）公司开发的车载液氢容器可使用 13.5kg 液氢驱动 2100kg 汽车行驶 580km，但对环境热量过于敏感；AIR LIQUIDE 公司设计的铝合金液氢杜瓦瓶，日蒸发率低于 3%；国内航天六院 101 所为福田液氢重卡设计了一款 500L 液氢储存装置，续航里程可达 1000km，可满足重卡长续航行驶需要，有效拓展了氢能重卡的应用场景。

(a) Linde　　　　(b) BMW　　　　(c) AIR LIQUIDE

图 5-6　车载液氢杜瓦瓶

5.1.2　液氢储罐

在生产地、使用地以及供液站等附近需要较大的固定式储罐来储存低温液体，常用的储罐形状有圆筒形、球形、圆锥形以及平底形，根据储罐容积的不同，储罐形状以及绝热方式也会有差异。

（1）液氢储罐结构与形式

目前液氢储罐常用的结构形式有圆筒形及球形。如表 5-2 所示，圆筒形适用于几何容积 ≤500m³ 的储罐，绝热方式多为高真空多层绝热；球形储罐适用于几何容积 ≥200m³ 的情况，由于其绝热空间较大，多层绝热材料缠绕困难，因此一般采用真空粉末绝热，绝热材料有珠光砂、气凝胶、玻璃纤维、玻璃泡沫等。

表5-2　常用液氢储罐结构形式

储罐形状	容积/m³	绝热方式
圆筒形	≤500	高真空多层绝热
球形	≥200	真空粉末绝热

根据使用需求，液氢储罐容积从几立方米到几百立方米不等，国外液氢储罐的应用在 20 世纪已较为成熟，俄罗斯 JSC 深冷机械制造公司为火箭发动机液氢地面推进剂试验分别建设了总储存容积 300m³、2400m³ 和 5600m³ 的储罐系统。JSC 公司制造的液氢储罐参数如表 5-3 所示。

表5-3　JSC 深冷机械制造公司制造的液氢储罐参数

参数		PCN250/1.0	PCB63/0.5	PCB16/1.6	PCB5/0.6	PCB1400/1.0
容积/m³		245	66.3	16.3	5	1437
工作压力/MPa		1.0	0.5	1.6	0.6	1.05
空罐质量/kg		72000	22000	9200	4000	360000
液氢质量/kg		15700	4250	1098	300	91700
日蒸发率/%		0.3	0.92	0.75	0.4	0.13
外形尺寸/mm	长	36305	3870	2800	2100	16048
	宽	3740	3860	2416	2100	16048
	高	3945	12370	7730	5500	20100

　　我国液氢储运技术发展缓慢，多年来大型储罐和运输车一直以引进国外产品为主，随着我国液氢、液氧发动机研制的不断深入，液氢储罐已成为不可缺少的地面加注设备。我国的液氢贮罐多应用在液氢生产及航天发射场，北京航天试验技术研究所、海南发射场、西昌发射场等均配有地面固定罐、铁路槽车及公路槽车。

　　2005 年，航天晨光股份有限公司（简称航天晨光）为国家"50 工程"自主研制 100m³ 液氢储罐、25m³ 液氢运输半挂车、80m³ 液氢标箱和 75m³ 液氧标箱，该项目的实施在当时也填补了国内液氢储罐的空白；2011 年，航天晨光为航天技术研究所成功研制了 170m³ 液氢集液缸，是当时国内最大、技术要求最高的低温储罐；2014 年中集圣达因低温有限公司为海南火箭发射中心制造了 300m³ 液氢储罐，采用特殊的绝热结构以及支撑结构，该液氢罐采用的工艺、技术水准在当时都远远领先国内平均水平。几种国产液氢储罐如图 5-7 所示。随着科技的不断进步，液氢加注装备未来将向大容积、高精度、高可靠性和低蒸发率、低成本的方向发展。

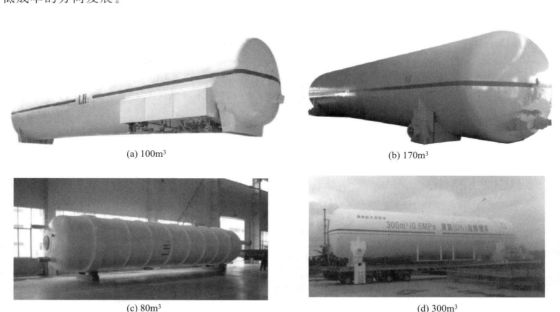

(a) 100m³　　　(b) 170m³　　　(c) 80m³　　　(d) 300m³

图 5-7　国产液氢储罐

（2）设计

液氢储罐的设计需从以下方面进行考虑：容积、形状、绝热形式、结构材料、机械构件、气体回收及附件。由于液氢特殊的性质，液氢储罐的设计与其他低温储罐有所不同，主要体现在结构材料、绝热形式以及支撑形式三方面。

液氢储罐材料需注意氢脆、氢腐蚀以及氢渗透三方面的危害。氢脆产生的原因是溶于材料中的氢聚合为氢分子，造成氢分子聚集部位产生较大的应力集中，从而超过材料的强度极限，使材料发生裂纹。氢腐蚀产生的原因是氢原子渗入材料内部与材料中的不稳定碳元素发生化学反应，造成金属材料脱碳，强度和韧性显著降低。常用液氢储存容器的材料有S30408 及 S31603 不锈钢、6061 及 5083 铝合金，其在低温条件下仍可保持优异的力学性能，因此应根据储罐使用特点，选取相应的主体结构材料。

液氢储罐的绝热形式选取应综合考虑储罐容积大小、形状、日蒸发率、制造成本等多种因素，一般的选取原则是：小型、移动式液氢储罐应尽可能采用重量轻、尺寸小的绝热形式，如高真空多层绝热、多屏绝热，形状复杂的容器不宜使用多层及多屏绝热；超大型液氢储罐应选用制造成本低、工艺简单的绝热形式，对绝热空间以及绝热材料的重量一般不应严格要求，如真空粉末绝热。

液氢储罐的支撑结构应在保证结构强度的前提下减少漏热量，常用的低温容器支撑形式有两点轴式支撑、六点组合支撑、八点玻璃钢支撑、拉杆式支撑以及吊杆式支撑等，几种低温容器支撑结构如图 5-8 所示，图 5-8（a）主要是采用热导率较小的玻璃钢支撑，图 5-8（b）、（c）均通过增加导热路径来减少漏热量。

(a) 八点玻璃钢支撑　　　　(b) 拉杆式支撑　　　　(c) 吊杆式支撑

图 5-8　低温容器支撑结构

除以上特点外，液氢储罐的管路系统设计也要遵循相关原则：在满足相应应力的条件下，管路在真空夹层内尽可能长，管路壁厚尽可能薄，有利于降低管路自身热导率；管路设计时应尽量满足大的补偿量，防止发生热胀冷缩使焊缝及薄弱区开裂；所有的液相管、液位计下管及增压器入口管段均应设计气封结构，防止液氢长时间浸泡在管内受热造成额外的蒸发损失，气封结构可设置在内容器管路，也可设置在真空夹层管路。

（3）液氢加氢站发展

在氢能产业路线发展的基础上，全球加氢站加快建设速度，美国、欧洲及日本等发达国家与地区已经开始将加氢站从示范推广逐步转向商业化运营。根据中国氢能联盟数据，2021年全球对外运营的加氢站数量为 659 座，分布在 33 个国家或地区。另外，以 Plugpower 为代表的企业还建设了 100 座以上的场内站并不对外开放。其中液氢加氢站已有约 200 座，运营时间最长的已超过 10 年。以美国加州为例，2020 年已建成 43 座加氢站，以高压气氢加氢站为主，而在规划的加氢站中，液氢加氢站数量将超过气氢加氢站，预计未来液氢加氢将成为主流加氢模式（表 5-4）。日本岩谷产业公司已经成功建成了 16 座液氢加氢站，美国液氢加氢站的建设企业以 Plugpower、Air Product 公司为主，欧洲市场的液氢加氢站建设企业主要是 Linde 公司。

表5-4　美国加州 2020 年加氢站规模情况统计

项目	液氢加氢站			高压气氢加氢站		
	已建	规划	合计	已建	规划	合计
数量/座	5	11	16	38	9	47
加氢量/(kg/d)	2208	10316	12524	9604	2299	11903

中国是全球加氢站建成最多的国家，且连续三年加氢站增速保持第一。由于产业链配套以及技术瓶颈等问题，目前以高压气氢加氢站模式为主，截至 2022 年 9 月，已建成加氢站超过 200 座，仅在浙江平湖建成 1 座液氢加氢站。基于大规模氢液化工厂尚未建成、民用液氢严重缺乏的现状，液氢加氢难以普遍应用；同时由于氢能产业处于起步阶段，基础设施不完善，氢液化装置、液氢储运技术、液氢加氢站成套装备以及氢膨胀机、液氢泵、液氢阀门等关键零部件方面均需进一步攻关。随着江苏国富氢能、北京中科富海、航天氢能等液氢装备与技术企业的不懈努力，中国已经有多座大规模民用液氢工厂正在建设中，并将会配套建成越来越多的液氢加氢站。

根据加氢站供氢方式，加氢站一般分为站外供氢加氢站以及站内制氢加氢站。站外供氢加氢站内无制氢装置，氢气通过长管拖车、液氢槽车或者氢气管道从制氢厂运输至加氢站，由氢气压缩机压缩并输送入高压储氢瓶内存储，最终通过氢气加气机加注到氢能源燃料电池汽车中使用，站外供氢加氢站技术路线如图 5-9 所示。根据氢气存储方式的不同，又可进一

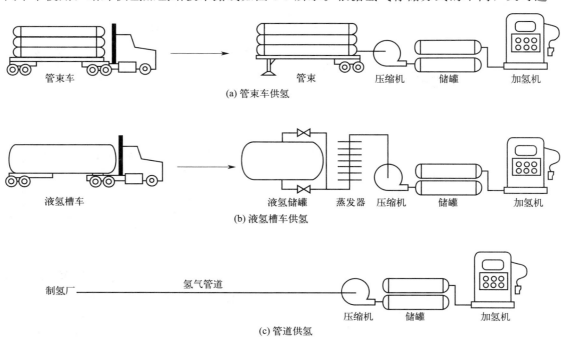

(a) 管束车供氢

(b) 液氢槽车供氢

(c) 管道供氢

图 5-9　站外供氢加氢站技术路线

步分为高压气氢站和液氢站，相比气氢储运，液氢储运加氢站占地面积更小，存储量更大，既可实现液氢的加注，也可将液氢汽化后加注，使用更加灵活方便。但液氢加氢站建设难度也更大，适合大规模加氢需求。

站内制氢加氢站内建设有制氢系统，主要制氢技术包括电解水制氢、天然气重整制氢等，站内制备的氢气一般需经纯化、干燥后再进行压缩、存储及加注等步骤。电解水制氢和天然气重整制氢技术由于设备便于安装、自动化程度较高，且天然气重整制氢技术可依托天然气基础设施建设发展，因而在站内制氢加氢站中应用最多，欧洲站内制氢加氢站主要采用这两种制氢方式。站内制氢加氢站技术路线如图 5-10 所示。

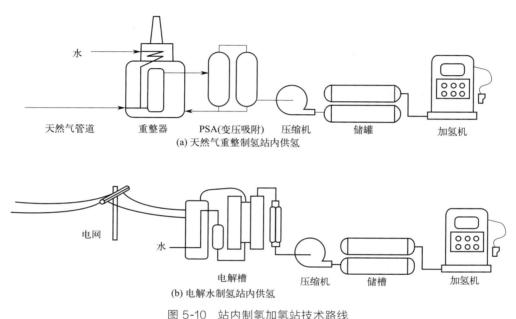

图 5-10　站内制氢加氢站技术路线

在国外的成熟工艺中，通常在液氢工厂将气态氢降至−253℃进行液化，然后通过液氢槽车将液氢运输至加氢站，并储存于站内的液氢储罐中。低温液氢泵吸入液氢后进行增压，并在高压汽化器中将其汽化为高压气态氢，存入储氢瓶组，待有车辆加氢时，从储氢瓶组中取气。该加注工艺系统还可充分利用液氢的低温冷能，将加注前氢气预冷至−40℃，提高了高压氢快充过程中的安全性能，相较于先汽化后通过压缩机压缩气态氢的工艺，液氢泵的能耗要远低于压缩机能耗，在原有的气氢作为加注氢源的基础上，进一步利用液氢，可以显著提高加氢站的运营效率。另一方面，液氢可直接由液氢罐中引出，经液氢加氢机加入车载液氢瓶中，此加注方式计量准确，压力较低，安全性较好。液氢加氢站工艺流程如图 5-11 所示。

5.1.3　液氢球罐

球形储罐与一般圆筒形储罐相比，在相同直径和压力下，壳壁厚度仅为圆筒形储罐的一半，钢材用量省，且占地面积较小，基础工程简单；相同容积和压力下，球形储罐表面积最小，所需钢材面积少；在相同直径情况下，球罐壁内应力最小且均匀，其承载能力比圆筒形容器大 1 倍，故球罐的板厚只需相应圆筒形容器壁板厚度的一半。由以上特点可知，采用球罐可大幅度减少钢材的消耗，一般可节省钢材 30%～45%，而且球罐占地面积较小，基础工程量

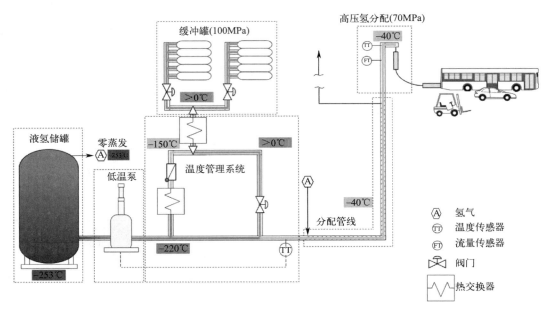

图 5-11　液氢加氢站工艺流程

小，可节省土地面积。但球罐的制造、焊接以及组装要求严格，检验工作量大，制造费用高，因此球形储罐一般为大容积储存装置。目前建成的液氢球罐一般容积都大于 $500m^3$。

　　大型液氢球罐起初多用于航天事业，随着火箭及航天工程不断发展，大型液氢球罐技术的应用也逐渐成熟（图 5-12）。1966 年美国在肯尼迪航天中心建造了第一个直径达 25m 的大型液氢球罐为航天飞机提供燃料，其容积为 $3800m^3$，蒸发速率达 $600m^3/a$，目前仍在使用；1974 年美国为推进核能利用在内华达州试验场建成 $1893m^3$ 大型液氢球罐；美国著名的土星五号运载火箭装载了 $1275m^3$ 液氢，地面储罐容积达 $3500m^3$；俄罗斯 JSC 深冷机械制造公司为火箭发射场建造了 $1400m^3$ 和 $250m^3$ 的液氢储罐，其中 $1400m^3$ 为球罐，外径为 16m，球罐总高 20m，并采用高真空多层绝热；日本种子岛航天中心的液氢储罐容积为 $540m^3$，采用珠光砂真空绝热，日蒸发率小于 0.18%；近年来日本为完成澳大利亚褐煤与氢能的供应链系统，在神户码头建造了 $2500m^3$ 的液氢球罐，也采用珠光砂真空粉末绝热，目前已经投入使用；美国航天局在肯尼迪航天中心为新的探月计划建造了容积为 $4700m^3$（公称容积为 $5000m^3$）可储存 333t 的液氢储罐，并配备了一套 30t/d 的液氢生产线，与常规绝热方式不同的是，储罐内不再使用珍珠岩绝热系统，而是采用绝热性能更好的玻璃气泡绝热方式，同时内部增设主动热控制技术，最大日蒸发率可降低至 0.05%；美国 CBI 公司 2021 年 8 月 13 日宣布完成了 $40000m^3$ 液氢球罐的概念设计，这可能意味着美国 CBI 公司的大中型容积液氢储罐走的是低温低压球罐路线，而不是低温微压平底立式圆筒形储罐路线。

　　未来大型液氢球罐可采用绝热性能较好的玻璃气泡代替珍珠岩，NASA 已经试验研究了玻璃气泡的绝热性能，表 5-5 为 1000L 液氢容器珍珠岩绝热与玻璃气泡的绝热性能对比，玻璃气泡的绝热性能较珍珠岩提高了 34%。图 5-13 为不同夹层真空度下珍珠岩与玻璃气泡的热导率变化，玻璃气泡隔热不仅在高真空下的性能优于珍珠岩，而且随着夹层压力的增加，性能差距逐渐扩大。玻璃气泡在 13.3Pa 时表现出较好的导热性能，比珍珠岩性能提高 46%，因此使用玻璃气泡填充绝热方式可以有效提高液氢储罐的绝热效果。

(a) 日本航天中心540m³液氢球罐

(b) 日本神户码头2500m³液氢球罐

(c) 美国航天中心3800m³液氢球罐

(d) 俄罗斯1400m³液氢球罐

图 5-12　大型液氢球罐

表5-5　珍珠岩与玻璃气泡绝热性能对比

材料	蒸发流速/(mL/min)	漏热量/W	热导率/[mW/(m·K)]	累积测试时间/h	充装率/%	夹层真空度/Pa
玻璃气泡	20125	12.6	1.03	264	81	< 0.13
珍珠岩（珠光砂）	13212	8.3	0.68	1576	82	< 0.13

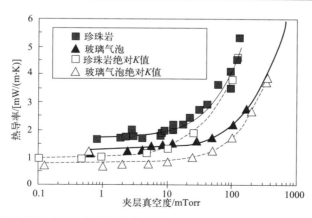

图 5-13　珍珠岩与玻璃气泡绝热性能随夹层真空度变化（1Torr= 133.3224Pa）

除此之外，NASA 还研究了珍珠岩与玻璃气泡在振动环境中的沉降性能，发现玻璃气泡的沉降性能比珍珠岩高 51%，甚至比压实的珍珠岩还高 13%，这就有望解决大型真空粉末绝热储罐由于沉降造成顶部绝热失效的问题。

大型液氢球罐的机械支撑构件设计以及材料的选取是保证低温容器力学强度和提高容器绝热性能的关键。常用于减少支撑结构漏热的途径有：选取热导率较低的材料，增加构件有效传热长度，在保证结构强度的条件下减少传热截面积，采用热阻值较大的结构形式。根据大型低温球罐的特点，一般内外容器的支撑形式有玻璃钢式支撑、拉带式支撑、耳板式支撑以及内外支柱式支撑，图 5-14 为几种支撑方式简图。其中图 5-14(a)、(c)、(d)均采用热导率较低的玻璃钢进行隔热，图 5-14(b) 采用减小传热横截面积和增加传热路径的方式来降低支撑漏热量。

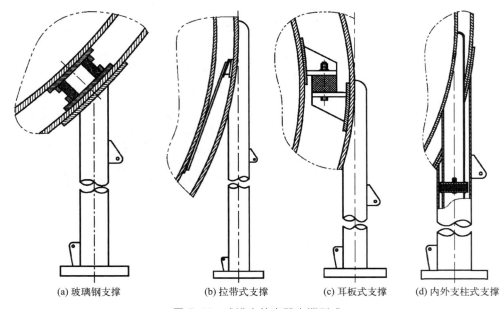

(a) 玻璃钢支撑   (b) 拉带式支撑   (c) 耳板式支撑   (d) 内外支柱式支撑

图 5-14　球罐内外容器支撑形式

大型液氢球罐的基础设施比较复杂，需设置压力、温度、液位等相关仪表，具备液、气排注和回收系统，必要时采用零蒸发（ZBO）储存技术，实现液氢储存过程中零损耗和压力控制。同时所有配套设备需满足液氢温区使用要求，如阀门、管道及其他配件，这些部件也要进行真空绝热，防止造成不必要的液氢蒸发损失。

目前我国氢能的利用处于起步阶段，液氢仅在航天、军事等方面涉及，民用以高压氢储罐为主，还未建设大型液氢球罐。因此未来我国需加快大型液氢球罐的研发工作，为迎接氢能源革命做好准备。

5.1.4　液氢接收站

液氢接收站是指接收液氢的终端设施，具有接收、储存、装车以及汽化的功能。液氢接收站的工艺系统与液化天然气（LNG）接收站相似，包括卸料系统、保冷循环系统、储罐储存系统、低压外输系统、蒸发气体（BOG）处理系统、汽化外输系统、火炬放空系统等。当前液氢接收站一般规模较小，位于日本液氢进口码头的储罐容量为 2500m³，美国国家航天局液氢储存系统容量为 3200m³，远小于 LNG 接收站码头 200000m³ 储存容量。为实现冷量的综合利用，减少冷污染，一般在接收站旁设立冷库用于干燥、冷冻医疗用品及食品，利用冷能生产氧、氮、氩及二氧化碳等的低温液体。

液氢接收站是由众多相关设备组成的一个有机整体，主要设备包括：卸料臂、液氢储罐、低压输送泵、高压输送泵、汽化器、BOG 压缩机、再冷凝器、阀门及工艺管线。通过这些设备的相互协作，才能将海上运输来的液氢通过一定的工艺流程存储在液氢储罐并外输至用户。液氢接收站系统工艺过程如下。

（1）卸料系统

当液氢专用运输船抵达码头时，卸料臂与船上液相管线相连，借助船上卸料泵将液氢输送至接收站的储罐中。除了卸料臂，还应安装蒸发气返回臂，防止卸料过程中运输船罐内出现负压危险，并尽可能减少液氢及 BOG 损失。液氢卸料流程如图 5-15 所示，液氢经船体法兰与卸料臂快速连接器（QCDC）流入卸料臂系统中，依次流经双球阀、卸料臂、卸船管线及各个仪表安全监测后，最终流入液氢储罐。

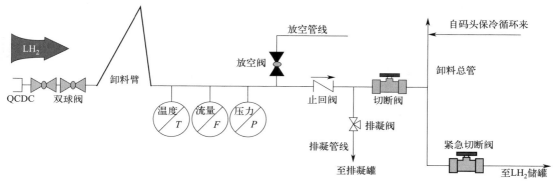

图 5-15　液氢卸料流程

卸料臂作为液氢输送过程中的关键设备，其可靠性对液氢接收站的安全至关重要，日本码头的液氢卸料臂结构如图 5-16 所示，输送管路采用双层真空金属软管，比 LNG 卸料臂拥有更好的绝热性能。同时卸料臂需具有灵活性及机动性，以应对地震、海啸等突发状况，因此在卸料臂上安装可安全断开的紧急释放系统（emergency release system，ERS）。图 5-17为日本川崎重工业公司研发的液氢 ERS 概念图，止回阀主要由两个阀体、两个弹簧和一个夹具组成。当阀门通过夹具连接时，每侧阀门和弹簧相互推动在外壳和阀体之间形成一个液氢可以流动的空间；当需要紧急关闭阀门时，打开夹具后两侧的弹簧推动每个阀门关闭通道。这种止回阀的特点是不需要轴来操作阀门，可以避免热量的漏入，适用于液氢输送。

（2）低压保冷循环系统

低压保冷循环系统指的是在非卸料期间，一部分输出量通过码头保冷管进入卸料总管，使码头以及栈桥的工艺管线保持冷态的系统。液氢从低压输出总管进入码头循环管线，再进入卸料总管，大部分返回到下游的再凝器，少部分经卸料管线流入液氢储罐。

（3）储罐存储系统

储罐作为接收站的储存单元，主要作用就是接收来船液氢并储存。液氢储罐内包含液氢以及蒸发产生的 BOG，储罐气相空间和 BOG 总管相连，利用 BOG 压缩机控制储罐内的压力。当罐内压力较高时，需要增加压缩机的负荷来处理 BOG，罐内压力达到上限时，直接开启放空阀放空至火炬；当罐内压力较低时，需要减小压缩机的负荷，罐内压力过低时，利用外输管线对罐体进行补气增压。

图 5-16　卸料臂结构

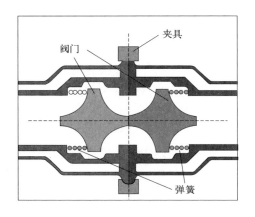

图 5-17　液氢 ERS 概念图

（4）BOG 处理系统

BOG 处理系统主要用于维持储罐内正常工作压力和回收 BOG，主要由 BOG 压缩机、入口分液罐、回流鼓风机、出口分液罐及再凝器组成。冷凝 BOG 时将其通入冷凝罐中，需增加储罐内压力时将 BOG 通入气相返回臂（图 5-18）。

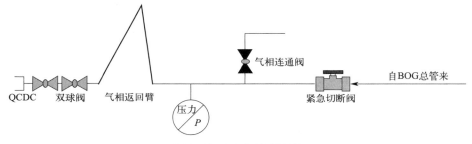

图 5-18　BOG 处理流程

（5）汽化外输系统

汽化外输系统主要由高压泵、汽化器以及外输总管组成，主要作用是使低压输出总管内的液氢经高压泵增压后进入汽化器进行汽化，达到外输要求后进入外输干线。

（6）火炬放空系统

火炬放空的目的是释放接收站超压 BOG，保证储罐运行安全。正常情况下 BOG 全部冷凝回收，只有在非正常工况下产生的超压 BOG 才会被放空到火炬燃烧，避免直接排入大气污染环境。

日本川崎重工在神户机场岛建成了世界首个液化氢装卸基地"Hytouch 神户"。该接收站专为无二氧化碳氢能源供应链技术研究协会（HySTRA）设计。日本神户码头是目前世界上唯一建成的液氢接收站码头，在 2020 年 5 月完成试运行，2020 年底完成澳大利亚至日本的液氢海上运输示范。2021 年 12 月 24 日，全球首艘液氢运输船"Suiso Frontier"正式启航。该项目被命名为"建立未使用的褐煤衍生的大规模氢气海上运输供应链的示范项目"，并得到了新能源和工业技术开发组织（NEDO）的资助。

神户液氢接收站如图 5-19 所示，主要设备由卸料臂、液氢储罐、BOG 压缩机、BOG

储罐、自增压器以及 BOG 管线等组成。液氢储罐采用大型双层球罐，几何容积为 $2500m^3$，为满足长时间储存液氢的要求，保持较低的蒸发损失，具有比 LNG 大型储罐更好的绝热性能，采用真空粉末（珠光砂）绝热（图 5-20）。

图 5-19 日本神户液氢接收站

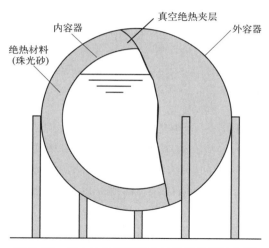

图 5-20 日本神户液氢接收站液氢储罐结构图

随着液氢应用的逐步商业化，未来日本将从以下几个方面对液氢接收站进行改进：第一，制造大型液氢储罐，为氢大规模商业应用奠定基础；第二，开发更大流量、更安全可靠的卸料臂系统；第三，制定液氢接收站及其相关设备的标准，并努力在未来实现国际标准化组织（ISO）标准化，为液氢能源供应链做出贡献。

目前我国已经掌握大型 LNG 接收站核心技术，截至 2021 年底已建成 34 座 LNG 接收站，在建、筹建的 LNG 接收站共 50 座，因此依托 LNG 接收站进行改造或联合开发，是我国短时间内快速发展液氢接收站的新途径，可有效推动氢供应链建设，氢产业将迎来新的突破。

5.2 移动式液氢储运技术与设备

液氢生产厂距用户较远时，可以将液氢装在低温绝热槽罐内并通过多种运输方式进行储运。相较于固定式液氢储罐，移动式液氢储运能够满足快速、经济及大容量运氢的需求。运输方式包括集装箱多式联运、公路运输、铁路运输及海路运输等。

移动式液氢储罐的结构及功能与固定式液氢储罐并无明显差别，从绝热性能上看，其容积越大，蒸发率越低。船运储罐容积较大，910m^{3}的船运移动式液氢储罐日蒸发率可低至0.15%；铁路运输107m^{3}储罐日蒸发率约为0.3%；公路运输的液氢槽车日蒸发率较高，30m^{3}的液氢槽罐日蒸发率约为0.5%。从移动式储罐的支撑结构上看，液氢储罐在运输途中会遇到加速、刹车、转弯等情况，这就不仅要求储罐内外容器间的支撑结构具有较好的稳定性，而且要求储罐与运输工具间需加装固定支撑，以满足运输途中的振动加速度要求。此外，罐内盛装的液氢发生晃动会对内容器壁面产生冲击载荷，影响运输过程的稳定性及安全性，因此移动式液氢储罐需要在内容器中设置防波板。综上，移动式液氢储罐需要具有一定的绝热性能、承压能力及抗振抗冲击性能。

5.2.1 液氢罐式集装箱与多式联运

液氢罐式集装箱与液化天然气罐式集装箱类似，是一种储运灵活的多式联运装备。液氢罐式集装箱可实现从液氢工厂到液氢用户的直接储供，既能采用陆运，也可进行海运，减少了液氢转注过程中的蒸发损失，大大降低了罐箱运输安全隐患，有利于减轻运输过程中意外事故对罐箱造成的损害，应用前景较好。

多式联运是指由两种及以上的交通工具相互衔接、转运来共同完成货物运输的过程，作为一种高效率、低成本的运输方式，应用场景越来越广。多式联运液氢罐式集装箱主要由罐体、框架等组成，其尺寸与常规集装箱一致，常用尺寸有6.096m（20英尺）、12.192m（40英尺）和18.288m（60英尺）。其中罐体主要发挥保存和运输液体的作用，框架则是为了使内部低温罐体便于运输和安放。液氢罐式集装箱的实物与典型结构分别如图5-21和图5-22所示。罐体置于框架中间，形状有圆形、椭圆形和近似球形等，由内容器与外壳套合，并由径向非金属支撑结构联结而成。内容器外壁间隔缠绕多层反射屏（铝箔）和玻璃纤维纸，内外壳体间的夹层为高真空，具有较好的绝热性能。框架通常用高强度钢材制成，框架尺寸及外形与一般集装箱相同，由端框、侧梁、斜撑、纵梁、裙座等组成，框架与罐体通过端部裙座、底部纵梁、斜撑连接。

图 5-21 液氢罐式集装箱实物图

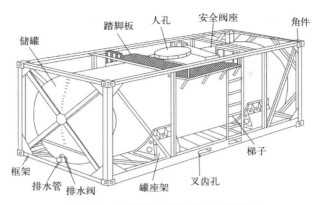

图 5-22　液氢罐式集装箱结构示意图

国内外已有低温液体罐式集装箱的相关研究如下。Alan Braithwaite 等对罐式集装箱运输和其他运输方式进行分析比较，结果表明罐式集装箱在环保方面优于其他运输方式。罐式集装箱在不同的运输方式下所受到的载荷和冲击均不相同，受力情况复杂，工作环境多变，许多载荷很难通过试验手段来验证，因此数值模拟方法被越来越广泛地应用于罐式集装箱的安全检验和结构优化。Sergeichev 等对具有腐蚀性的化学品和石油化工产品进行多式联运，在设计、制造罐式集装箱时使用玻璃钢材料，并对罐式集装箱进行三维建模，使用有限元进行强度分析；Tieman 等通过有限元模拟对罐式集装箱进行冲击试验，并与实际冲击试验得到的数据进行对比，优化了罐体较薄弱部位，得到可以通过冲击试验的罐式集装箱模型；傅允准对不同工况下 LNG 船液货舱结构的温度场和速度场分布进行数值模拟，得到 LNG 货舱的最优设计，为货舱隔热性能结构设计及制造提供参考依据；宋著坚等针对我国危险货物罐式集装箱铁路安全运输必须满足的相关规定做了详细介绍，并对罐式集装箱框架进行载荷分析。罐式集装箱在使用时被直接安装在运载车辆、火车或轮船上，运输工具的动态运动会导致液体容器的合成运动，同时导致罐内液体的晃动，从而给运输系统引入较大的动载荷，使系统的动态稳定性受到影响。Singal 等研究了设置防波板对油箱内液体晃动幅度的影响，结果表明，在不同工况下，设置防波板可以减小液体晃动的幅度；郎爽对不同运输条件下的罐式集装箱进行 ANSYS 强度分析，得出罐体的应力强度是由内压力决定的，框架的应力强度则是由惯性力决定的，并对罐内介质的晃动情况进行模拟试验，为罐式集装箱的设计和优化提供了参考。

液氢罐式集装箱不仅可以在公路、铁路及海上运输，还可以直接放置在加氢站和气化站作为固定容器使用。从液氢路上运输的安全性角度来看，液氢罐式集装箱运输的安全性远高于液氢罐车，即使出现追尾、碰撞、翻车等交通事故，液氢罐式集装箱仍能在框架的保护下确保不损坏和不泄漏，其安全性得到很大提升。液氢罐式集装箱在铁路运输中的载荷考核值约为公路运输工况载荷考核值的 2 倍，因此铁路运输罐式集装箱的支撑结构强度、传热特性、静态蒸发率和无损储存时间等与公路运输存在差异。按照国际危险货物运输要求，使用罐式集装箱需要满足严格的安全条件。

液氢集装箱在 100～1000km 长距离铁路运输中，运输成本几乎恒定，当氢的需求较大时，液氢集装箱铁路运输将具有明显的成本竞争优势。目前只有少数国家在铁路运输中把罐式集装箱作为重要工具。日本从 2000 年开始进行 LNG 罐式集装箱铁路运输，运输技术十分成熟。欧洲一些国家也在积极发展罐式集装箱，研究水平高，业务范围广泛。目前，我国富瑞深冷、中集安瑞科等公司已有成熟的低温液体罐式集装箱产品，结构及性能参数见表5-6。同时，国富氢能、中集圣达因等公司已经开始试制液氢罐式集装箱。

表5-6   罐式集装箱结构及性能参数

产品型号	生产公司	容积/m³	绝热方式	罐体尺寸/mm	日蒸发率/%
J2AD1916	富瑞深冷	20	高真空多层绝热	6058×2438×2591	—
CGBIS-40-0.79	中集安瑞科	45.5	高真空多层绝热	12192×2438×2591	≤0.34

液氢罐式集装箱具有装载量大、装卸速度快、"宜储宜运"、灵活性强等优点，克服了槽车运输经济半径的制约，运输范围广，可弥补管道供气的不足，可以在多种运输方式中轻松切换，使液氢运输方式在便捷性、安全性上有质的提升，不仅可以为内河区域水上加注业务提供充足稳定的资源供应，还可以辐射沿岸陆上区域，满足氢能消费快速增长的需求，助推氢能经济高质量发展。

5.2.2 液氢公路罐车与铁路罐车

液氢罐车的单车运氢效率是长管拖车运输气氢的10倍以上，且长距离运输液氢的能耗远远小于长管拖车运输气氢，具有运输效率高、综合成本低的特点。液氢的陆运方式分别为公路运输及铁路运输，公路运输的液氢储罐容积不超过100m³，铁路运输的大容量液氢储罐容积最高可达200m³，几种运输式液氢储罐的技术性能如表5-7所示。

表5-7   几种运输式液氢储罐的技术性能

类别	名称	容积/m³	工作压力/MPa	外形尺寸/m	质量/kg	绝热形式	日蒸发率/%
公路储罐	液氢储罐	3.5	0.098	3.45×2.0×2.32	8265	真空多层	2.1
		5	0.216	φ1.83×3.9	—	真空多层	4.3
		6	0.396	φ1.67×3.0	6800	真空粉末	1.5
	液氢拖车	30	0.890	12.2×2.44×3.54	14600	真空多层	0.5
		40	0.402	12.9×2.5×4.00	—	真空多层	0.6~0.8
		50	—	φ2.42×12.2	—	真空多层	0.4
铁路储罐	液氢罐车	107	0.206	φ2.93×20.8	—	真空多层	0.3
		98	—	φ3.5×19.2	—	真空粉末	0.5

液氢公路罐车（又称槽车）指装备有液氢储罐、控制系统和安全设施等，用于运输液氢的专用运输汽车。其由动力车头、整车拖盘和液氢储罐三部分组成，其中液氢储罐由特殊材料和工艺制成的内容器、外壳、支撑结构、绝热层及加排管路系统、汽化增压系统、监测系统、安全泄放装置、吹除系统等组成，以保证液氢储运的密封和绝热性能。液氢储罐不仅要满足液氢的存储要求，还要满足运输罐车进行公路运输的稳定性要求，因此，液氢储罐的设计必须与运输车辆的结构相匹配。动力车头和整车拖盘由车架、动力系统、液压系统、制动系统、微控系统、驾驶室、电气系统和附属装置等组成。图5-23、图5-24分别为中集圣达因低温有限公司为海南火箭发射中心设计的300m³液氢公路运输车实物及结构示意图。水平放置的圆筒形低温绝热液氢储罐可以与动力车头相配，集成运输时，动力车头与固定有液氢储罐的储罐支座相连，其支撑结构承受运输中的冲击载荷。储罐设有托架，可以单独停放在地面上。

图 5-23　$300m^3$ 液氢公路运输车实物

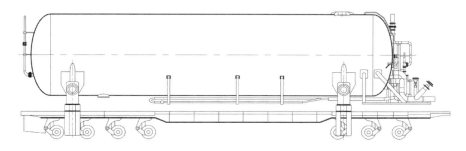

图 5-24　$300m^3$ 液氢公路运输车结构示意图

随着氢能技术的快速发展，液氢公路罐车的作用越来越突出，所占比例也显著增加，液氢运输容器的生产设计技术也在不断完善。液氢公路罐车的运输技术特点为：①液氢的储存和运输需要能够满足低温要求的特殊容器，罐体材料主要为奥氏体不锈钢，支撑结构材料采用玻璃钢；②罐体需要采取特殊的绝热形式，目前车载低温储罐普遍使用高真空多层绝热，内筒体上缠绕多层绝热材料，内外容器间为真空夹层，内筒体与外筒体间设有支撑结构，承受热载荷及动载荷。

目前液氢公路罐车的结构设计优化主要考虑以下几个方面：①内外罐加强圈和连接支撑结构的优化设计；②内容器防波板结构、安装位置及材料的优化；③罐体与底盘的垫板连接结构优化；④车架、车梁、车轴等的结构和尺寸优化；⑤罐体材料及制造工艺的优化。在我国尚未发展大规模管道输送液氢的现状下，低温罐车是液氢的主要输运载体。设计出安全可靠的液氢罐车对于液氢运输具有重要意义，也是实现液氢模式下氢能供应链低成本化的关键环节。

液氢公路罐车运输在国外应用较为广泛，美国 Chart 公司设计制造的液氢公路罐车（产品型号 ST-17600H155），如图 5-25 所示，内容器为不锈钢材质，控制管道和仪表位于后柜中，其配备的大容量压力盘管和管道能够保证 $1.14m^3/min$ 的卸载速率。该罐车设计参数列于表 5-8。

图 5-26 为日本川崎重工设计开发的一种用于陆路运输的液氢罐车，现已投入实际使用。该罐车在 $12.192m$ 容器多层隔热罐中装载 2.8t 液氢，设计制造符合 ISO 标准。

国内液氢公路罐车目前仅用于航天及军事领域。2005 年，航天晨光为国家"50 工程"自主研制 $25m^3$ 液氢运输半挂车。北京特种工程研究院也设计开发了 $45m^3$ 的液氢罐车，如

图 5-25　Chart 公司设计制造的液氢公路罐车

图 5-27 所示。

表5-8　Chart 公司设计制造的 ST-17600H155 液氢公路罐车设计参数

项目	数值	项目	数值
总容量	66623L	宽度	2597mm
液体质量	4384kg	高度	前端 3962mm，后端 3810mm
空载质量	23782kg	设计规范	ASME Section Ⅷ Division 1
满载质量	28165kg	车轴配置	串联
长度	15265mm		

图 5-26　日本川崎重工 40m³ 液氢罐车

图 5-27　北京特种工程研究院 45m³ 液氢罐车

相较于液氢公路罐车，液氢铁路罐车不受雨雪天气和交通管制等因素影响，借助完善的铁路网络，更适用于长距离、大批量的内陆运输，有稳定性好、安全性高的特点。

液氢铁路罐车常用水平放置的圆筒形低温绝热储罐，其储存液氢的容量可以达到 100m³，特殊的大容量铁路罐车甚至可以运输 120～200m³ 的液氢。20 世纪 90 年代初，为满足运载火箭的需要，国内研制生产了两辆 85m³ 液氢铁路加注运输车，作为液氢加注系统的重要设备之一，主要用于直接向火箭加注或泄出液氢、长途运输和短期贮存液氢。2002 年为快速将液氢从制氢厂运输到靶场，俄罗斯 JSC 深冷机械制造股份有限公司特意设计建造了 100m³ 铁路运输液氢罐车，其工作压力为 0.6MPa，日蒸发率为 1.2%，采用高真空多层缠绕结构，内外容器支撑采用固定式玻璃钢支撑腿结构，内容器焊有受力颈块，通过支撑腿直接固定在支座上，支撑腿上下两端采用铰接，以便温差收缩补偿，同时设有辅助支撑。目前，我国已经成功研制出 100m³ 自带汽化器的液氢铁路加注运输车，罐体采用高真空多

［7］　Abe J O，Popoola A，Ajenifuja E，et al. Hydrogen energy，economy and storage：Review and recommendation［J］. International Journal of Hydrogen Energy，2019，44（29）：15072-15086.

［8］　Li H W，Akiba E. Hydrogen storage：Conclusions and future perspectives［M］. Tokyo：Springer Japan，2016.

［9］　Raab M，Maier S，Dietrich R U. Comparative techno-economic assessment of a large-scale hydrogen transport via liquid transport media［J］. International Journal of Hydrogen Energy，2021，46（21）：11956-11968.

［10］　Kim J，Park H，Jung W，et al. Operation scenario-based design methodology for large-scale storage systems of liquid hydrogen import terminal［J］. International Journal of Hydrogen Energy，2021，46（80）：40262-40277.

［11］　陈晓露，刘小敏，王娟，等. 液氢储运技术及标准化［J］. 化工进展，2021，40（9）：4806-4814.

［12］　Braithwaite A，Consulting L，University C. Report on the assessment of the environmental impact of Tank Containers compared with other handling methods［R］. ITCO，2009（3）：1-12

［13］　Sergeichev I V A，UshaRov A E，Safonov A A，et al. Design of the composite tank-container for multimodal transportations of chemically aggressive fluids and petrochemicals［C］// CAMX Conference，2015：794-803.

［14］　Tiernan S，Fahy M. Dynamic FEA modelling of ISO tank containers［J］. Journal of Materials Processing Technology，2002，124（1/2）：126-132.

［15］　傅允准，祁亮，巨永林，等. LNG 船 B 型液货舱温度场模拟分析［J］. 化工学报，2015，66（s2）：153-157.

［16］　宋著坚. 铁路危险货物罐式集装箱运输安全技术条件研究［D］. 北京：北京交通大学，2010.

［17］　Singal V，Bajaj J，Awalgaonkar N，et al. CFD analysis of a kerosene fuel tank to reduce liquid sloshing［J］. Procedia Engineering，2014，69：1365-1371.

［18］　郎爽. 罐式集装箱的强度分析和液体晃动模拟［D］. 北京：北京化工大学，2010.

［19］　全国锅炉压力容器标准化技术委员会移动式压力容器分技术委员会. 冷冻液化气体罐式集装箱 NB/T 47059—2017［S］. 北京：新华出版社，2018：9-11.

［20］　马建新，刘绍军，周伟，等. 加氢站氢气运输方案比选［J］. 同济大学学报（自然科学版），2008（5）：615-619.

［21］　陈崇昆. 300m³ 液氢运输槽车液氢贮罐的研制［D］. 哈尔滨：哈尔滨工业大学，2015.

［22］　陈良，周楷森，赖天伟，等. 液氢为核心的氢燃料供应链［J］. 低温与超导，2020，48（11）：1-7.

［23］　National Research Council. The Hydrogen Economy.［M］. Washington D C：The National Academies Press，2004.

［24］　王瑞铨. 俄罗斯铁路液氢贮运罐（续）［C］//2003 年度低温技术学术交流会论文集. 乌鲁木齐：中国航天第七信息网，2003：67-73.

［25］　马宇坤，张勤杰，赵俊杰. 船舶行业“氢”装上阵之路有多远［J］. 船舶物资与市场，2019（3）：14-16.

［26］　徐元元，陈虹，邢科伟，等. 海上大规模液氢运输及储存技术研究［C］// 第十一届全国低温工程大会论文集. 中国制冷学会，2013：225-230.

第6章

液氢储氢型加氢技术与装备

6.1 液氢储氢型加氢技术概述

6.1.1 车载储氢特点和加注需求

通过各种技术得到的氢气需要储存和加注到燃料罐中来驱动各种交通工具。选择何种车载储氢方式需要考虑以下四个方面。

① 车用脱氢条件与产氢速度。物理储氢方式不存在这个问题，如果选择基于材料的储氢方式则需要考虑该问题。

② 针对质子交换膜（PEM）的氢气纯度保证。目前能够量产的燃料电池汽车主要采用PEM燃料电池，对杂质的敏感度高，需要超纯氢来保证性能和寿命。

③ 系统体积与质量储氢密度。根据车辆的空间和车载储氢量的需求，合理布置车载储氢系统，来获得较高的系统储氢密度，而不仅仅是局部储氢密度。

④ 燃料加注速度与基础设施。与传统燃料加注的速度基本持平，能够与加油站和加气站合建，可以方便快捷地获得燃料。

尽管基于材料的储氢方式不存在极端温度和极端压力的工况，相对安全性更高，但从产业化的角度，对于上述四个问题，物理储氢方式相对解决得更加全面、更容易实现产业化。尤其是对于空间有限同时有轻量化要求的交通工具而言，物理储氢更容易获得较高的储氢密度和更长的续驶里程。

物理储氢系技术是通过改变氢的物理特性来提高所储氢气的密度，比如压力的升高、温度的降低、相变等。常见的车载物理储氢技术有常温高压储氢、深冷高压储氢、液氢和浆氢储氢等，可适合不同的规模和不同的应用场景。

6.1.2 车载储氢密度与发展趋势

储氢密度用来评估车载储供氢系统储氢能力，一般采用质量储氢密度与体积储氢密度这两个参数来评估。计算储氢密度时，要用系统的供氢量除以整个储存系统的总质量/体积。而这个储存系统的总质量/体积包括所有储存的氢气、介质、反应剂（如水解系统内的水）和系统组件（如阀门），而不仅仅是储氢罐壳体或储氢材料。

体积储氢密度的单位是 kg/m^3（g/L），质量储氢密度以质量分数计。举例说明：若某储供氢系统的总质量为 100kg，总体积为 0.125m^3，而系统可以提供的氢气质量为 5kg，那么该储供氢系统的体积储氢密度为 $40kg/m^3$、质量储氢密度是 5%。

高安全性、轻量化、高储氢密度以及不断降低单位质量储氢的系统成本，是车载储供氢系统的发展趋势。氢瓶的压力等级从 35MPa 提高到 70MPa 将使质量储氢密度达到 4.5% 以上，如果采用大容积 IV 型瓶，质量储氢密度将进一步提升到 5.5% 以上。

车载高压储氢技术是最常用的储氢技术，储氢压力有 35MPa 和 70MPa 两种，广泛应用于燃料电池乘用车、公交大巴车、冷链物流车和各种货车，是加氢站使用最多的技术。为进一步提升车载储氢的密度，降低储氢温度是另外一条有效的途径。图 6-1（参见文前彩插）给出了不同温度和压力下氢的密度。在液态氢（LH_2）、深冷高压氢（CcH_2）和高压气态氢（CGH_2）三种状态下，氢的密度随着温度和压力的变化而变化。可以看出，压缩氢气的密度随着温度的降低而提升，在 -40℃ 以下尤其显著。

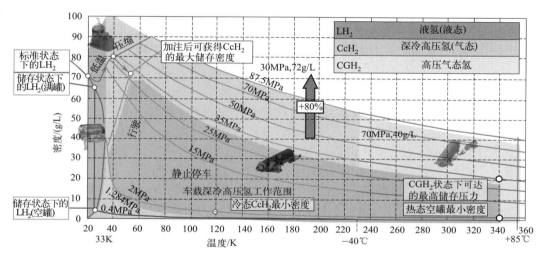

图 6-1　不同温度和压力下氢的密度

在大功率长续驶里程的氢能重卡应用场景下，动力系统电堆功率超过 150kW，每百公里氢耗超过 8kg，车载储氢量达 50～80kg 以上。如果采用高压氢瓶，即使是 70MPa 氢瓶，也需要 5～8 个 250L 的大容积储氢瓶，而选用液氢瓶只需要一个 $0.8～1.3m^3$ 的液氢燃料罐，其储氢系统的体积密度和质量密度远高于高压储氢系统。燃料电池汽车动力系统的热管理系统需要采用水冷型强制冷却。在此系统中，车载液氢燃料也需要通过换热设备加热复温到常温，因此可以采用液氢冷能回收利用的方式来冷却大功率电堆，使重卡电堆的设计可以更加紧凑、高效、寿命长。同时，对于功率更大、储氢量更高的燃料电池船舶、列车和飞机，液氢燃料的储氢密度优越性更加明显。对于超大功率的燃料电池动力系统，液氢储氢系统不仅带来了最高的质量储氢密度，而且由液氢的低温带来的超导效应使运行高效的超导能量传输技术成为可能，给未来大型客机的电动化铺平了道路。

在重载商用车领域，采用车载液氢系统或深冷高压储氢系统，质量储氢密度将超过 6.5%；而在液氢飞机中采用碳纤维缠绕的大容积液氢燃料罐，质量储氢密度最高可达 70%。

6.1.3　加氢基础设施要求和液氢加氢的优越性

各种车辆的氢燃料加注都需要在加氢站完成。通过氢气压缩机或液氢泵增压输送，再通过加氢机对车辆进行加注。加氢站可以单独建设，也可以与加油站、加气站等合建，相应的加注工艺、设施设备及安全管理，依据国家标准《加氢站技术规范（2021年版）》（GB 50516—2010）、《汽车加油加气加氢站技术标准》（GB 50156—2021）和《加氢站安全技术规范》（GB 34584—2017）中的要求。此外，加氢机的设计制造还应符合《加氢机》（GB/T 31138—2022）的有关规定。

用于充装燃料电池汽车的氢气质量应符合《质子交换膜燃料电池汽车用燃料氢气》（GB/T 37244—2018）或 *Hydrogen Fuel Quality for Fuel Cell Vehicles*（SAE J2719—2015）标准的规定，尤其应注意气体杂质成分的控制与检测，不能直接采用工业氢气和高纯氢气质量标准。若氢气的质量无法达到标准，应根据氢气纯度或杂质含量选择相应的氢气纯化装置。

对于最常见的高压储氢车辆，加注高压氢气的方法有两种：一种是用压缩机对气态氢进行增压，并根据需要进行冷却和降温；另一种是先用液氢泵对液态氢进行增压，然后汽化和升温到所需的状态。

根据焦耳-汤姆孙效应，当节流前的高压气体温度低于转化温度时，才能获得降温的正效应，而在转化温度之上，节流膨胀只有温度升高的负效应。氢气的转化温度低至204.6K（−68.5℃），若是常温高压氢，快速加注过程会急剧升温，加注前氢气的压力越高，升温幅度也越大，而碳纤维缠绕高压氢瓶的最高工作温度要控制在不超过105℃。为了让氢燃料加注的速度能够与加油和加气持平，减少司机的等待时间，提高加氢站的利用率，当采用气态氢气作为燃料加注来源时，必须对高压氢气进行冷却。因此高压储氢型加氢站必须配置冷却装置，面向35MPa车辆加氢时，要预冷到5～10℃才能实现快速加注；而面向70MPa车辆加氢时，要预冷到−25～−40℃。增加的冷却装置不仅能耗高，同时也占用了较大的空间，限制了加氢站的建设规模，也限制了与加油站、加气站的合建。

随着需要加注的燃料电池汽车越来越多，对加氢效率的要求越来越高，液氢储氢型加氢站的优越性就凸显出来。首先是液氢储氢密度高，相同储氢量下液氢储氢装置比高压储氢装置的占地面积小很多；其次是采用液氢泵增压替代了隔膜式氢气压缩机，不仅结构紧凑，而且单位能耗更低；最后，液氢增压后通过高压汽化器升温，以大气环境作为热源，并不需要额外耗能，良好的工艺流程设计可以充分利用液氢冷能来实现35MPa和70MPa高压氢气的快速加注，省却了冷却装置，70MPa加注的能耗可不超过2kW·h/kg。相比高压储氢型加氢站，液氢储氢型加氢站的综合能耗的降低幅度超过50%，运营效率显著提升。

以液氢作为加氢站的氢源，不仅可以加注常温高压氢，还可以加注液氢和深冷高压氢，面向所有物理储氢的车型，加氢效率高、适用范围更广。特别值得一提的是，液氢品质的优越性也是高压氢所不能比拟的，除了氦气之外，所有的杂质气体遇到液氢都会凝固分离，因此液氢汽化后可直接获得超纯氢，这一品质可以从上游液化一直保持到终端进入电堆，对燃料电池汽车动力系统的长寿命、高性能保证具有重要意义。液氢汽化直接获得超纯氢，满足质子交换膜燃料电池汽车用燃料氢气的要求，可以省去氢气纯化装置和氢气品质在线检测，提升燃料供应的可靠性。

液氢储氢型加氢站广泛分布于美国、欧洲、日本和韩国。截至2022年，全球已建成液氢储氢型加氢站超过200座，约占全球加氢站数量的三分之一，已成为发达国家新建加氢站的重要趋势。美国普拉格能源公司（Plug power Inc）自2004年成立以来，以液氢作为储运技术，已建成和运营液氢储氢高压加氢站超过120座，服务美国本土超过3万辆燃料电池叉车，液氢消耗量超过40t/d；以可再生能源制氢和绿氢液化作为发展战略，已经将业务市场和投资布局拓展至欧洲和韩国。

6.2　液氢储氢型加氢站技术

液氢储氢型加氢站可实现高压氢气加注、液氢加注和深冷高压氢加注。随着市场应用发展，加注技术、工艺流程与设备也经历了各种变化。

6.2.1　加注高压氢气的液氢加氢站

早期建设的液氢储氢加氢站仅面向高压氢气加注，且并未考虑液氢冷能的利用。如图 6-2 所示，液氢工厂生产的 −253℃ 液氢由液氢运输船或液氢运输车送到加氢站，通过潜浸式低压液氢泵卸液并储存于站内的液氢储罐中；往复式高压液氢泵吸入液氢后增压至 40～50MPa，并在高压汽化器中升温汽化，可面向叉车、卡车、公交车等 35MPa 车型加注。若还要同时加注乘用车，则通过压缩机二次增压至 87.5MPa，然后面向 70MPa 乘用车加注。

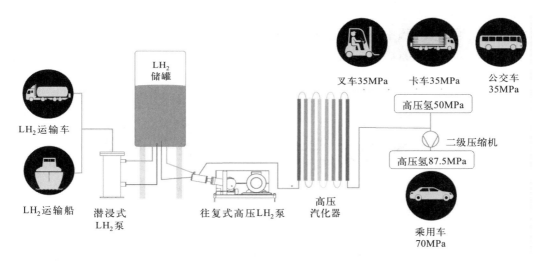

图 6-2　液氢储氢高压加氢站的工艺流程

这种加氢站工艺流程的本质是把液氢储氢在站内转化为高压储氢，然后面向高压加氢，其与传统的高压加氢站并没有太大区别，也需要在站内设置制冷机作为冷却装置，甚至设置液氮罐来提供冷能，以降低高压氢气加注前的温度，来实现面向 70MPa 车辆加氢。这种加氢站主要是提高了储氢的效率，但节能效果并不明显。外置式液氢泵的冷却、液氢储罐和管路的漏热等因素带来大量液氢汽化，还需要通过压缩机进行蒸发气体（boil off gas，BOG）回收。冷氢气的低温会使压缩机故障率变高，不回收蒸发气体直接排放则会带来经济损失。

为推广燃料电池汽车，需要提高液氢加氢的经济性，在寸土寸金的城市以尽可能少的占地空间来建设加氢站，林德公司在 2017 年推出了配置液氢泵的模块化加氢站。如图 6-3 所示，把液氢储罐、液氢泵、换热器、高压储氢瓶组等集成为一体，利用高压氢和液氢的混合获得冷态高压氢气，可直接面向车辆快速加注而无需额外冷却系统。该加氢站的空间尺寸长 6.1m 宽 3.4m 高 4.0m，最高工作压力 100MPa，液氢储罐压力 0.3MPa，储氢量 400kg（可根据客户需求定制最大 4000kg 储罐），泵的流速 50～70kg/h。加氢机采用质量流量计计量，最大加注速度 3.6kg/min，最大加注压力 87.5MPa。

图 6-3　林德公司 CP 3.0 模块化液氢储氢型高压加氢站

图 6-4 所示的储罐埋地的方式给液氢加氢站提供了一种新的解决方案。动力源站为液氢泵提供动力，地下液氢罐中的液氢通过液氢泵注入汽化器中，经高压汽化器汽化变为高压气氢，最终通过加气机为氢燃料汽车加注高压氢气。

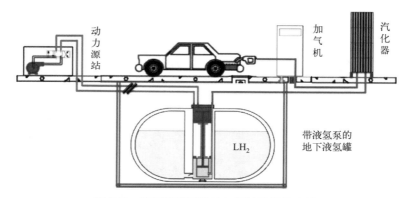

图 6-4　液氢储罐埋地的加氢站流程示意图

这种加氢站的液氢罐采用埋地的方式，大幅减少了占地面积，同时使用潜浸式高压液氢泵技术来提升效率和经济性。液氢泵内置在液氢储罐中保持恒温，可随时启动而无需预冷，减少了液氢汽化并避免了液氢泵的气蚀，提升可靠性且减少了维护工作量，实现了即时启动的车辆连续加注。液氢回路工艺可利用液氢的冷能来替代制冷机给加注前的高压氢气降温，从而实现无速度限制的连续加氢。液氢罐内设置隔离阀，允许在不放空液氢的情况下取出液氢泵，方便液氢泵检修和更换。潜浸式液氢泵加氢站技术目前已在欧美开始商业化推广。

国家能源集团北京低碳清洁能源研究院（简称"低碳院"）北美中心在 2021 年成功开发出基于潜浸式液氢泵的液氢加氢站整套技术，并在美国俄亥俄州进行了为期三个月的大巴车加氢演示，为 SARTA 公司的 10 辆氢燃料电池大巴车和 5 辆中巴车共加氢 118 次，累计氢气量 3700kg。2022 年 5 月，又在美国亚利桑那州菲尼克斯市采用该技术，为美国尼古拉公司氢燃料电池重卡车队进行加氢商业示范。

需要说明的是，深冷高压氢也是高压氢气的一种。面向深冷高压氢的加注，比面向常温高压氢加注的流程更加简单。液氢泵可以通用，液氢经过泵增压后直接去往燃料罐，不再使用高压汽化器。

6.2.2　面向高压加氢的运营成本分析优化

安全是加氢站的最基本要求，同时加氢站是一个复杂的系统，需要整体的系统集成和优化，从而达到性能和成本的最佳结合点。下面以加氢站整体系统作为分析对象，量化分析了面向高压氢气加注的加氢站内氢气综合成本的组成，以及设备成本、运营参数（人工、维护、加注量等）对加氢站氢气处理成本影响的敏感性，进而对加氢站运行参数优化技术进行了分析，重点关注加氢站整体设计和运行优化技术。

（1）加氢站氢气综合成本量化分析

加氢站氢气综合成本量化分析以国内目前燃料电池商用车固定式加氢站为例，设计加注能力 800kg/d，加注压力 35MPa，不考虑土地和基建成本，设备折旧年限 15 年，设备总投资 1100 万元（含增压装置、储氢装置、换热器、加氢机等），管路及其他辅助成本等 500 万元（设计、安评、环评、管路、阀门、站内施工、罩棚建设），运行电耗 2kW·h/kg，电费 1 元/(kW·h)，无故障加氢次数 500 次（参考美国能源部统计数据），单次维修耗时 1 天，人工 1 万元；加氢站人员配置 5 人，人力成本 16 万元/(人·a)。按照上述初始数据，分析了各影响因素对加氢站内氢气供应成本的贡献率。

结果显示，如果加氢站连续无故障加氢次数提高一倍，则有助于降低氢气处理成本 1.5 元/kg；而如果在硬件配置不变的情况下，日加氢能力提高 15%，可降低氢气处理成本 1.0 元/kg；如果加氢站的人员由 5 人降为 2 人，则氢气处理成本也将降低 1.5 元/kg；如果加氢电耗降低 50%，也将降低氢气处理成本 1.0 元/kg；而如果主要设备成本如压缩机、加氢机、储罐单独成本降低 50%，氢气的处理成本仅仅分别降低 0.5 元/kg、0.5 元/kg 和 0.8 元/kg。

由此可以看出，不仅加氢站设备初始投资成本对氢气处理成本有显著影响，加氢站运营因素对氢气处理成本也有显著影响。因此除了加氢站内的具体装备技术，加氢站的运行优化技术也是加氢站设计和建设需要考虑的重点。

（2）加氢站储氢优化

加氢站的储氢优化，是为了在相同的硬件配置情况下，实现提高实际加注量，降低能耗，减少人工，增加无故障次数等目标。Rothuizen 等考虑到加氢站内的流体力学和热动力学现象，利用商业软件开展了加氢站动态过程模拟，并针对不同的设计方案进行了加氢站性能分析，发现采用多级压力存储方案，可以降低氢气冷却能耗 12%，降低压缩机能耗 17%，车辆加氢时排队时间减少 5%，同时高压氢气的总存储容积降低了 20%。同时他们还研究了高压储氢压力级数、高压储氢容积和压力对压缩能耗的影响，结果发现当高压储氢由 1 个容器增加到 3 个容器时，能耗可以降低 30%，而如果从 3 个容器增加到 4 个容器，能耗将进一步降低 4%，故加氢站内储氢最优级数是三级或者四级压力。在不同压力级别的储氢容积比例方面，其考察了三级储氢情况下，1∶1∶1 与 4∶3∶2 的能耗对比。根据研究结果，在站内多级高压储氢容积比为 4∶3∶2 时，效果最佳，但是相比于 1∶1∶1 的情况，能耗仅仅降低了约 2%，并不显著。但是通过优化各级储氢的压力，能耗节省竟然可以达到约 5%，此时对于 70MPa 的加氢站，低压储氢的压力为 35MPa。对于高压储氢容积配比问题，冯慧聪等应用真实气体状态方程，拟合了常用温度压力范围内的氢气压缩因子，建立了加氢站高压氢气多级加注的计算方法，通过计算发现三级变质量加注是最佳模式，可获得较高的取气率，三级加注加氢站储氢瓶组的通用最佳容积比是 4∶3∶2 和 2∶2∶1，但其在研究中并没有考虑三级储氢的压力对取气率和能耗的影响。

除了储氢容积配比和压力范围，多级储氢之间的切换逻辑和顺序也会对加氢站的加注能力和能耗产生影响，郑津洋等研究了在低、中、高三级压力容积比例为 3∶2∶1 的情况下，不同的切换模式对加注能力的影响，采用多目标优化的方法，以氢气取气率和加注时间为优化目标，结果表明切换模式对取气率和加注时间有重要影响，最好的切换模式相比最差的切换模式，加注能力相差 60%，其三层储氢压力分别为 42MPa、45MPa、70MPa。Krishna 等也研究了加氢站内高压储氢的最佳配比，同时研究了储氢配比对氢气取气率和综合成本的影响，结果表明在站内储氢为四级，比例为 1∶1∶1∶1 时，其取气率和综合成本都明显优于三级储氢 4∶3∶2 的情况。综上可知，加氢站中高压储氢的配比目前并没有统一认可的最优化配置，其原因是除了目前在加氢站设计中已经考虑的三级存储容积比例之外，各级储氢的压力、各级储氢之间的切换模式都对加氢站取气率、能耗、加注能力有重要影响，各相关研究所假设的参数以及边界条件不同，所得出的结论也不同，因此考虑全部因素的加氢站储氢优化工作尚待开展。

6.2.3　面向液氢加注的工艺流程

为推广液氢重卡，出现了面向液氢加注的加氢站，其典型流程见图 6-5。最高流量 400kg/h 的液氢泵浸没在液氢泵池内，液氢泵出口压力 2MPa，可将 0.4MPa 的液氢快速加注到最高工作压力 1.6MPa 的车载液氢燃料罐中。

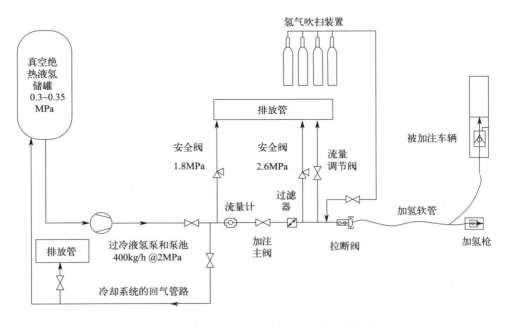

图 6-5　面向液氢加注的过冷液氢加氢站流程图

需要说明的是，氢的临界压力只有 1.296MPa，临界密度仅 31.26kg/m³，只有在标准沸点下液氢的密度才能达到 70.96kg/m³。接近临界压力的液氢不仅更容易汽化，导致液氢储罐压力迅速升高带来排放损失，也会因为液体密度的大幅降低使储氢效率下降，因此需要长期储存液氢的容器维持不超过 0.4MPa 的工作压力。同时，因为液氢的密度极低，标准沸点下只需要 8.78W 的漏热量就可以导致液氢以 1L/h 的速度汽化，而引起 1L 液氮汽化所需的漏热量是液氢的五倍。这也是液氢容器和液氢真空管路比一般低温液体需要更优异绝热性能的重要原因。液氢的加注管路应尽可能短，真空绝热要求更高，同时利用大流量液氢泵提高流动速度、缩短与外界换热的时间。

液氢在加注管路中汽化形成的气液两相流，不仅增大了流动阻力导致加注速度降低，也会使被加注燃料罐内的压力迅速升高，导致液氢加注提前终止，无法给车辆加注足够的液氢。因此液氢加注最大的难题就是如何实现无排放快速加注。借鉴 LNG 加气站无排放快速加注的经验，加注前低温液体过冷和潜浸式液泵增压是必要条件。

获得过冷液氢比获得过冷 LNG 要困难得多。LNG 的过冷度可以很容易在液化工厂实现，并通过低温罐车的及时配送把 LNG 的过冷度带到加气站。对于液氢来说，比较可行的方式是制备浆氢，利用固氢的熔化热来维持过冷液氢的状态。相关技术内容可参看本书"第 9 章浆氢技术与应用"。

6.3　面向高压氢气加注的液氢泵

低温液体输送泵常用结构形式有离心式和往复活塞式两种。

离心泵相对转速较高，但机械密封问题难以解决，因此不适合介质密度较小的液氢泵。往复式活塞泵则有以下优点：①结构简单可靠，故障率低，抗气蚀能力强；②转速不高，便于采用串联式机械密封以保证装置不泄漏，提高装置安全性能；③可采用变频电机调节转速，便于实现变流量运行。因此选取活塞泵作为输送液氢的基本泵型。目前在设计低温系统时通常考虑潜液式布置，即将泵体（包括作为动力源的低温电机）浸没在低温液体中，只引出动力传递结构和测控导线，以实现零泄漏，同时大幅减少漏热，提高系统的安全性。

本节主要介绍高压液氢活塞泵的结构，总结衡量液氢泵性能的关键指标，并结合理论公式进行分析。在此基础上，进一步分析探讨液氢活塞泵研发设计中的关键技术，为液氢泵研制提供相关参考依据。

6.3.1　高压液氢活塞泵概述

20K 温度下液氢密度为 70.85kg/m³，约为标准状态下（273K，101.325kPa）气态氢密度的 800 倍，意味着液氢系统具有较高吞吐量，数据表明液氢泵流量可达 100kg/h；适当调节液氢泵初始低转速、运行时间和泵速等参数可以提高平均加注率，同时也可以使泵逐步加速，从而降低活塞应力，延长泵的维护周期；液氢直接从杜瓦瓶中泵送，相比气氢的增压挤出，省去了中间高压缓冲存储的费用和损失，降低了成本；潜浸式液氢泵的加注速度受外界温度影响较小，在输出液氢时最高填充密度可达 80kg/m³。

液氢泵的具体优点总结如表 6-1 所列。

表6-1　液氢泵优点

液氢泵基本热力学优势	实用优点
液氢的高密度;利用液氢冷能,加氢站氢气不需要制冷或预冷;泵速可调;直接从杜瓦瓶中泵送;加注速度受外界温度影响较小	高吞吐量,可达 100kg/h;可连续背靠背运行;减小活塞应力,提高泵的耐用性;成本低,占地面积小;最高填充密度可达 80kg/m³

外置式液氢泵和潜浸式液氢泵典型产品分别见图 6-6 和图 6-7。

图 6-6　外置式高压液氢泵

图 6-7　潜浸式高压液氢泵

目前,美国、欧洲和日本在液氢泵发展方面走在前列。美国 ACD 公司设计的由三个高压低温往复泵组成的系统,用于在加注燃料之前将液氢从储罐转移到汽化器。作为一个连续工作系统,三台单缸活塞泵均配备一台皮带驱动的功率为 55.9kW 的三相全封闭扇冷式(TEFC)电动机,在最大工作压力 41.4MPa 时,转速为 538r/min,流量为 0.02m³/min。该系统能在不到 10min 的时间内完成氢燃料公交车的加注,并成功应用于 2010 年冬奥会。2016 年林德公司推出潜浸式高压液氢活塞泵,其技术特点是:小型化,单级压缩,最大加注能力 120kg/h,最小输入压力 0.2MPa,最大输出压力 90MPa,出口状态为液态。这款液氢泵(图 6-8)在 2016 年汉诺威工业博览会首次发布。

6.3.2　高压液氢活塞泵结构组成

液氢活塞泵通常由液力端、传动端、减速机、原动机及其他附属设备(润滑、冷却系统等)组成。由于大多数润滑剂在液氢温度下会硬结失去润滑性能,且推送介质液氢不能被污染,因此,潜液式液氢活塞泵并不专设润滑系统,由液氢流体起润滑作用。液氢活塞泵由于其潜液式布置,结构整体性更强,可分为液力端和动力端(包括低温电机和传动机构)。

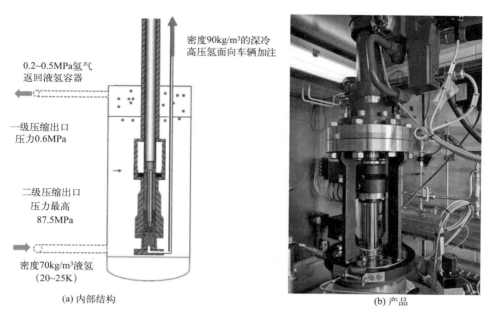

密度90kg/m³的深冷
高压氢气面向车辆加注

0.2~0.5MPa氢气
返回液氢容器

一级压缩出口
压力0.6MPa

二级压缩出口
压力最高
87.5MPa

密度70kg/m³液氢
(20~25K)

(a) 内部结构　　　　　　　　　　　(b) 产品

图 6-8　林德公司潜浸式液氢泵

　　活塞泵液力端包括缸体、缸盖、吸入和排出阀、阀箱、阀盖、活塞、缸套以及进出口法兰等主要部件，液氢活塞泵主要是在材料选择、处理和设计布置上有所区别。作为活塞泵的主体，缸体与阀门、缸盖、管路及机体等部件连接，其内部流道孔和外表形状都很复杂。在设计中，把缸体内的应力高度集中部位和高压交变载荷区分开来，可以有效延长缸体的使用寿命。缸体与液氢直接接触并承受交变的内压，可以选用奥氏体铬镍合金这种低温韧性材料。如果加工工艺允许，在其内部流道交孔处应予导圆，并做表面强化处理，以减少应力集中的影响。缸体内有活塞往复运动，其结构参数与活塞的截面积、行程直接相关，从而影响到泵的流量。在设计中，大流量低压活塞泵通常采取双作用整体铸造式缸体，流道孔也大多直接铸出。吸入阀一般采用以流体压力推开的单向阀形式，在阀门运动时伴随着一定压力差，吸入阀周围就会存在阻力，实际吸入扬程会偏高，容易造成低温液体汽化量增大以及在输送液体进程中产生脉动。刘连文等对低温液体往复式活塞泵吸入阀进行了改进，吸入阀由活塞和活塞杆接触的开闭面构成，设在前后两个死点附近，利用活塞杆的动作，可对其开闭进行控制，减小了吸入阀周围的阻力和吸入通路的阻力。排出阀有平板阀、环状阀、锥形阀和球面阀等形式，依靠阀前后的液体压力差开启和关闭。吸入阀和排出阀是活塞泵的重要部件，阀门的开启和关闭动作应与活塞的运动相协调，阀门关闭滞后和阀门密封不严都会导致液氢泄漏，降低泵的容积效率。液氢活塞泵的超低温阀门密封副可以采用氮化或在表面涂覆镍铬钨等合金材料的方法进行表面硬化处理，从而提高密封表面的耐摩擦性能，延长其使用寿命。活塞杆带动活塞往复运动使泵腔内的容积发生周期性变化，实现泵的吸、排液过程。活塞的截面积直接影响液氢流量大小，活塞和缸体之间的密封性能则关系到液氢的泄漏量。由于液氢的黏度很低，活塞应与缸体内壁密封良好，并能实现长时间的无损密封，因此采用间隙密封的方法。活塞杆配有数个在低温下仍具有良好的耐磨性、屈服强度和抗压强度的活塞环，活塞环垫衬采用膨胀式设计，通常采用聚四氟乙烯（PTFE）作为低温填料填充在活塞环内以提高密封性能。

　　动力端为液力端提供初始动力，可根据电机和传动机构的不同进行划分。最常见的为低温电机驱动，利用曲柄连杆机构传递动力，例如战颖设计的全低温液氢泵，采用曲轴、连杆和中间缸体活塞等组合结构传递动力。另外，电机可以通过皮带轮传动装置以及传动箱来控制多个液氢泵冷端内活塞杆的往复运动；Yamane、Abe 和 Liang 等使用动磁直线电机，向磁芯提供交流电时，动磁组件中会感应出交变轴向力，使活塞以相同的频率往复运动。动磁直线电机比传统感应电机具有更高的电机效率，用作液氢泵动力源时会使整个泵系统更加紧凑，简化泵的机械结构，减少罐体蒸发损失。陈正文等利用高压流体远距离传递动力，即利用高压流体动力源为常温组件提供动力，高压流体动力源驱动常温活塞往复运动，同时带动冷端活塞往复运动，有效解决了超低温环境下的电机技术问题和易燃易爆环境下电机动力机构的安全技术问题。

6.3.3　高压液氢活塞泵关键指标

　　参考美国劳伦斯利弗莫尔国家实验室（LLNL）对液氢泵性能和耐用性的测试结果，总结了衡量液氢活塞泵性能的关键指标，包括液氢流量、液氢排出压力、容积效率和液氢蒸发损失量。该实验中使用德国林德公司制造的液氢泵，在 0.3MPa 的容器中抽取温度为 24.6K 的液氢，流量为 100kg/h，并在压力 87.5MPa、温度 30～60K 的情况下将其输送。由于液氢泵是直接泵送液氢，容器内的初始压力与额定压力相近，耗电量较低，数据显示，该液氢泵每次加注时的平均耗电量为 1.39kW·h/kg。

　　在不计泵内任何容积损失时，泵在单位时间内应排出的液体体积称为泵的理论平均流量。活塞泵的流量计算如式(6-1)所示。

$$Q_t = ASnZ(1+K) \tag{6-1}$$

　　式中，Q_t 为泵的理论流量，m^3/min；A 为活塞的截面积，$A = \pi D^2/4$，m^2，D 为活塞直径，m；S 为行程长度，m；n 为曲轴转速，即活塞每分钟往返次数，r/min；Z 为活塞泵的联数；K 为系数，$K = 1 - \frac{A_r}{A} = 1 - \left(\frac{D_r}{D}\right)^2$，$A_r$ 为活塞杆截面积，m^2，D_r 为活塞杆直径，m。

　　可以看出，液氢活塞泵的流量只取决于泵的主要结构参数 n、S、D，几乎与泵的排出压力无关，当 n、S、D 为定值时，泵的流量基本恒定。泵入口处和出口处的压力换算到基准面上的值称为泵的吸入压力和排出压力，如式(6-2)与式(6-3)所示。

$$p_1 = p'_1 - \gamma h_1/100 \tag{6-2}$$
$$p_2 = p'_2 - \gamma h_2/100 \tag{6-3}$$

　　式中，p_1、p_2 分别为吸入压力（绝对）和排出压力（绝对），Pa；p'_1、p'_2 分别为泵入口和出口处的绝对压力，Pa；γ 是液体重度，Pa/m；h_1、h_2 为泵入口处和出口处测压点至基准面间的距离，m。当测压点高于基准面时，h_1 为负值，h_2 为正值；当测压点低于基准面时，h_1 为正值，h_2 为负值。泵的排出压力 p_2 是一个独立参数，不是泵的固有特性，它只取决于排出管路的特性，而与泵的结构参数和电机功率无关。泵的额定排出压力（即最大允许排出压力）则取决于泵的结构强度、液力端密封性能和原动机的额定功率。液氢活塞泵正常运转时，工作腔内液氢压力应始终大于输送温度下液氢的饱和蒸气压力，否则将会引起液氢汽化，造成活塞与液体脱离，从而引起工作腔内的撞击、噪声、振动及流量的减少。

泵的流量与理论流量之比称为容积效率。

$$\eta_v = \frac{Q}{Q_t} = 1 - \frac{Q_t - Q}{Q_t} = 1 - \Delta\eta_v \tag{6-4}$$

式中，η_v 为容积效率；Q 为泵的流量，m^3/min；Q_t 为泵的理论流量，m^3/min；$\Delta\eta_v$ 为泵的容积损失率。工作腔的容积损失由以下几部分组成：① 液体压缩或膨胀造成的容积损失率 $\Delta\eta_{v_1}$；② 阀关闭滞后造成的容积损失率 $\Delta\eta_{v_2}$；③ 阀关闭不严，通过密封面的泄漏造成的容积损失率 $\Delta\eta_{v_3}$；④ 通过活塞或活塞杆、活塞环的泄漏造成的容积损失率 $\Delta\eta_{v_4}$。影响容积效率的因素除上述几项外，还有输送介质的黏度、泵的压力和转速。对于液氢活塞泵而言，不考虑液氢的可压缩性，主要的容积损失发生在阀门、活塞和活塞杆等位置。

液氢蒸发损失量是由外界传热或活塞泵内部机械摩擦产生的热量引起的。在数十天的实验中，液氢泵部件中的蒸发损失约占泵送液氢量的 10%，蒸发损失主要由以下几部分组成：

① 液氢泵及液氢输送管道的冷却；

② 液氢泵运行期间的损失，包括与杜瓦瓶和管道之间的换热、泵运行时内部摩擦生热以及活塞密封处的泄漏等；

③ 液氢泵在怠速和空转期因摩擦生热产生的损失；

④ 液氢泵在暂停工作后与环境传热。

6.3.4　高压液氢活塞泵关键技术

为实现液氢泵在国内氢能领域的商业化推广应用，以下几个方面是当前的研究热点和难点，即冷量损失抑制技术、机构磨损减少技术以及容积泄漏损失抑制技术。

（1）冷量损失抑制技术

由于液氢的温度远低于环境温度，外部热量的流入和设备本身摩擦发热等是不可避免的。冷量损失将降低低温泵效率，液体蒸发导致气蚀，严重时会使系统压力升高发生事故，因此有效减少低温泵的冷量损失是低温设备设计中的关键技术之一。液氢活塞泵在运行期间的冷量损失主要由机构摩擦产生的热量导致，因此减少机构磨损也可以相应减少蒸发损失，具体措施在下文中介绍。Furuhama 等采用各种方法来降低液氢泵在非运行期间的蒸发损失，并通过实验对效果进行量化和改进。

① 在泵底端与液氢液面之间充填气氢，防止液氢和泵底接触，减少热传导，通过这种方法将蒸发损失降低到原来的 29%；

② 在泵的支杆上加装肋片，强化支杆与聚集在泵腔中的气态氢换热，从而减少其与液氢的对流换热，以液氮为实验介质测得蒸发损失降为原来的 22%；

③ 改变泵的位置，使其位于整个杜瓦瓶的边缘，可以增加真空区域的体积，减少液氢和泵下边缘之间的接触面积，这种方法减少了 92% 的蒸发损失，如图 6-9 所示。

（2）机构磨损减少技术

液氢活塞泵中的磨损也需要重点考虑。有的磨损不可避免，例如，对于泵正常运行时活塞和缸套之间的摩擦，应注意材料的选取；气缸中的活塞以及活塞杆的密封件应选用耐磨性好、磨损系数低的密封材料。目前低温活塞环主要填充聚四氟乙烯、柔性石墨以及其他组合型或新型密封材料，常用且密封性能优良的是柔性石墨与不锈钢复合的缠绕式垫片和聚氯三

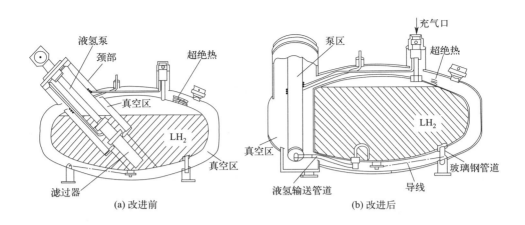

图 6-9　改进前和改进后液氢泵和储罐的布置

氟乙烯（PTCFE）唇式密封圈的组合密封。为了获得良好的耐磨性，金属材质活塞环需进行热处理，常用方法有表面镀铬或锡、渗硫处理、磷化处理和软氮化处理。泵空转也会造成不必要的磨损，这需要在结构设计上尽量避免。陈卫华等提出降低电动机转速，采用绕线转子异步电动机或直流电动机等转速调节范围大的电动机替代笼型异步电机，使低温液体的泵送量与需求量相匹配，在泵连续工作的同时避免空转，减少低温泵柱塞与缸套之间的磨损，延长其使用寿命。沈莫华等发明了一种新型双向进液的低温往复泵，通过改进前后进液阀组件和机构，克服泵腔内部严重紊流及气液混合现象，避免了泵流量不足、打空车和打压慢等现象，提高泵的工作效率，减少易损件的消耗。

（3）容积泄漏损失抑制技术

影响液氢活塞泵容积效率的主要因素有：进、排液阀泄漏，活塞泄漏，阀门关闭滞后以及液氢汽化导致气液混合状态使介质可压缩性增加。活塞和气缸之间的较大间隙有助于减少摩擦，但在泵处于压缩冲程时会导致较严重的泄漏。为减少泄漏，活塞外表面最好在压力升高时才向气缸壁膨胀。

液氢加氢站的大规模应用需要液氢泵关键技术的突破和关键设备的国产化。对于大流量低压液氢泵，液力端可采用双联双作用形式以提高流量。对于小流量高压液氢泵，可以增设压缩腔，采用双级或者多级压缩形式提高排出压力。未来可从三个方面突破液氢活塞泵关键技术。

① 活塞杆和活塞的耐磨密封件采用聚四氟乙烯、石墨和特殊金属等为主的各种减磨材料制成，以延长泵的工作寿命，在无油润滑条件下磨损较小，能在较大的温度和压力范围内使用。

② 开发新的活塞泵整体结构设计工艺，收集相关模式结构信息，系统了解、研究和分析各种结构优缺点，对各种已有结构进行相关实验，改进现有设计工艺，减小液氢活塞泵设备整体质量和尺寸，提高其密封性能和吸入能力。

③ 设计、优化潜液式液氢泵用低温电机。由于潜液式液氢泵低温电机的应用环境和低温驱动特性与常温电机有所不同，有必要根据这些差异形成分析设计公式，并结合电磁场-热场-流体场-应力场的耦合仿真对电机进行设计及优化。

6.4　加氢机与加氢枪

6.4.1　加氢机

液氢的加注主要通过加氢站来完成，分为液氢加氢站、混合型加氢站、移动式加氢站等模式。

加氢站储氢领域，以高压氢气储氢和低温液氢储氢为主，目前高压氢气储氢技术上已经成熟，所以在加注方面，主要采用高压氢气进行加注，技术上比较成熟的是 35MPa 和 70MPa 加氢机。国外的高压储氢加氢机制造企业，主要有美国 Air Product 和 Plug Power、法国 Air Liquid、日本川崎、德国 Linde 等公司。而国内的 35MPa 和 70MPa 加氢一体机也已经达到很高的水平，主要的加氢机企业有国富氢能、海德利森、国家电投舜华、厚普氢能等，已实现自主设计生产和商业化推广。其中 35MPa 加氢机及核心零部件已实现 100％ 国产化，70MPa 加氢机的流量计和加氢枪还需要部分进口，未来的发展方向是液氢加氢机和深冷高压加氢机。图 6-10 为我国企业自主设计生产的加氢机在加氢站的使用情况。截至 2022 年 11 月，我国已建成加氢站约 300 座，是全球加氢站运营数量最多的国家。

图 6-10　我国企业自主设计生产的加氢机

深冷高压加氢机与液氢加氢机类似，主要区别是深冷高压加氢机所承受的温度略高，同时承受的压力更高。所以对于加氢机设计的材料而言，面对的温度挑战和绝热要求相对较低，而强度要求更高。因此加氢机内部的管道、流量计、温度计、压力表、阀门等零部件的工作范围要适当调整，在适应工作环境的基础上降低成本。

6.4.2　加氢枪

6.4.2.1　高压加氢枪

国外主要加氢枪厂商有德国 WEH 公司、Staubli 公司、OPW 公司和日本的日东公司等。OPW 公司和 Staubli 公司主要提供 25MPa 和 35MPa 的加氢枪。WEH 公司的加氢枪设备产品种类齐全，是国内和国际加氢枪市场上最常见的品牌。WEH 公司提供 25MPa、35MPa 和 70MPa 加氢枪产品，并且产品功能多样，如图 6-11 所示。可以看出，70MPa 加氢枪多了通信协议的连接口。图 6-12 是宝马与丰田公司生产的乘用车正在使用加氢枪加氢的场景。

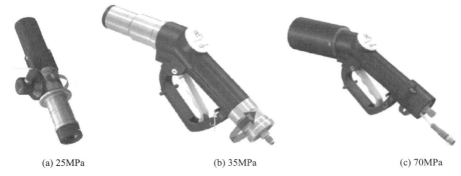

(a) 25MPa　　　　(b) 35MPa　　　　(c) 70MPa

图 6-11　德国 WEH 公司加氢枪

(a) 宝马汽车用35MPa加氢枪　　　(b) 丰田汽车用35MPa加氢枪

图 6-12　宝马与丰田汽车用 35MPa 加氢枪

国内加氢枪设备的厂商主要有天津朗安科技公司和厚普股份旗下的成都安迪生公司。朗安科技公司目前拥有两款加氢枪，分别是 LA-HF16 型加氢枪和 LA-HF25 型加氢枪；成都安迪生公司生产出双手操作的 35MPa 加氢枪，如图 6-13 所示，该产品的研发和测试是依据《燃料电池电动汽车　加氢枪》（GB/T 34425—2017）以及《压缩氢气车辆燃料加注连接装置》（SAE J2600）两个标准进行的，其密封结构能保证关键密封件寿命达到 10 万次。

图 6-13　成都安迪生 35MPa 加氢枪

此外，该加氢枪依据国家标准完成了液压强度测试、气密性测试、手柄操作测试、循环寿命测试、连接件电阻测试等 10 余项测试，测试结果全部合格，已经量产。对于 70MPa 加氢枪产品，国内还没有特别成熟的定型产品，进口较多。

高压氢气加氢枪技术难点主要有以下几个方面。

（1）加氢枪控制系统的复杂结构

高压氢气加氢枪结构包括开关控制、吹除、回收检测以及加满自动关闭等功能，需要集成到加氢枪的控制系统中，因此结构较为复杂，集成度非常高。由于加氢枪单手操作，要求重量轻、体积小。为解决该问题，可以参考天然气加气枪的设计构造，将各个功能整合到加氢枪控制系统中。

（2）高压超高压条件下的密封问题

在高压超高压条件下，气体对密封结构的压力较高。在间隙相同的情况下，其比常压泄漏量大几倍甚至几十倍，并且对于氢气这种易燃气体，过量泄漏导致的后果将会非常严重。对于超高压条件下密封材料和结构的选择需要综合分析，并进行相关的试验验证。超高压条件对密封面也提出了更高的要求，超高压条件需要更高的密封比压，需要更高硬度与更高强度的密封面材料。

（3）加氢枪的安全性问题

高压加氢枪在工作时具有极高流速，容易对加氢枪内部部件造成损坏，且高流速造成的热量也会引起一些结构上的变形以及热传导。为保证加氢枪的可靠性，需要采用有限元模拟和试验研究相结合的方式，进一步验证加氢枪的安全性。有限元模拟包括力学结构强度校核和流场分析两个方面，以此保证加氢枪结构强度以及流场的合理性。通过寿命试验进一步验证加氢枪的使用寿命。

6.4.2.2　液氢加氢枪

图 6-14 为德国林德公司和日本日东公司自主研发的液氢加氢枪设备。与图 6-13 对比可以看出，因为考虑到液氢汽化和绝热的因素，液氢加氢枪的直径尺寸明显比高压加氢枪更大，同时重量也会增加，提高了操作难度。

(a) 德国林德公司液氢加氢枪　　　　　　　(b) 日本日东公司液氢加氢枪

图 6-14　液氢加氢枪

液氢加氢枪技术难点主要有以下几个方面。

（1）液氢加氢枪各功能的实现

根据加氢的整个过程（与加氢口连接、吹除、加注、跳枪、回收、检测压力、断开连接、加氢枪头及加氢口的自密封），加氢枪在各个阶段具有不同的功能，为保障功能的实现，加氢枪内部的结构会比较复杂，加氢枪结构设计是核心技术。

（2）液氢加氢枪保温结构设计

液氢的沸点为－253℃，在加注液氢的过程中，液氢会与环境存在大量的热量交换，可能导致液氢汽化，进而引发安全问题。因此在加注过程中需要保证加氢枪的保温性能，液氢加氢枪的设计难点在于既要保证绝热效果，又要降低结构的体积和重量，提高可操作性，因此保温结构设计也是加氢枪设计的重点之一。

（3）液氢加氢枪头部除霜结构设计

除霜功能主要用于加氢枪连续工作时。前车加注完成后，如果枪头带霜，后车加氢时枪头会冻住或者将霜带入车载液氢容器中，造成危险。因此，有必要考虑液氢加氢枪头部的除霜结构设计。

6.4.2.3　加氢枪研发建议

对于高压氢气加氢枪，可以参考国外进口加氢枪的设计结构，对复杂结构进行整合，集成到枪体上。枪体材料可以选择铝合金或钛合金来降低重量，为方便单手操作，可以参考加油枪的工艺设计，改进手柄部分外形结构，提高握持感。对高压超高压条件下密封问题，可以考虑在不同位置采用不同的密封形式，O形圈、垫片、填料等常规的密封结构在加氢枪中也可以应用。此外，也可以考虑泛塞封的密封方法，该密封方法的特点是结构简单，可以选用抗腐蚀的材料，具有自密封的功能，当压力提高时，泛塞封的密封压力也将提高，因而可以提升高压条件下的密封效果。

对于液氢加氢枪，防止液氢汽化的绝热结构设计是难点，目前比较有效的超低温绝热措施有在壳体外包裹非金属绝热层的方式和高真空绝热的方式两种，而高真空绝热的方式因占用体积小、绝热效果好等优点被广泛应用于航天地面设备如管道和阀门上。因此，液氢加氢枪的绝热设计可以考虑用高真空绝热的方式进行。对于液氢加氢枪因连续加注而外表面结霜的问题，以及空气与氢气混合可能引发的安全问题，需要考虑对液氢进行吹除。吹除结构设计，可以考虑引入高温氮气进行，在加氢枪体内部设置吹除管，保证加氢过程顺利安全地进行。对于枪头部结霜的问题，可以考虑加氢结束后采用特殊的密封结构，阻止枪头接触更多的水蒸气，同时采用干燥热空气吹除的方式去除。

高压氢气加氢枪和液氢加氢枪的选择取决于加氢机的加注方式。高压氢气加氢的方式，虽然不需要过多地考虑热量的散失，结构相对简单，但是高压超高压容器制造成本较高。此外，对于高压氢气加氢机设备，欧洲和国内部分专业人士因为能耗和投入成本过高而不赞成使用70MPa加氢机，淡化70MPa加氢机的制造。相较于高压氢气加氢机，液氢加氢机需要考虑绝热设计，但是其储氢密度高、储运成本低、储存压力低，也更安全，将是未来加氢机发展的趋势。相应地，液氢加氢枪在市场上也会有巨大的需求量。

6.5　用于液氢加注的往复式液氢泵

6.5.1　液氢加注发展现状

液氢加注主要涉及超低温液体加注与转注技术研究，以及低温试验技术、低温测控技术的应用。该项技术通过多年来在航天领域的应用已经相对成熟。早期的液氢加注主要用于航天领域的大流量推进剂加注，为火箭发射和相关科研试验输送低温液氢燃料。经过几十年、近千次、不同状态的液氢贮箱预冷、充填、加注实践，结合理论分析、全过程模拟计算与试验数据，已经能够掌握影响加注动负荷、系统预冷量、预冷时间、管路流阻、推进剂品质及稳态加注流量的可控影响因素，形成完善的液氢预冷加注及转注工艺。航天领域的液氢泵基本上均为大型涡轮泵，输送流量范围 $60\sim480\text{m}^3/\text{h}$，最高工作压力 0.6MPa（绝对压力），最高增压流量达到 0.341kg/s。

随着对新能源的开发，现在已有利用液氢作为能源的交通工具，如液氢重卡、液氢动力船舶、液氢动力机车和液氢飞机等。开发出实用的小型液氢泵对于液氢在交通工具中的进一步推广应用具有重要的意义。

小型液氢泵主要用于以液氢作为燃料的交通工具中，例如用于液氢汽车系统。日本 S. Furuhama 课题组以及德国 W. Peschka 课题组，他们开发的液氢泵的共同特点是其均为活塞泵，且泵体体积过大，不便于实际应用。而且较为严重的问题是驱动轴的动密封无法解决泄漏，由此造成的安全隐患一直存在。已经申请专利的低温活塞泵是在入口前面添加一个气液分离器，该方案在低速时有一定效果，高速时气液分离效果有限，汽化现象严重。

低温泵有很多种，离心泵、隔膜泵、波纹管泵和活塞泵等都适用于低温系统。波纹管泵效率中等，寿命不长，适于间歇工作的场合。在低温系统中使用较多的为离心泵，这种泵效率较高，流量均衡，叶片加工复杂，单级产生的压力有限，不利于变工况运行，不能置于杜瓦容器内。

往复式活塞泵适于流量较小、压差变化较大的场合。其特点如下：
① 活塞直径、行程一定时，流量仅取决于活塞运行的频率；
② 只要泵的驱动力足够及泵本身的强度和密封能力允许，泵就可以提供所需的压差；
③ 具有良好的自吸能力；
④ 一般需配备缓冲装置以保证系统提供较均匀的流量和压差。

低温系统中存在特殊的热声振荡问题。在一些特殊的场合，低温系统的压力振幅可以达到正常压力的数十倍。为应对紧急突发情况，比较以上各种泵的特点可知，往复式活塞泵作为液氢泵的基本结构类型比较合适。

液氢作为一种超低温液体燃料，常压下其沸点为 20K，再加上液氢本身黏度极低，只有水的 1/70，往复式液氢泵的设计和制造面临泵材料选取、润滑与密封、液氢汽化等多方面问题。此外，氢环境下氢原子进入材料并聚集，会使材料强度降低和材料氢脆破坏失效。因此在选材方面要考虑材料与氢的相容性。

6.5.2　往复式液氢泵

6.5.2.1　往复式液氢泵类型

往复式液氢泵由动力端和液力端两部分组成，根据动力端驱动方式的不同，有电机驱动往复式液氢泵和液压驱动往复式液氢泵两种形式。电机驱动的往复式液氢泵如图 6-15 所示。

动力端由电机、曲轴、连杆、十字头等部件组成，通过电机带动曲轴传递到十字头往复运动，最终带动液力端活塞的往复运动；液力端由活塞、吸入阀、排出阀等部件组成，通过活塞的往复运动，与液力端的吸入阀和排出阀配合，完成液氢的输送。Furuhama 等在研究车载往复式液氢泵时，发现常见的往复式液氢泵驱动力是从电机通过曲轴、连杆和活塞杆传到泵的活塞，在输出冲程中，压力作用在活塞杆上，需要活塞杆有足够大的横截面积以避免产生变形或屈曲，但这会导致外界环境中较多热量沿着活塞杆流入液氢泵系统中，造成低温漏热现象。

传统的往复式液氢泵液力端原理如图 6-16 所示，其中压缩力作用在驱动杆上，驱动杆容易弯曲变形；图 6-17 为改进型往复式液氢泵液力端设计，缸体是往复运动的，因此作用在杆上的力变成了拉伸力。改进型往复式液氢泵有如下优点：①杆不会发生弯曲，可以选取横截面积更小、更长的杆，从而减少外界输入泵体的热流；②吸入阀安装在往复运动缸体上，借助缸体往复运动的惯性力可以更加容易地打开和关闭阀门。改进型往复式液氢泵目前仅在 Furuhama 等研制的车载燃料供应系统上有所应用，尚未见其他领域得到应用，原因可能是该结构仅适用于车载小尺寸场景。

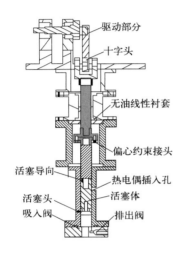

图 6-15　电机驱动的往复式液氢泵

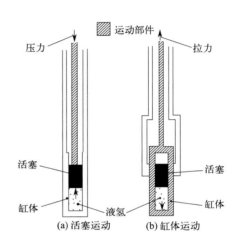

图 6-16　往复式液氢泵液力端原理示意

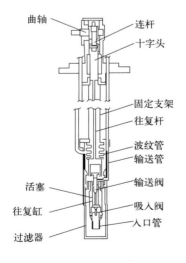

图 6-17　改进型往复式液氢泵

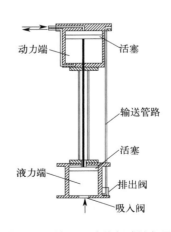

图 6-18　液压驱动往复式液氢泵

Peschka 研究了小型车载式液压驱动往复式液氢泵，发现该类泵同样也适用于在加氢站中将液氢从液氢罐中输送到汽化器。常见的液压驱动往复式液氢泵结构如图 6-18 所示，其液力端工作原理与电机驱动往复式液氢泵相同，通过活塞的往复运动和吸入阀、排出阀启闭配合完成液氢的输送；动力端内常温活塞通过支杆与冷端活塞相连，高压流体驱动常温活塞往复运动，带动冷端活塞往复运动完成液氢输送。

6.5.2.2 往复式液氢泵关键技术

往复式液氢泵的整体设计和选型中，需要着重考虑以下关键问题。①低温漏热。液氢温度只有 20K，极易与外界环境产生热交换，需要采用合理的方式减少外界热量的输入。②泵体材料。所选的材料需要在超低温环境下依然保持良好的力学性能。同时，泵体需要选用合理的材料以避免氢脆现象带来的影响。现已证明氢环境下铜及铜合金、铝合金以及一些奥氏体不锈钢等都可以正常工作。③密封。液氢本身黏度极低，因而往复式液氢泵运行过程中缸体与活塞之间以及阀门处可能会存在大量的泄漏，设计时必须采用合理的密封方式。除上述需注意关键点外，往复式液氢泵运行时也容易产生近饱和状态液氢汽化，造成汽蚀问题，需采取手段将其控制在工程允许范围内。此外，由于温度过低，没有合适的润滑剂，摩擦面必须在没有润滑剂和低摩擦的情况下工作，因而对往复式液氢泵运动部件结构和性能要求更高。

为尽可能地减少往复式液氢泵在超低温环境下与外界环境的热量交换，除了对液氢泵结构尺寸进行合理设计外，最常见就是采取潜液式设计。往复式液氢泵的潜液式设计是指将整个液氢泵置于液氢罐（杜瓦瓶）中，可以减少系统漏热。电机驱动往复式液氢泵将低温电机与泵集成置于液氢罐内，但电机放置在液氢罐中会导致系统过于复杂，因而推荐使用液压驱动往复式液氢泵。如图 6-19 所示，置于液氢罐中的往复式液氢泵通过动力端管路与外界高压流体动力源相连接提供往复动力。与外置式往复式液氢泵相比，潜液式设计有以下优点：①无需预冷，系统启动速度快；②隔绝氧气，保证整个系统的安全；③减少与外界环境的接触，大大减少低温漏热；④缓解泵汽蚀问题。

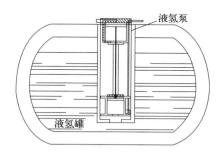

图 6-19 液压驱动潜液式往复式液氢泵

潜液式往复式液氢泵需要注意合理设计，方便杜瓦瓶内有液氢情况下泵的安装与拆卸。

往复式液氢泵的潜液式设计虽然可以大大减少漏热现象，但其动力端局部端面和管路仍与外界环境接触，无法避免漏热。为减少热传递的影响，基于设计方案的特点和泵运行原理，需进行合理设计，尽可能减小外漏部分面积。此外，为减少热流，也可对泵的规格进行修改，将泵体做得细长，以实现尽可能小直径长热通道。

6.5.2.3　泵体材料

低温情况下，工程材料的极限强度、屈服强度、疲劳强度、疲劳极限都将增大，金属材料硬度增大，材料的弹性模量也会变化。因此，液氢泵对泵体材料性能要求较高，通过对液氢环境下材料性能进行研究，可为往复式液氢泵泵体材料的选取提供参考。液氢泵泵体材料选择需要满足以下条件。

① 在 20K 超低温液氢环境下，要求材料能保持较高的力学强度，并且有足够的塑性和韧性，避免温度变化时材料结构发生恶化影响泵的使用；

② 考虑到氢脆现象，应选取抗氢脆材料；

③ 材料容易获取且具有良好的工艺性能，在满足经济性要求的同时保证设备使用的可靠性。

常用的低温金属材料有以下几类。

① 304、316、321 等铬镍奥氏体不锈钢，适用于 20K 环境下的液氢容器；18-8 型铬镍奥氏体不锈钢已在 −150～−269℃ 的深冷技术中得到不同程度的应用。

② 铜合金在 20K 液氢环境下具有良好的低温性能，拉伸强度达 300MPa，屈服强度达 225MPa。

③ 铝合金材料在 20K 液氢环境下没有低温脆性，抗拉强度和屈服强度等在试验条件下都有较大提高。

液氢泵泵体材料通常推荐使用 321 等牌号的奥氏体不锈钢材料，但由于液氢材料低温性能的复杂性，必须重视实际使用环境下的材料性能测试。此外，由于氢原子易扩散到材料内部，导致材料性能下降，因此必须重视材料的抗氢脆性研究，即材料的液氢相容性研究。

6.5.2.4　液氢泵相关的密封设计

由于液氢极低黏度带来的限制，为使往复式液氢泵性能达到预期设计目标，就必须处理好密封问题。液氢密封材料必须在 20K 超低温环境下与液氢具有相容性，同时具有良好的回弹性能和韧性。往复式液氢泵密封研究，需要重点关注阀门和活塞位置处的密封材料选取及密封结构设计。

深冷环境下，可用于往复式液氢泵阀门的常用密封材料及类型如下。

① 软金属材料。铟作为常见的深冷流体密封材料，通常被制成 O 形密封环。如图 6-20 所示，铟密封件必须采用榫槽结构，且铟环体积要比密封槽体积大 17% 以上。采用铟丝密封时，合理控制铟丝用量的同时也要注意保留合适的间隙。同样，也可以利用软金属铟深冷条件下的柔韧性，和铝结合制成垫片或 O 形环，用于静密封。

② 金属材料。铝和不锈钢都能在 20K 超低温环境下工作，耐腐蚀性能都较好，常被用于平垫片等密封件。但金属材料的密封性和压缩性一般较差，常与塑料类软材料制成复合密封材料。金属材料也常用于 C 形环或 O 形环密封件的制作，原因是：低膨胀合金等金属材料在超低温环境下可作为复合密封材料构件的骨架材料；高温合金和不锈钢（1Cr18Ni9Ti）在超低温环境下仍然有一定的弹性。

③ 非金属材料。适用于液氢环境的非金属密封材料以塑料材料为主，常见的有聚氨酯、氟塑料以及聚酰亚胺等。如聚四氟乙烯在 20K 至室温环境下仍具有良好性能，低温下具有

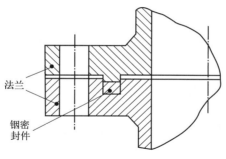

图 6-20　铟密封

自润滑性能，适合制成密封材料。

　　往复式液氢泵的活塞和缸体之间极易产生泄漏，如果采用接触式密封，虽然可以解决泄漏问题，但会影响到活塞的速度以及泵的使用寿命，因此推荐间隙密封方式。间隙密封的难点在于密封材料的选择。聚四氟乙烯及其复合材料具有自润滑性能，但深冷环境下因金属与非金属材料间热膨胀存在差异，会产生超预期的间隙。聚酰亚胺作为具有耐高温、耐低温性能的高分子材料，深冷环境下拉伸后收缩性减小，同时因其优异的自润滑性能被广泛应用于润滑密封材料。战颖选择 Vespel SP-1 型纯聚酰亚胺作为液氢泵活塞与缸体间的密封材料。活塞密封设计过程中，需通过试验得到聚酰亚胺热膨胀性能数据后，才能进行活塞密封环尺寸设计。液力端液氢的泄漏主要发生在活塞压缩时液氢压力升高的过程中，活塞和缸体之间的间隙越大，摩擦力越小，但泄漏量越大。为了减少泄漏，最好是活塞的外表面只在压力升高时才向缸体壁面膨胀。可通过活塞形状的设计提升液力端的密封性能，如图 6-21 所示。

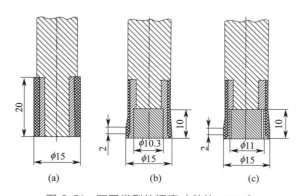

图 6-21　不同类型的活塞（单位：mm）

　　图 6-21（a）为传统活塞，图 6-21（b）和图 6-21（c）均为杯形活塞。当缸体内的压力作用于杯形活塞的杯状壁时，杯状壁会向外扩展，导致活塞与缸体的间隙变小。其中，图 6-21（b）的杯形活塞杯状壁厚大于图 6-21（c）的杯状壁厚，因此图 6-21（c）的活塞杯状壁向缸体壁面的扩展比图 6-21（b）的要大得多，活塞与缸体的间隙将会更小。往复式液氢泵活塞和缸体轴线对齐是相当困难的。当活塞和缸体接触产生摩擦时，摩擦力产生的热量被释放出来，使微量液氢汽化导致泵送不稳定甚至停泵。此时为了减少摩擦产生的热量，只能将活塞和缸体之间的间隙增大。但这会导致间隙泄漏的增加，泵的容积效率也会随之降低。通常有以下两种解决途径。

① 设计往复式液氢泵自动对中结构装置，保证活塞与缸体的同轴度。

② 为保证间隙密封，必须要求零部件的高精密加工，保证活塞、缸体和活塞杆的圆柱度、垂直度等形位公差和零部件间的同轴度（对中性）。此外，精密的装配也是往复式液氢泵液力端间隙密封成功的保证。

6.5.3　往复式液氢泵的应用

航天领域，2014 年美国 XCOR 航空航天公司首次完成了往复式液氢泵输送燃料进入火箭发动机的试验。由于往复式液氢泵启停迅速等优点，开启了航天轨道飞行新阶段。工业和民用领域，往复式液氢泵通常用于液氢的输送和转移，目前德国 Linde 公司、美国 ACD 公司、法国 Cryostar 公司、英国 ETI 公司、瑞士 Cryomec 公司等都有往复式液氢泵相关产品。

目前，我国在液氢活塞泵研制方面公开的研究成果较少。2008 年战颖设计的全低温液氢泵，最大周期排量 $0.005 m^3/min$，最大压差 0.5MPa。在此基础上，李强等经过试验测试发现液氢泵转速从 310r/min 到 1320r/min 连续可调，980r/min 时压差为 0.5MPa，流量为 $0.0052 m^3/min$，随着转速进一步提高，压差可达 0.7MPa 以上，流量可达 $0.0063 m^3/min$ 以上。2009 年中国科学院理化技术研究所李青等在 "863" 计划项目的支持下，设计出流量 6L/min、压差 0.7MPa 的电机驱动往复式液氢泵样机。国内的小型液氢泵主要用于科研试验，商业化小型液氢泵产品尚在开发之中。

早在 20 世纪 80 年代，德国宝马汽车公司就将小型液氢活塞泵置于氢燃料汽车内部。该液氢活塞泵置于液氢燃料箱外，液压驱动的压力最高可达 2.5MPa。由于特殊设计，泵的冷却时间小于 5min，停机后的升温速率约为 15K/h，其设计运行横截面如图 6-22 所示。液氢活塞泵通过法兰连接燃料箱内部，不会增加内外容器之间的热泄漏。泵的冲程为 2.5mm，以 300~400 次/min 的冲程频率泵送压力为 2.5MPa 的液氢，流量可达 $0.2 m^3/h$，平均输出功率为 25W，工作行程期的峰值功率约为 300W。

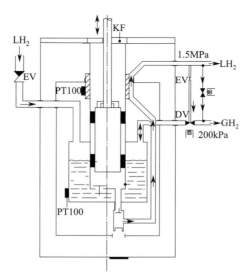

图 6-22　液氢活塞泵横截面示意图

EV—电动阀；DV—泄压阀；KF—法兰；PT100—温度传感器

往复式液氢泵用于燃料电池汽车液氢燃料罐是一个重要的应用方向。这是因为液氢的临界压力较低，只有 1.3MPa，尽管设计液氢燃料罐时允许的最高工作压力可以到 1.6MPa，但为了提高燃料罐的储氢密度和使用的安全性，正常工作压力应尽量远离临界压力，大多数时候并不超过 0.7MPa。而这一气相工作压力不足以给大功率车载燃料电池动力系统提供流量稳定的氢气，需要通过液氢泵对燃料进行增压，来确保可以给燃料电池动力系统稳定供氢。

20 世纪 80 年代开始，日本武藏工业大学与尼桑公司合作研制液氢燃料汽车。如图 6-23 所示，武藏系列氢燃料汽车就是利用往复式液氢泵将液氢从液氢罐中抽出并输送至热交换器中汽化，最终在汽车发动机中将氢燃料的化学能转化为机械能。目前，通用公司、宝马公司、福特公司等都已成功研制出带泵车载液氢储罐供氢的概念汽车，但我国尚未实现液氢泵在汽车上的应用。

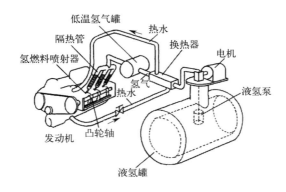

图 6-23　液氢泵用于车载氢燃料供应系统

往复式液氢泵的设计和研发过程中，需要着重考虑超低温液氢环境下材料性能的变化，选择合适的泵体和密封材料，防止出现液氢泄漏和材料氢脆等问题。同时，考虑到减少漏热、良好密封及泵紧凑性等要求，也要对往复式液氢泵进行合理的结构设计，并对整体结构进行应力分析。往复式液氢泵作为液氢领域重要的储运设备之一，目前国内尚处于研发阶段，但因其高效、紧凑、低成本、安全以及可用于商业化的特点，未来将会在电子、冶金、石油炼化、氢燃料汽车等领域得到更广泛的应用，为我国氢能源行业的大规模、高效率和低成本发展提供重要保障。

参 考 文 献

［1］　Petitpas G，Aceves S M. Liquid hydrogen pump performance and durability testing through repeated cryogenic vessel filling to 700 bar［J］. International Journal of Hydrogen Energy，2018，43（39）：18403-18420.

［2］　Liang K，Stone，R，Hancock W，et al. Comparison between a crank-drive reciprocating compressor and a novel oil-free linear compressor［J］. International Journal of Refrigeration，2014，45：25-34.

［3］　朱琴君，祝俊宗. 国内液氢加氢站的发展与前景［J］. 煤气与热力，2020，40（7）：15-19.

［4］　蒋兴文，曾学兵，卢杨. 低温往复泵容积效率浅析［J］. 装备制造与教育，2017，31（3）：54-56.

［5］　Furuhama S，Sakurai T，Shindo M. Study of evaporation loss of liquid hydrogen storage tank with LH_2 pump［J］. International Journal of Hydrogen Energy，1993，18（1）：25-30.

［6］　Peschka W. Liquid hydrogen pumps for automotive application［J］. International Journal of Hydrogen Energy，1990，15（11）：817-825.

[7]   陈连善，李松青. 往复式低温液体柱塞泵设计制造之我见 [J]. 深冷技术，2000（3）：11-13.

[8]   刘连文，毛捍东，丁玉慧，等. 往复式低温泵进排液阀的改进设计 [J]. 深冷技术，2000（2）：18-19.

[9]   Yamane K，Nakamura S，Nosset T，et al. A study on a liquid hydrogen pump with a self-clearance-adjustment struc-ture [J]. International Journal of Hydrogen Energy，1996，21（8）：717-723.

[10]   Abe Y，Nakagawa A，Watada M，et al. Basic characteristics of linear oscillatory actuator for liquid hydrogen pump [J]. IEEE Transactions on Magnetics，1996，32（5）：5025-5027.

[11]   孙晓玲，刘忠明，张燕. 液化天然气潜液泵的研制 [J]. 低温工程，2010（2）：20-23.

[12]   张炜，王循明，祝勇仁. 超大流量 LNG 泵冷端结构的分析 [J]. 机械制造，2008，46（525）：19-21.

[13]   吴兴华，李祥东. 空浴式汽化器基础传热问题及研究现状评述 [J]. 低温与超导，2011，39（2）：59-63，72.

[14]   窦兴华. LNG 沉浸式汽化器流动传热过程数值模拟 [D]. 大连：大连理工大学，2007.

[15]   杨世铭，陶文铨. 传热学 [M]. 北京：高等教育出版社，2006.

[16]   陈长青，沈裕浩. 低温换热器 [M]. 北京：机械工业出版社，1993.

[17]   高婉丽，刘瑞敏，王立生. 液氢真空输送管路内漏问题分析 [J]. 低温工程，2010（2）：60-62.

[18]   章洁平. 液氢加注系统 [J]. 低温工程，1995（4）：25-28.

[19]   符锡理. 真空多层绝热理论研究和传热计算 [J]. 低温工程，1989（2）：1-11.

[20]   Lowesmith B J，Hankinson G，Chynoweth S，et al. Safety issues of the liquefaction，storage and transportation of liquid hydrogen：An analysis of incidents and HAZIDS [J]. International Journal of Hydrogen Energy，2014，39（35）：20516-20521.

[21]   Pritchard D K，Rattigan W M. Hazards of liquid hydrogen：HSE Research Report RR769 [R]. 2010.

[22]   Steve Metz. Fuel for Thought [M]. Arlington：National Science Teachers Association-NSTA Press，2012：127-136.

[23]   Krasae-in S，Stang J H，Neksa P. Development of large scale hydrogen liquefaction processes from 1898 to 2009 [J]. International Journal of Hydrogen Energy，2010，35（10）：4524-4533.

[24]   Lowesmith B J，Hankinson G. A review of available information on the hazards of liquid hydrogen production，stor-age and road transportation：IDEALHY report D3. 9 [R]. 2012.

[25]   Ordin P M. Review of hydrogen accidents and incidents in NASA operations：NASA technical memorandum，TM X71565 [R]. 1974.

[26]   Hydrogen incident reporting and lessons learned [DB]. US database. www. h2incidents. org.

[27]   Moonis M，Wilday A J，Wardman M J. Semi-quantitative risk assessment of commercial scale supply chain of hy-drogen fuel and implications for industry and society [J]. Process Safety & Environmental Protection，2010，88（2）：97-108.

[28]   Wang C，Zhang Y，Hou H，et al. Entropy production diagnostic analysis of energy consumption for cavitation flow in a two-stage LNG cryogenic submerged pump [J]. International Journal of Heat and Mass Transfer，2019，129：342-356.

[29]   Simpson A，Ranade V V. Modeling hydrodynamic cavitation in venturi：Influence of venturi configuration on incep-tion and extent of cavitation [J]. AIChE Journal，2019，65（1）：421-433.

[30]   Pham H S，Alpy N，Mensah S，et al. A numerical study of cavitation and bubble dynamics in liquid CO_2 near the critical point [J]. International Journal of Heat and Mass Transfer，2016，102：174-185.

[31]   Zhang J Y，Xu C，Zhang Y X，et al. Quasi-3D hydraulic design in the application of an LNG cryogenic submerged pump [J]. Journal of Natural Gas Science and Engineering，2016，29：89-100.

[32]   Chen T R，Wang G Y，Huang B，et al. Numerical study of thermodynamic effects on liquid nitrogen cavitating flows [J]. Cryogenics，2015，70：21-27.

[33]   Utturkar Y，Wu J Y，Wang G Y，et al. Recent progress in modeling of cryogenic cavitation for liquid rocket propul-sion [J]. Progress in Aerospace Sciences，2005，41（7）：558-608.

[34]   Raper J A. Effect of design on the performance of a dry powder inhaler using computational fluid dynamics. Part 1：Grid structure and mouthpiece length [J]. Journal of Pharmaceutical Sciences，2004，93（11）：2863.

[35]   Senocak I，Shyy W. Interfacial dynamics-based modelling of turbulent cavitating flows，Part-1：Model development

and steady-state computations ［J］. International Journal for Numerical Methods in Fluids，2004，44 （9）：975-995.

［36］ Johansen S T，Wu J Y，Shyy W. Filter-based unsteady RANS computations ［J］. International Journal of Heat and Fluid Flow，2004，25 （1）：10-21.

［37］ Kunz R F，Boger D A，Stinebring D A，et al. A preconditioned Navier-Stokes method for two-phase flows with application to cavitation prediction ［J］. Computers and Fluids，2000，29 （8）：849-875.

第7章
交通运输终端氢能储供技术与装备

7.1 液氢储供氢技术与装备

7.1.1 交通运输车辆

区别于传统燃油、液化天然气以及纯电驱动的交通车辆，燃料电池汽车在系统构成上包括车载储供氢系统和燃料电池系统两个模块，其中车载储供氢系统决定了燃料电池汽车的动力源总量和行驶里程，是支撑氢能源在交通运输车辆上应用的关键技术之一。为了兼顾燃料电池汽车对储运效率、供氢纯度及成本的综合要求，以高压氢、液氢和深冷高压氢为代表的纯氢储运技术成为交通领域公认的发展方向，正在加快完善中上游氢能产业链，支撑客车、物流车、重卡等燃料电池车辆的示范运行。根据《新能源汽车产业发展规划（2021—2035年）》《节能与新能源汽车技术路线图 2.0》《首批氢燃料电池汽车示范城市群》等氢能国家战略规划，以客车、重卡为代表的商用车将是我国燃料电池汽车发展的主要方向；其中，以重卡为代表的重载车辆需要更高的运载能力、续航里程和加氢效率，使用储氢质量密度较小的高压储氢所需车载气瓶数甚至达到 12 个以上，庞大的储氢瓶组难以满足市场要求，液氢、深冷高压储氢等低温高密度储氢技术成为潜在解决方案。本节主要介绍车载液氢储供技术和装备，深冷高压储氢供氢技术将在第 7.2 节单独介绍。

液氢具有低密度、低沸点、强扩散的性质，对存储条件要求苛刻，供氢过程需要采用再汽化挤压或泵压的辅助系统向外供液，因此车载液氢储供系统的效率和安全性是关键，不仅涉及储氢气瓶、供氢系统、加注接口等硬件设备，能量综合利用和管控系统同样重要。美国通用公司 GM HydroGen3 和德国宝马公司 BMW Hydrogen7 等车型尝试使用液氢作为小型乘用车的车载储氢系统，但由于储氢装备起始重量大、总体储氢需求量小（4~10kg），在储氢效率上并不优于高压储氢技术，证实了车载液氢在小型乘用车上并不适合。北汽福田于2020 年、2021 年分别展出了采用液氢储氢的 32T 和 49T 氢能重卡——福田欧曼，分别搭载了 60kg、100kg 两种大容量液氢储供系统，相较于气氢储供系统，同体积下携氢量增加了近 3 倍，单次注氢满足实际工况续航 700km、1000km 以上，配备亿华通 100kW 大功率燃料电池系统，高功率动力电池系统可满足 10C 倍率放电能力，车辆动力系统峰值功率达500kW，满足未来中重型中长途干线运输需求。德国奔驰汽车公司于 2021 年发布液氢概念卡车 GenH$_2$，计划 2023 年启动客户测试，2025 年推出量产版。该车配备两个液氢储罐，每个能提供 1000km 的续航，单次补氢行驶 2000km。三轴版 GenH$_2$ 可以配备两台电机驱动两个后桥，单个电机最大功率 330kW，已经和中高端货车常用的六缸柴油发动机相当。代表性液氢重卡如图 7-1 所示。

(a) 32吨级液氢燃料电池重卡样车——北汽福田　　(b) 49吨级液氢燃料电池重卡样车——北汽福田

(c) GenH₂液氢燃料电池重卡概念车——德国奔驰　　(d) GenH₂液氢重卡结构示意图

图 7-1　代表性液氢重卡

　　车载液氢储供系统包括液氢瓶、阀箱、汽化模块、温压调控模块以及储供氢控制系统，根据液氢无排放储存要求设计气瓶、管路、阀箱等零部件的绝热性能参数，根据燃料电池功率和车辆行驶特征匹配供氢流量、压力和温度，充分考虑燃料电池废热、环境热量以及再汽化蒸发过程设计整车能量管理策略。在降低常规漏热（日蒸发率≤6%）的前提下提高外部热量瞬时导入能力，保证燃料电池高功率输出，供氢系统能够提供温压工况合适、流量充足的液氢。因此，液氢储供系统的装备开发难点主要集中在液氢瓶及辅助供氢系统上。液氢瓶需要满足车辆行驶过程受到的复杂载荷工况，对绝热支撑结构提出了更高的要求。容积越小的低温容器对绝热结构的要求越高，如何将高真空、多层绝热、多屏绝热等技术紧凑、有效地应用在车载液氢瓶上，而不引起成本、体积和重量的大幅增加，是需要重点关注的问题。2021 年江苏国富氢能研制的车载液氢瓶在北京航天 101 所完成了国内首例液氢火烧试验，验证了其安全可靠性。技术方面的难点则是如何建立适宜的储供氢过程能量管控策略，最大程度提高整车能量利用效率，还要对潜液泵、空气加热、电加热水浴等多种辅助供氢方式进行对比分析，从装备紧凑性、成本和安全性等方面综合考量，目前全球尚无成熟的技术方案和标准，各团队均处在研发论证阶段。

　　车载液氢加注系统包括加氢枪、拉断阀、车端耦合接口、液氢泵、加氢机和加注控制系统（图 7-2）。加注过程蒸发损耗一般不超过 5%，平均加注流量≥4kg/min。加注设备与液氢瓶之间通过通信协议实现加注设备对液氢瓶状态的感知，通过监控加注过程中液氢瓶内压力与液位、温度、排放流量等参数控制液氢加注流量，包括小流量加注、大流量加注、减速加注、停放补加等多种加注策略，最终通过加注控制系统形成自动加注流程，完成加注过程的闭环控制。

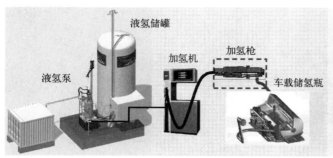

图 7-2　液氢加注系统

7.1.2　轨道交通装备

在轨道交通领域，氢能的主要应用场景为非电气化轨道，用于替代柴油等传统化石燃料。欧洲燃料电池和氢联合体（Fuel Cells and Hydrogen Joint Undertaking，FCH JU）和 Shift2Rail（S2R）联合体 开展了轨道交通领域的潜在清洁能源分析研究，寻找适合多节车厢、调车和干线火车等潜在应用场景的氢能与燃料电池技术，为研究人员和相关企业提供借鉴。在研究过程中发现，将氢能技术和燃料电池技术与已有轨道交通装备动力系统进行整合，仍然面临诸多难点，研究人员列出了储氢装备效率、燃料电池功率、氢能补给策略等 21 个技术难点和 10 个非技术障碍，但总体上并没有完全能够限制氢能轨道交通发展的根本性障碍，市场预测到 2030 年将有 20%～41% 的内燃机火车被替换为氢动力。2017 年，全球首款氢燃料电池列车 Coradia iLint 由法国阿尔斯通公司推出并在德国投入运行，负责德国北部城市库克斯港、不来梅港、布雷默弗德和布克斯特胡德之间共 100 公里的线路运行，经过两年试运行发现，采用高压氢的空间和质量占比过大，一定程度上影响了整机效率，但由于高压加氢站布局的局限性，未能采用能量密度更高的液氢作为储氢技术，下一步在装备制造商、铁路运营商和产业链相关单位的共同努力下，希望能够得到解决。该研究指出，轨道交通使用液氢作为储氢技术在空间上具有绝对优势，但地缘性液氢供应站、加注配套设备、氢安全系统等问题还需要继续研究。

韩国、日本都开展了基于液氢的轨道交通技术研究。其中韩国铁道科学研究院于 2021 年 4 月宣布正在研究速度 150 千米每小时和 1000 千米续航里程的液氢火车，该研究所正计划开发混合动力系统、高绝热性的低温液态氢存储技术以及高速加注技术，在 2022 年对该款列车进行测试。该研究项目将持续到 2024 年 12 月，政府和私营公司将分别投资 145 亿韩元（8400 万人民币）和 41 亿韩元（2380 万人民币）。日本铁道研究院设计了用于燃料电池列车的液氢容器，将多个液氢气瓶置于机车底部，通过管路供给车内燃料电池动力系统。

氢能在轨道交通领域的应用案例和应用难点见图 7-3。

综合分析，基于液氢的轨道交通装备在加注、供给氢能的装备路线上基本与重载车辆一致，但由于轨道交通装备功率更大、续航要求更高、加注灵活性较低，对储氢效率的要求也就随之提高，要求在高功率、长续航行驶时，尽量减少加注频率，以获得更好的乘坐体验。因此，在液氢基础设施允许的条件下，沿轨道设置专用液氢加氢站为其提供专门的加注服务是发展氢能轨道交通的重要前提。

(a) 全球首款氢燃料电池列车Coradia iLint

(b) 英国首款燃料电池列车HydroFLEX's

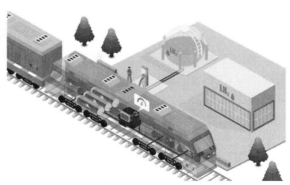

(c) 韩国铁道科学研究院液氢火车概念图

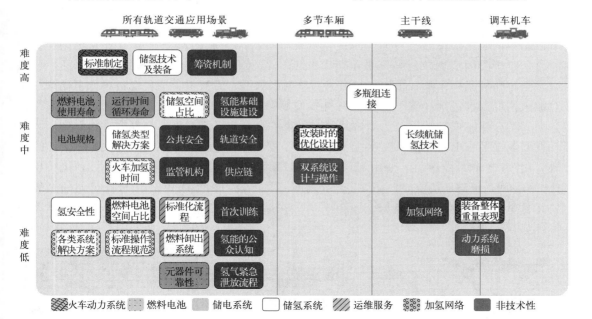

(d) 应用难点

图 7-3　氢能在轨道交通领域的应用案例和应用难点

7.1.3　液氢无人机

随着无人机的快速发展，其行业用途愈发广泛，在军事、应急、警用、农业等多种场景下得到了应用，任务类型、使用范围逐渐扩大，然而使用 MH-Ni、锂离子电池等化学电池作为无人机动力来源的局限性已经显现。由于化学电池能量密度提升的研究进展极慢，想要增加无人机续航能力只能携带更多的电池包，势必造成起飞重量的增加，反向削弱无人机续航能力。以大疆"悟"（INSPIRE）系列多旋翼无人机为例，单次飞行时间为 27min，携带农药、高精度测绘仪器后的续航时间更短，平均 10min 就需要返回更换电池，即便携带更多的锂电池包也无法提升续航时间。使电池重量和续航时间达到平衡，成为无人机动力系统的瓶颈。

随着氢能技术的发展，使用机载储氢装备提供动力成为提升飞行器续航能力的完美解决方案。近年来多家研究机构为满足整体减重、增加续航时间的需求，开始研发使用质量更轻、能量密度更大的机载储氢系统，在多旋翼无人机、客机、临近空间飞行器等装备上进行了探索。

美国洛克希德·马丁公司著名的"臭鼬工程队"曾开展可重复使用无人太空飞机 X-33 的研发（图 7-4），但由于液氢燃料存储箱在试验中出现故障，美国航空航天局不得不宣布终止 X-33 计划，12 亿美元的投资付诸东流。然而美国并未停止在无人机用液氢储存领域的探索，2020 年华盛顿州立大学研究人员首次成功演示了为无人机提供动力的液氢存储与加氢系统，通过在复合材料罐壁内安装加热氢气蒸气的热交换系统，以实现减小罐体重量的目的。HyPoint 公司与航空工程研发公司 Gloyer-Taylor Laboratories（GTL）达成合作，整合 GTL 先进的碳复合材料制造技术，研发出 BHL^{TM} 低温储罐，其重量降低了 75%，使氢动力飞机和无人机可以在不增加重量的情况下存储多达 10 倍的液氢燃料。减轻重量是实现无人机长途飞行的最重要因素，储氢气瓶经历了四次更新换代，先后以复合材料代替钢质瓶身，以塑料内胆代替铝合金内胆。目前，全复合材料无内胆的 Ⅴ 型瓶成为研究热点。2020 年 4 月，位于美国俄克拉何马州塔尔萨市的 Infinite Composites Technologies（ICT）公司宣布，通过在树脂中添加石墨烯材料，成功研制出球形、无衬里、全复合材料低温储罐，用于存储火箭低温推进剂。美国复合材料科技发展公司（CTD）与美国空军研究实验室、得克萨斯大学合作，成功地设计、测试并制造了第一台商用、无衬里、全复合材料 Ⅴ 型压力容器，并将其安装在 FASTRAC 1 卫星上，储罐容积 1.9L，直径约为 152mm，重量仅 0.2kg。该罐采用 T700 碳纤维缠绕，使用 CTD 专有的 KIBOKO 增韧环氧树脂作为基体，运行压力可达 200psi❶，爆破压力在 2000～2500psi 之间。与传统的 Ⅳ 型瓶相比，CTD 公司的全复合材料无衬里储气瓶重量将减轻 15%～20%，这在航空航天工业、无人机制造业具有显著的性能优势。

(a) X-33　(b) HEAVEN(1)　(c) HEAVEN(2)

(d) 幻影眼(Phantom Eye)　(e) HYLIUM Mobility　(f) Airbus150座窄体飞机

图 7-4　液氢无人机的应用案例

❶　1psi＝6894.757Pa。

美国海军研发的"离子虎"无人机使用液氢＋燃料电池组成的动力系统，持续飞行时间超过 48h，其在 2009 年采用气态氢燃料连续飞行了 26h，液氢储氢系统进一步打破了无人机续航时间的纪录。美国航空环境公司研制的"全球观察者"无人机（Global Observer）于 2011 年 1 月在爱德华空军基地完成了以液氢为动力的首次飞行，"全球观察者"无人机翼展 175ft（约为 47.85m），机身长度 70ft（约为 21.34m），有效载荷高达 400lb（180kg），可在 6.5×10^4 ft（约为 19812m）高的平流层飞行，侦察和勘测半径达到 600mile（约为 965.61km），标志着"联合能力技术验证"（JCTD）计划的完成与使用功效阶段的正式启动。由液态氢驱动的内燃机发电系统为无人机的四台电机提供能量，不会产生碳排放，该公司凭借在液氢燃料关键技术方面所取得的突破，放弃了长期探索的太阳能动力方案，采用全电力系统研制出 3 架原型机，用于验证无人机在平流层内持续飞行 1 周的能力。2012 年 6 月，美国波音公司在加利福尼亚沙漠中试飞了液氢驱动的"幻影眼"无人机（Phantom Eye），完成首次自主飞行，飞行过程中攀升至 4080ft（约为 1243.58m）高空，飞行速度为 115km/h，设计续航时间为 4d。"幻影眼"采用两台福特 2.3L 四缸内燃机动力系统，每台可产生 150ps（米制马力）（约 110kW），用螺旋桨推进，推进系统包括多级涡轮增压内燃机及其相关子系统。翼展 150ft（约合 45.72m），设计速度约 150 节（约合 278km/h），可以承载 450lb（约合 204kg）的重量，主要用途是在高空执行监视和勘察任务，可以连续飞行 4d。上述液氢无人机的试飞，打破了"全球鹰"无人机保持的 41h 最长巡航纪录，展示了氢能技术在飞行器装备上的巨大潜力，对改进军用无人机使用模式具有重大意义。

韩国 Hylium Industries 公司在 2017 年试飞了尺寸较小的多旋翼无人机，使用小型液氢储存和燃料电池动力集成模块实现了 4h 连续飞行。该公司还为美国、法国、以色列等国提供无人机用液氢储氢气瓶，开发了 3L/6L/10L 无人机液氢储氢模块，联合现代汽车公司开发了移动式液氢加氢站（200L/400L）为相关装备提供加氢服务，已向 SK E&S、韩国建国大学、韩国电信等机构提供多旋翼液氢无人机样机。来自欧洲的 HEAVEN 公司在欧洲"客机燃料电池系统研究"项目的支持下（460 万欧元，2019 年 1 月—2022 年 12 月），正在研发 2～4 座客机使用的液氢及燃料电池动力系统。该套系统与 Hylium Industries 公司的技术路线类似，均采用小型气瓶储存低温液氢，与燃料电池系统进行高度集成后形成模块化动力系统。

来自欧洲的空客公司（Airbus）和国际发动机公司（CFM），正在开展 150 座级窄体飞机（相当于 A320）的动力系统变革，设计了基于液氢的动力总成，通过对美国通用电气（GE）公司的涡扇发动机燃烧室、燃料系统和控制系统进行改造，使其能够适应氢气燃料。对于机载液氢容器，由于飞机空间限制，目前的设计结构多采用高真空多层绝热的异形容器，由德国航空航天中心（DLR）研制，适配于飞机尾部，但由于氢的质量更小，管路传输过程涉及复杂相变，氢能商用飞机还需要在推进系统、飞机结构和整机能源管理等方面继续开展研究。英国开展的"零碳飞行"（FlyZero）项目确定了 13 个关键技术，这些技术对实现氢燃料航空至关重要。其中 6 个是"氢飞机"的，涵盖了革命性的航空航天技术，包括可以使用氢的燃气轮机、低温燃料和储存系统、燃料电池、热管理、电力推进系统和空气动力学结构；此外，还确定了 7 个交叉项目，包括飞机系统、可持续的飞机结构设计、材料、制造业、生命周期影响、加速设计和验证，还涉及机场、航空公司和空域基础设施的改造。

7.1.4　液氢动力船舶

LNG 动力燃料船的推广给液氢提供了很好的借鉴，液氢是燃料电池动力驱动船舶的首选燃料，大容积高密度的燃料罐储存可以支持其数千公里的航程。氢燃料电池船的推广必将大力推动液氢市场需求的发展。欧洲海事安全局在 2017 年初发布的由挪威船级社 DNV GL 开展的燃料电池项目研究报告中也重点介绍了 12 个正在进行商业化推广应用的海上燃料电池船项目，包括 FellowSHIP、FCShip、METAPHU、Nemo H$_2$、FELICITAS、SF-BREEZE、Pa-X-ell、US SSFC、MC-WAP、ZemShips、SchIBZ 和 RiverCell。液氢船设计与应用案例见图 7-5。

(a) "MF Hydra"号渡轮

(b) "SF-BREEZE Ferry"号渡轮

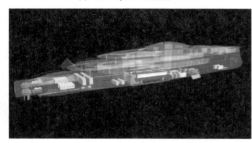

(c) "Aqua"号游艇

(d) "Energy Observer 2"号货船

图 7-5　液氢船设计与应用案例

"MF Hydra" 号是全球首艘投入运行的液态氢动力渡轮，是获得挪威海事局、挪威民防和应急规划局（DSB）与 DNV GL 船级社批准的氢动力船，该船已于 2021 年 7 月由 Westcon 船厂交付至 Norled 公司，可容纳 300 名乘客和 80 辆汽车，将在挪威三地间的三角航线上航行。配备的 2 个 200kW 燃料电池模块由加拿大燃料电池供应商巴拉德公司位于丹麦的海洋卓越船舶中心设计、生产和测试。此外，德国 Linde 公司将为 "MF Hydra" 号提供液氢供给方案，包括生产和安装岸基与船上液氢存储、分配和安全设备，提供液氢加注服务。

美国 SF-BREEZE Ferry 项目由美国的桑迪亚国家实验室和旧金山 Red and White 渡轮公司合作开发，是一艘 150 客位的燃料电池渡轮，巡航速度 35kn（节）（64.75km/h），携带 1.2t 液氢燃料，续驶里程为 100n mile（海里）（185km）。与其配套的还包括一个世界上最大的加氢站，可为使用燃料电池的汽车、公交车和船舶加注氢气。

2020 年初，荷兰航海设计师 Sandar Sinot 发布了世界最大的氢动力超级游艇概念设计 "Aqua" 号游艇。船体长度为 372ft（112m），设计最高航速 17kn（31.45km/h），巡航速度 10～12kn（18.5～22.2km/h），加满燃料后续驶里程可达 3750n mile（6945km）。以 4MW 的 PEM 燃料电池作为动力源，并配置 1.5MW 的锂电池用于储能和增程。两台自重各达 28t 的卧式液氢燃料罐，采用高真空超级绝热的方式，单台液氢罐的容积在 18000US gal 美加仑左右（约 68m^3），两台液氢罐可存储的燃料超过 9t。对于百公里耗氢量约 110～130kg 的 "Aqua" 来说，可支持其数千公里的长途海上旅行而不需中途添加燃料。

法国公司 Energy Observer 在 2022 年初宣布推出一艘使用液氢燃料的多用途货船 "Energy Observer 2" 号，由 LMG Marin 的法国分公司设计，日本丰田和德国 Air Liquide 分别提供燃料电池系统和氢源。该船将配备 1000m^3 的液氢罐，可存储 70t 液氢，单次航程达 4000n mile；这是一艘长 120m、宽 22m、吃水 5.5m 的多用途货船，载重量 5000t，可装载 240 个标准集装箱，具备 480m 车道滚装甲板，拥有 4MW 电力推进装置和 2.5MW 的燃料电池，服务航速 12kn（约合 22.224km/h）。

韩国 Hylium Industries 公司于 2022 年初宣布，其两款船用液氢储罐获得韩国注册局的原则性批准，这两款产品由韩国船舶与海洋工程研究所（KRISO）、韩国浦项制铁公司（POSCO）、韩国造船和海洋工程集团（KSOE）共同开发，在巨济的 KRISO 海洋工业研发中心完成了第一个 400kg、容量 316L 的不锈钢船用液氢储罐原型制造，是韩国建设氢动力造船业的第一步。

在液氢运输船方面，最早采用船舶运输液氢的美国于 20 世纪 60～70 年代开展 "阿波罗航天项目"，该项目曾使用 947m^3 的储罐通过驳船进行液氢运输，经由海路把液氢从路易斯安那州运送到佛罗里达州的肯尼迪空间发射中心，比陆地运输方式更加高效、安全和经济。另外，德国小水线面双体运输船项目（Small Waterplane Area Twin Hul，SWATH）也在 2004 年试制过船体长度超 300m、配置 5 个球形储罐的液氢运输船[图 7-6（a）]。自

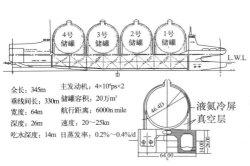

(a) SWATH

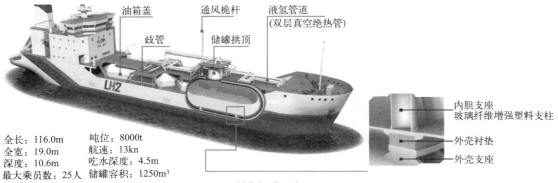

(b) Suiso Frontier

图 7-6　液氢运输船

1ps（米制马力）= 735.49875W

2014 年起，川崎重工开始研发世界上第一艘海上贸易专用的液氢运输船，利用 LNG 船设计和建造的丰富经验，联合壳牌、岩谷产业和 JPower 共同开发海上远距离液氢运输船技术。为了保证液氢所需的－253℃的超低温，对船舶及搭载的储运系统都提出了严苛要求，采用了如真空绝热双层不锈钢壳体、绝热支撑结构等特殊设计，并获得日本船级社认证；该船在柴电推进系统、通风管道、甲板机械监控、舱室设备控制等船舶系统方面也针对液氢运输特性进行了优化。2019 年 12 月 11 日，这艘命名为"Suiso Frontier"的液氢运输船从川崎重工位于日本神户港的船厂下水。该船总长 116m、宽 19m，自重超过 8000t，配置两个长 25m、高 16m 的真空绝热液氢储罐，单罐可储存 1250m³ 的液氢[图 7-6(b)]。2022 年 2 月 8 日开始首次海上氢气运输，2 月 25 日，川崎重工宣布世界上第一艘液氢运输船 Suiso Frontier 经过了约 3.5 个星期的航行，带着第一批来自澳大利亚的氢气成功运抵日本。

随着全球多个液氢动力船和液氢运输船的下水和试运行，海上液氢运输线路和港口液氢基础设置的建设将促使液氢像液化天然气一样成为船舶清洁动力的重要组成，通过运输量数万乃至数十万立方米的运输船实现万里之遥的海上运输，开启液氢全球交易的新篇章。

7.2 深冷高压储供氢技术与装备

7.2.1 深冷高压储氢技术与装备

（1）技术上

深冷高压储氢是指利用绝热、耐压气瓶，将氢以超临界态储存在低温（20～50K）、高压（35MPa）复合工况下，具有无损维持时间长、加注速度快、耐压性能高等显著优势。1998 年，美国劳伦斯·利弗莫尔国家实验室（Lawrence Livermore National Laboratory，LLNL）的 A. Salvador 团队提出车载深冷高压储氢供氢技术概念（cryo-compressed hydrogen，Cc-H₂），颠覆了液氢储罐压力≤0.5MPa 的传统航天低温储氢路线，通过液氮＋氢气增压实验论证了深冷高压储氢装备在 80K、24.8MPa 工况下的可行性，获得美国能源部长达 20 余年的持续资助。该团队于 2006 年试制首套 84L CcH₂ 储氢系统，在福特皮卡 Ranger 上集成，分别采用液氢和高压氢进行测试，但整套装备体积庞大、管路复杂，并未实际加载深冷高压氢进行试验；直到 2010 年，改良后的 151L CcH₂ 储氢系统在丰田轿车 Prius 上集成，与液氢储罐、液氢泵加注系统联动，获得了 30～35K、35MPa 工况下的深冷高压氢，实验验证了其在储氢密度、加注效率、无损储存时间等方面的技术优势。同时期，美国阿贡（Argonne）国家实验室 R.K. Ahluwalia 团队联合德国宝马公司 B. Tobias 团队设计了乘用车用的紧凑型深冷高压储氢系统，在 BMW 7 系轿车上开展了 CcH₂ 储氢供氢试验，并对深冷高压氢加注流程、加氢枪等关联技术与装备进行了探索。截至 2012 年，早期团队均已完成原型系统搭建和实验论证，研究人员历经多代产品得出结论：在氢需求量较低的乘用车上（＜10kg），深冷高压储氢由于装备起始重量大，在储氢量较小时难与 70MPa 高压储氢技术竞争，结束了 CcH₂ 在乘用车上的探索。车载深冷高压储氢系统应用案例见图 7-7。

直到 2018 年，随着燃料电池功率大幅提升，重卡、大巴等中大型商用车成为氢能源汽车发展方向，车载储氢需求达到 40～80kg，高压储氢密度低的弊端显现，单车搭载的气瓶数量甚至达到 12 个以上，难以满足市场要求，深冷高压储氢成为完美解决方案。Argonne 实验室为公交车设计了 40kg 的 CcH₂ 储氢系统，对耐压气瓶、复合材料、绝热层等关键零

图 7-7　车载深冷高压储氢系统应用案例

部件进行了质量-成本-体积的多目标优化研究。2022 年 1 月，德国 Man Truck & Bus 公司联合慕尼黑工业大学等机构，获得了德国数字与运输部 3.5 年高达 2500 万欧元的大额资助，用于开展 CcH$_2$ 在重卡上的应用工作。对于深冷高压储氢技术，学术界、车企、氢能装备供应商历经 20 余年论证基本达成共识：深冷高压氢由于储氢密度高、加注速度快、与中上游液氢产业链兼容性好等优势，是重载燃料电池商用车储氢技术的终极目标。

（2）装备

深冷高压储氢装备由耐压储氢气瓶、外部壳体、绝热层、支撑结构和管路系统组成，其中储氢气瓶作为主要临氢、承压部件，是整个系统的核心，如图 7-8 所示。深冷、高压两种极端工况的共同作用，对储氢气瓶材料性能、结构设计和试验条件提出了极高要求，技术难度最大。第一代 CcH$_2$ 气瓶采用航天领域的高压液氢容器技术方案，由单层厚壁不锈钢卷管焊接而成（Ⅰ型瓶），北京航天试验技术研究所、Lawrence Livermore 实验室都报道过相关产品，但钢质内胆重量大、系统储氢效率低，只能作为固定容器使用，难以车载。第二代 CcH$_2$ 气瓶融合了复合材料高压气瓶技术（Ⅲ型瓶），在铝合金内胆外包裹碳纤维增强树脂基复合材料（CFRP）提供耐压性能，不仅大幅降低了内胆重量，也将极限压力提升至 35MPa，系统储氢质量密度最高可达 7.4%，是目前深冷高压储氢气瓶的主流路线。

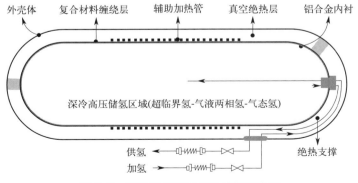

图 7-8　深冷高压储氢气瓶结构示意图

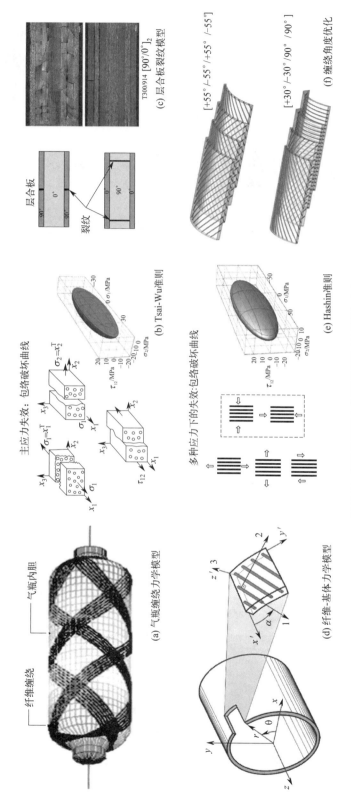

图 7-9　深冷高压储氢气瓶碳纤维材料研究内容

　　设计并制造深冷高压储氢气瓶，核心是掌握纤维复合材料的缠绕设计方法与铺层工艺。这是决定复合材料层应力分布和承载能力的关键。纤维缠绕设计方法源自复合材料细观力学，通过划分网格计算离散化的细观应力-应变场，利用均匀化方法获得宏观应力-应变关系。细观力学等复合材料设计模型最早由 Lifshitz 应用在压力容器分析领域，而后 Xia、Parnas 等进一步丰富了该理论，研究了热应力和内载荷双重作用对容器耐压层的影响。在材料失效判定方面，宏观最大应力准则判断单向复合材料是否失效仅考虑了主应力对强度极限的影响；蔡为伦、E. M. Wu 提出了二阶张量准则——Tsai-Wu 失效判断准则，在强度理论方程中增加项数改变偏差，提高预测精度。Hashin 提出了不同失效机理下的复合材料强度判断准则——Hashin 准则，广泛用于基体开裂失效判断，此后 Mayes 进一步进行了修正。近年来，学者们转向研究材料损伤和裂纹扩展模型，考虑从断裂机理建立数学模型，研究新的强度理论（图 7-9）。但上述研究主要针对－45℃到 85℃的常规高压储氢服役工况，并未考虑深冷环境下，复合材料力学性能改变和温致应力的影响，不能直接用于深冷高压储氢气瓶。

　　为考虑深冷工况对纤维缠绕设计方法的影响，美国太平洋西北国家实验室（Pacific Northwest National Laboratory，PNNL）将基体开裂微观力学集成到连续损伤力学公式中，用细观力学准则预测了纤维的失效，并基于温度的复合材料热弹塑性本构模型，通过有限元仿真对纤维缠绕层的应力应变、服役寿命进行了分析预测。东南大学倪中华、严岩团队在层合板理论基础上，通过建立热膨胀系数、弹性模量等材料属性与温度的关联性，优化了复合材料力学分析本构方程，发现深冷工况下，相同压力的 CcH_2 缠绕层比普通高压气瓶要厚，温度导致的附加内应力主要引起垂直于纤维方向的失效，反映出纤维和基体界面强度调控的重要性，为进一步优化复合材料体系、探索 CcH_2 气瓶缠绕层设计方法理清了方向。该团队还开发了一套基于纤维缠绕工艺的深冷高压储氢瓶设计软件，通过输入纤维材料属性、服役工况，使用数值解析方法对深冷高压储氢气瓶复合材料层进行分析，采用 Tsai-Wu 失效判断准则、刚度衰退理论等评价手段，对气瓶是否失效进行分析判断，得到容器所需最小厚度，支撑气瓶设计与验证（图 7-10）。

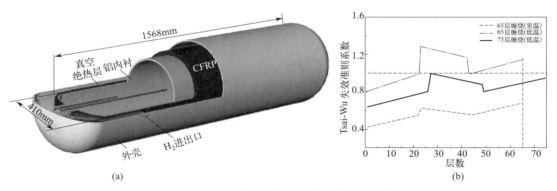

图 7-10　深冷高压储氢气瓶碳纤维缠绕铺层参数研究

　　然而，虽然国内外研究机构针对不同纤维材料体系的低温性能进行了研究，给出了很多复合材料的低温性能试验数据，对低温工程中的纤维复合材料选择、设计和系统安全性增强具有参考作用，但深冷温区弹性参数、热膨胀系数以及强度参数并没有形成全面的试验测试数据。一方面，实现低温原位性能测试十分困难且成本很高，目前国内仅中科院理化所、合肥通用所等少数单位配备深冷温区的材料力学试验机，整体硬件条件受限；另一方面，在材料设计及选型过程中需要进行大量试验，各种材料配比、组合及工艺优化参数产生的巨大需求难以满足，是目前深冷温区复合材料性能研究的瓶颈。

7.2.2　深冷高压供氢技术与装备

深冷高压供氢系统是介于储氢气瓶和燃料电池之间的管路控制装置，作用是将深冷、高压状态的氢处理为适合燃料电池堆工况的氢气。在深冷高压氢瓶中存储的超临界氢，温度可低至 20K，压强高达 35MPa，并不能直接输入燃料电池，需要经过换热器和节流阀等管路控制装置升温降压后，再输入电堆进行反应。

深冷高压氢瓶供氢过程中，瓶内储氢的物理状态并不是恒定不变的。由于供氢带来的温度和压强变化，瓶内储氢状态会在不同的相态间转变，经历超临界态-气液共存态-气态三个阶段（图 7-11）。通过建立供氢过程模型进行数值模拟，对瓶内温度、压强、物态和不同物态质量比例进行预测。随着供氢进行，氢瓶内温度和压强将逐步降低。当温度低于氢的临界温度或压强低于临界压强后，瓶内氢将由超临界态的单相逐渐演变为气态和液态共存的两相。气液两相态下继续供氢，若无外界干预，压强会降至 0.8MPa 以下，低于燃料电池适合工况，意味着车辆将不能继续行驶，残余储氢被浪费。此时需要外界供热，推动液氢汽化，达到回温回压的效果。当液态氢汽化耗尽，瓶内只存在气态氢，由于供氢在这个阶段导致的降温降压效果更为明显，需要新的补充供热策略，促进氢升温升压，减少残余氢量。

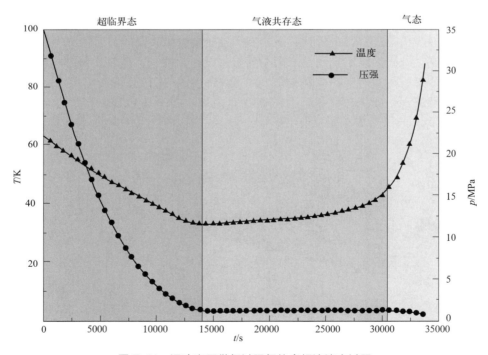

图 7-11　深冷高压供氢过程氢的多相流演变过程

美国 Argonne 实验室的 Ahluwalia 等建立了 151L 低温绝热储氢瓶的集总参数模型，基于系统能量和质量守恒，模拟了不同温度和压强下的加注、供氢及无损储氢时间预测，该低温绝热储瓶供氢时容器内储氢经历了超临界态-气液共存态-气态三个阶段。瓶中初始状态的超临界氢消耗 4.1kg 后，剩余氢转变为饱和液态氢。释放 5.2kg 时，瓶内压强降至 0.8MPa，为维持容器内压强不低于 0.8MPa，采用了恒定 600W 的外界补充加热功率。供氢过程至气液两相态结束后，由于气态区降压程度更大，因此采用动态加热策略。最终实现瓶内残余氢量仅为 0.6kg。在该低温绝热储瓶供氢过程模型模拟中，以超临界态供给的氢占瓶内氢总重的 38.3%，气液两相态供给的占比为 46.7%，气态供给的占比为 9.3%。东南大学徐展等构建了面向重载卡车的 1000L、70kg 深冷高压储氢瓶供氢过程模型，初始压强 35MPa，供氢流量为 2g/s，对外界加热功率进行讨论发现，以超临界态供给的氢占瓶内氢总重的 40.6%，气液两相态供给的占比为 48.4%，气态供给的占比为 10.4%。由此可见，建立基于热力学原理和系统质量、能量守恒的集总参数模型，预测供氢过程是可行的，也是目前国内研究人员在缺少深冷高压供氢实验条件的情况下，开展边界载荷计算的有效途径。

对于供氢温度控制策略，现有的面向液氢为能源的供氢系统多采用一级换热模式，但深冷高压氢存储压力高，现有液氢气瓶供氢控制策略不能直接使用。为了更好地控制深冷高压供氢过程，提升能源利用效率，研究人员结合运载终端热管理系统，通过两级换热器和节流阀进行温压调控和能量优化，实现燃料电池堆余热利用。该系统主要由深冷高压氢储瓶、输氢管路、低温阀门单元、换热器、散热器等元件组成。低温阀门单元包括电磁阀、安全阀、过滤阀、单向阀、分流阀、温度传感器、压强传感器、流量调节阀、减压阀等。此外，当供氢初始温度为 220K 时，对氢流进行节流降压处理只会发生负节流效应，降至 0.8MPa 时，温度升高 4.85K。初温为 330K 时，降压至 0.8MPa，温度升高 8.58K。随着初始温度的升高，节流降压获得的温升也逐渐提高。因此，进入节流阀的氢流温度需要低于 330K，以满足燃料电池堆 338K 的额定温度要求。综上分析，氢流通过一级换热器需要加热到 220～330K，该措施可以防止节流过程中发生正节流效应，从而利用负节流效应实现氢流升温，进一步提高能量利用效率。深冷高压供氢过程控制技术研究见图 7-12。

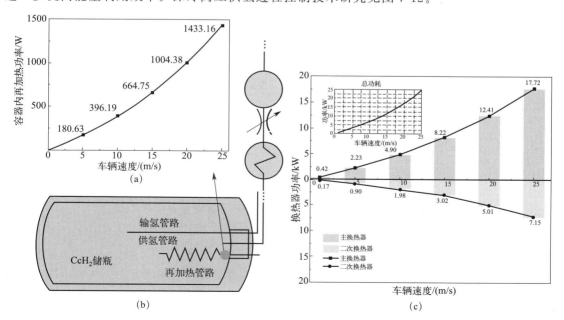

图 7-12　深冷高压供氢过程控制技术研究

7.2.3　深冷高压氢加注技术与装备

加氢速度快、不受气瓶初始温度和气相区压力影响是深冷高压储氢的显著优势。包括液氢气瓶在内的常规低温容器在加注前必须进行预冷，加注过程中还要持续泄放蒸发氢气来降低瓶内压力，从而在有限的加注压差下形成较大的加氢流量；而深冷高压气瓶由于超高的耐压性能，通过液氢潜液泵提供的加注压力最高可达气瓶压力上限（35MPa），加注过程不再需要通过气体泄放降低加注压差，在保证加注效率的前提下，消除了泄放蒸发氢气带来的回收难题和安全隐患。此外，由于氢在深冷高压气瓶内以多相流形式存在，无须时刻保持低温液体状态，因此不同初始工况的气瓶均可直接加注，消除了预冷环节带来的时间成本和气体预冷成本。但是气瓶的不同初始工况会对加注结束后的终态参数造成影响，即影响加注总量，较低的初始温度和压力会带来更大的加注量和终态储氢密度。以 Lawrence Livermore 实验室开展的 151L 深冷高压储氢气瓶加注实验为例，初始工况为 23K、0.19MPa 的气瓶（密度为 22.8g/L）终态加注工况为 62K、33.8MPa，终态储氢密度为 70.3g/L；而初始工况为 97K、0.19MPa 的气瓶终态工况会达到 87K、32.6MPa，储氢密度降为 58.0g/L，但峰值加注流量都可达到 1.7kg/min。可见初始工况对加注效率并无影响，主要带来终态储氢总量与储氢密度的改变。深冷高压氢加注过程及典型工况见图 7-13，使用液氢泵进行压力容器填充的实验结果见表 7-1。

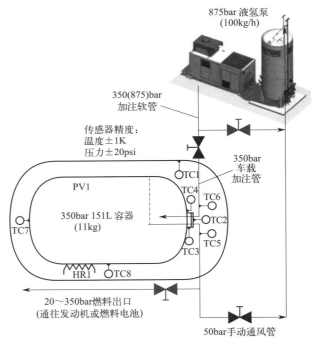

图 7-13　深冷高压氢加注过程及典型工况（1bar=10^5Pa；1psi=6894.757Pa）

加注装备和流程选择是保证深冷高压氢加注优势的关键，虽然深冷高压氢可以通过气体先液化再加压和增压后再冷却两种方式获得，但两种路线在热力学能耗、装备经济性以及产业链上游兼容性等方面存在较大差异。在以中上游液氢储运为主的氢能产业链发展趋势下，氢气液化所需能耗集中在可再生能源源头区域，如风电场、水电站、光伏电站等，液化成本可控，液氢储运成本较低，加氢站内仅需通过潜液泵增压即可形成超临界氢，站内能耗小，流程精炼，是最为可行的技术路线。而基于高压氢储运、站内冷却的技术路线背离了产业链发展方向，高压氢既不具备运输成本优势，也不具备加氢站大规模存储条件，加之站内冷却带来的巨大能耗难以通过可再生能源消纳，因而先增压再冷却的技术路线较难应用于车载深冷高压储氢装备的大规模加注场景。但在加注体量较小、效率要求不高的深冷高压试验场景中仍可使用，用来形成稳定的深冷、高压测试环境，验证相关装备和零部件的低温性能，例如东南大学倪中华团队开发的深冷高压疲劳性试验平台，就是基于高压气体冷却流程形成深冷高压模拟服役环境，从而实现管路、接口、气瓶等零部件的原位工况试验。深冷高压试验平台见图 7-14。

表7-1 2013 年 8 月至 2014 年 4 月期间使用液氢泵进行的 24 次压力容器填充实验结果

时间	序号	初始温度/K	初始压力/bar	初始密度/(g/L)	最终温度/K	最终压力/bar	最终密度/(g/L)	分配质量/kg	加注时间/min	平均流量/(kg/min)	峰值流量/(kg/min)	加注能量/(kW·h/kg)
2013/8/8	1	284	18.6	1.6	218	169	16.7	2.3	5	0.46	1.21	2.62
	2	204	81.1	9.1	154	336	38.8	4.5	6.5	0.69	1.7	1.58
	3	97	1.9	0.5	87	326	58	8.7	6.5	1.33	1.7	1.22
	4[①]	23	2	4	75	341	64.3	9.1	7	1.3	1.7	1.45
	5[①]	22	1.9	9.5	67	342	68	8.9	6.3	1.42	1.7	1.48
2013/8/12	6	63	51.1	22.4	85	333	59.3	5.6	4.4	1.27	1.7	1.43
	7[①]	23	2	4.9	71	337	65.7	9.2	6.5	1.42	1.7	1.39
	8[①]	23	2	11.4	68	341	67.8	8.5	5.8	1.47	1.7	1.29
	9[①]	23	2	18	64	340	69.5	7.8	5.6	1.39	1.7	1.28
	10[①]	23	2	22.8	62	340	70.2	7.2	5.3	1.36	1.7	1.37
	11[①]	23	1.9	22.8	62	338	70.3	7.2	5.1	1.4	1.7	1.37
2013/9/6	12	278	2.8	0.2	200	182	19.3	2.9	5.1	0.57	1.7	2.44
	13	160	3.2	0.5	143	49	8	1.1	2.3	0.5	0.65	3.54
2013/9/11	14	212	29.2	3.3	174	124	15.7	1.9	2.4	0.78	1.7	—
2013/9/12	15	163	22.9	3.3	118	345	48.5	6.8	5.2	1.31	1.7	1.46
2014/4/30	16	290	2	0.2	192	229	24.2	3.6	3	1.23	1.7	—
	17	194	235.2	24.5	179	350	35.5	1.7	3	0.55	1.2	—
	18	88	2.1	0.6	82	345	61.4	9.2	6.6	1.4	1.7	—
	19[①]	25	2.9	7.4	72	344	66.2	8.9	6.2	1.43	1.7	—
	20[①]	23	2.1	12.6	67	345	68.5	8.4	5.9	1.42	1.7	—
	21[①]	23	2.2	22.8	62	338	70.2	7.2	5.7	1.27	1.7	—
	22[①]	23	2.26	25	59	343	72.4	7.1	5.2	1.36	1.7	—
	23[①]	23	2.32	22.8	63	339	69.9	7.1	6.5	1.1	1.7	—
	24	43	54.9	48.5	65	343	69.4	3.2	2.6	1.21	1.7	—

①其值为两相区内的初始条件

深冷高压氢加注系统由液氢储罐、潜液泵、加氢机、柔性绝热耐压管路、加氢枪等装置组成，在完成深冷高压氢加注的同时，还可与 45MPa/90MPa 超高压储氢瓶组结合，通过耐高压气体混合装置形成面向 35MPa/70MPa 的车载高压储氢气瓶的加注线，利用潜液泵替代高压加氢站的压缩机和水冷机组，同步完成增压和预冷工序，简化高压加注流程，降低加氢站整体能耗。欧洲研究机构也在积极开展深冷高压加注标准的制订，基本形成了平均加注流量 8.3kg/min、最高加注流量 15.0kg/min、加注过程最高温度 50K 的性能框架，相关流程研究仍在进行中，是目前深冷高压加注领域的热点。

(a) 美国Lawrence Livermore深冷高压氢储供试验平台

(b) 东南大学深冷高压试验平台

图 7-14　深冷高压试验平台

参 考 文 献

[1] Aceves S M，Espinosa-Loza F，Ledesma-Orozco E，et al. High-density automotive hydrogen storage with cryogenic capable pressure vessels [J] . International Journal of Hydrogen Energy，2010，35（3）：1219-1226.

[2] Ruf Y，Zorn T，De Neve PA，et al. Study on the use of fuel cells and hydrogen in the railway environment [R] . 2019.

[3] Aceves S，Berry G，Martinezfrias J，et al. Vehicular storage of hydrogen in insulated pressure vessels [J] . International Journal of Hydrogen Energy，2006，31（15）：2274-2283.

[4] Ahluwalia R K，Peng J K. Dynamics of cryogenic hydrogen storage in insulated pressure vessels for automotive applications [J] . International Journal of Hydrogen Energy，2008，33（17）：4622-4633.

[5] Yan Y，Xu Z，Han F，et al. Energy control of providing cryo-compressed hydrogen for the heavy-duty trucks driving

［J］．Energy，2022，242：122817.

［6］ Ahluwalia R K，Hua T Q，Peng J K，et al. Technical assessment of cryo-compressed hydrogen storage tank systems for automotive applications［J］．International Journal of Hydrogen Energy，2010，35（9）：4171-4184.

［7］ Paster M D，Ahluwalia R K，Berry G，et al. Hydrogen storage technology options for fuel cell vehicles：Well-to-wheel costs，energy efficiencies，and greenhouse gas emissions［J］．International Journal of Hydrogen Energy，2011，36（22）：14534-14551.

［8］ Ahluwalia R K，Peng J K，Roh H S，et al. Supercritical cryo-compressed hydrogen storage for fuel cell electric buses［J］．International Journal of Hydrogen Energy，2018，43（22）：10215-10231.

［9］ Lifshitz J M，Dayan H. Filament-wound pressure vessel with thick metal liner［J］．Composite Structures，1995，32（1/4）：313-323.

［10］ Xia M，Kemmochi K，Takayanagi H. Analysis of filament-wound sandwich pipe under internal pressure［J］．Advanced Composite Materials，2000，9（3）：223-239.

［11］ Parnas L，Katircl N. Design of fiber-reinforced composite pressure vessels under various loading conditions［J］．Composite Structures，2002，58（1）：83-95.

［12］ Chen X，Sun X，Chen P，et al. Rationalized improvement of Tsai-Wu failure criterion considering different failure modes of composite materials［J］．Composite Structures，2021，256：113120.

［13］ Chróścielewski J，Sabik A，Sobczyk B，et al. Examination of selected failure criteria with asymmetric shear stresses in the collapse analysis of laminated shells［J］．Composite Structures，2021，261：113537.

［14］ Mayes J S，Hansen A C. Composite laminate failure analysis using multicontinuum theory［J］．Composites Science and Technology，2004，64（3/4）：379-394.

［15］ Nguyen B N，Roh H S，Merkel D R，et al. A predictive modeling tool for damage analysis and design of hydrogen storage composite pressure vessels［J］．International Journal of Hydrogen Energy，2021，46（39）：20573-20585.

［16］ Zhao X，Yan Y，Zhang F，et al. Analysis of multilayered carbon fiber winding of cryo-compressed hydrogen storage vessel［J］．International Journal of Hydrogen Energy，2022，4（20）：10934-10946.

［17］ 徐展. 面向燃料电池重卡的深冷高压供氢技术研究［D］．南京：东南大学，2021.

［18］ Ahluwalia R K，Hua T Q，Peng J K. On-board and off-board performance of hydrogen storage options for light-duty vehicles［J］．International Journal of Hydrogen Energy，2012，37（3）：2891-2910.

［19］ Petitpas G，Aceves S M，Matthews M J，et al. Para-H_2 to ortho-H_2 conversion in a full-scale automotive cryogenic pressurized hydrogen storage up to 345 bar［J］．International Journal of Hydrogen Energy，2014，39（12）：6533-6547.

［20］ Petitpas G，Aceves S M. Liquid hydrogen pump performance and durability testing through repeated cryogenic vessel filling to 700 bar［J］．International Journal of Hydrogen Energy，2018，43（39）：18403-18420.

［21］ Moreno-blanco J，Petitpas G，Espinosa-loza F，et al. The fill density of automotive cryo-compressed hydrogen vessels［J］．International Journal of Hydrogen Energy，2019，44（2）：1010-1020.

第8章

液氢安全技术与管理

8.1 液氢的危险特性

1898 年英国人杜瓦使用液化空气作为冷源来冷却氢气，然后通过节流膨胀获得了液氢，从而开启了人类应用液氢的先河。

液氢具有 -253℃ 的极低温度，能使很多材料变脆，可能会造成直接接触液氢或者接触液氢装置的人员冻伤，在裸露的液氢管线上能明显看见被液化的空气流下，亦存在冻伤人员的可能。由于液氢是无色液体，少量泄漏会汽化成氢气不易被察觉，存在爆炸的可能性。在《危险货物分类和品名编号》（GB 6944—2012）中液氢的编号为 UN1966，属于第二类气体中的易燃气体。

8.1.1 液氢对人体的危害

皮肤如果直接接触液氢，瞬间就会像接触火焰一样。裸露在外的皮肤温度一般在 20℃ 以上，而液氢温度是 -253℃，瞬时温差超过 200℃，会造成人体组织急速冷冻损伤，感觉就像是被烧红的煤炭烫伤，所以也被称为冷灼伤。

为避免这种冻伤现象的发生，在液氢有可能飞溅或者排出的场合，操作人员必须戴符合《防静电工作帽》（GB/T 31421—2015）的防静电帽，佩戴防护面罩或护目镜，并佩戴能妥善护住手部和小臂的长棉手套，穿符合《防护服装　防静电服》（GB 12014—2019）规定的 A 级防静电服，妥善护住脚踝等部位。同时不应进入液氢大量泄漏的场所，如果因特殊情况必须进入，则应佩戴自供空气的防毒面具或长管式面具，使用长管式面具时，软管入口处必须有专人看管，并穿无钉皮靴，进入该区域前还须消除静电。

不管是液氢还是氢气都是无毒、无色、无味的，但在封闭空间内液氢发生泄漏，快速汽化成氢气后，空气中的氧含量会快速下降，从而带来窒息的风险。氢气和空气混合还会发生爆炸，所以在涉氢环境里一定要重视泄漏的预防和静电消除。

8.1.2 液氢相关的安全事故

现阶段在全球范围内氢能作为一种绿色、高效的能源，被视为 21 世纪最具发展潜力的清洁能源。各国政府纷纷出台相关政策，一时间，各类制氢工厂、液化工厂、液氢储运装备、加氢站、示范应用等新闻层出不穷，氢能可谓是能源界一颗冉冉升起的新星。

但是，近几年在全球范围内发生了多起氢气相关的爆炸事故，为氢能的安全利用敲响了警钟。

2022 年 3 月 14 日我国台湾省新竹县关西镇和桃园市龙潭区交界的新桃电厂发生氢气爆炸，见图 8-1。

图 8-1　新桃电厂发生氢气爆炸

2021 年 8 月 4 日 9 时 25 分，位于沈阳经济技术开发区一企业内的氢气罐车软管破裂爆燃，见图 8-2。

图 8-2　沈阳某企业氢气罐车软管破裂爆燃

2019 年 6 月 10 日（挪威时间）位于挪威首都奥斯陆郊外的一处加氢站发生爆炸，见图 8-3。所幸爆炸并没有直接造成人员伤亡，但附近车辆内有两人因安全气囊被爆炸震开受轻伤。

2019 年 6 月 1 日，美国加州圣塔克拉拉的一家化工厂储氢罐泄漏爆炸，导致当地氢燃料电池汽车的氢供应中断。

2019 年 4 月 7 日，美国北卡罗来纳州朗维尤一家氢燃料工厂发生爆炸，引发海外媒体的广泛报道，这次加氢站爆炸事故直接导致附近 60 处房屋受损，庆幸的是没有造成人员伤亡。

图 8-3　挪威首都奥斯陆郊外加氢站发生爆炸

2019 年 5 月 23 日，韩国江原道江陵市的一个氢燃料储存罐发生爆炸，见图 8-4，造成 2 人死亡，另有 6 人受到不同程度的伤害。韩国官方信息显示，发生爆炸的储氢罐属于非营利机构，该机构承接了一些氢能储运方面的研究。

图 8-4　韩国江原道江陵市氢燃料储存罐发生爆炸

纵观国内外近些年氢安全事故，韩国发生在氢气制取环节，美国发生在储运环节，挪威发生在加氢站，我国也是加氢站常用设备出现故障，基本涵盖了氢能供应体系。美国和挪威的爆炸事件涉及的美国空气化工产品公司、美国普莱克斯公司，都是全球较大的氢气供应商，可谓历史悠久，实力雄厚。可见，无论是在氢应用领域有多长的历史与多强的实力，只要是有氢的地方，安全的重要性再怎么强调都不为过。

8.1.3　液氢的燃烧爆炸风险

物质的物理和化学性质决定了它们的特点，液氢也不例外，所以了解液氢的物理和化学性质，对于应对液氢的生产、贮存和运输等过程的风险能起到至关重要的作用。液氢的特点概括如下。

① 密度 70kg/m^3；
② 温度 -253℃；

③ 汽化热 452kJ/kg;

④ 爆炸范围宽;

⑤ 着火能量低。

由于液氢的密度比较小,所以液氢泄漏时会快速消散与蒸发,反而比某些分子量较大的气体类物质(比如丙烷)安全。有实验表明液氢在砾石地上的扩散较其他类型的地面更快,所以液氢工厂一般在液氢储罐周围铺以砾石,见图 8-5。

图 8-5　国内某液氢工厂液氢储罐周围铺设的砾石

由于液氢本身的温度极低,所以从安全的角度来讲,首先是与液氢接触的部分以及可能接触到液氢的部分所使用的材料必须在低温下具备足够的韧性,通常使用低温冲击功来表征这个特性;其次在低温下这部分材料也必须具有承受压力载荷的能力。由于氢本身的分子较小,决定了其比其他常见的低温类介质更容易泄漏。液氢泄漏之后快速汽化扩散,易达到爆炸范围而导致危险的发生。由于液氢的温度已经远远低于空气中绝大多数气体在常压下的沸点,所以对于液氢系统而言,纯净度是必须考虑的一个问题,如果其他气体在液氢系统内聚集,极有可能会形成固体颗粒,造成密封失效或者管路堵塞等重大安全隐患。对于裸露的液氢设备,其外壁很有可能会形成液化空气流,就像下雨一样,这一部分液体的温度也很低,也需要做好处理。

8.2　液氢生产和应用时的静电危险

不管是液体的氢还是气体的氢均与爆炸物不同,其本身是一种极其稳定的物质,但它与空气或氧气组成混合气体时,最小着火能量大约只有 0.02mJ。

氢气的爆炸极限(体积分数)是 4.0%~75.6%,有研究表明液氢的电导率大约为 10^{-17}S/cm,而烃类燃料的电导率为 10^{-15}~10^{-13}S/cm,液氢比烃类燃料更难导电和带静电,而且一旦带电就很难自然放电。

静电现象十分普遍,特别是在冬天,更是让人防不胜防,正确认识静电的产生、来源、危害，并制定出预防和消除办法，对于做好液氢的安全生产工作具有十分重要的意义。

8.2.1　液氢产生静电的几种形式

由于氢本身的复杂性及危险性，设计和使用单位必须将安全放在首位，从源头上就要防止静电引起的危害。要避免静电引起的危害，首先要了解液氢产生静电的几种形式。

① 流动带电。液氢在输送或者泄出时，由于流动的速度过快摩擦带电，是液氢生产中要避免的一种静电带电形式。

② 喷射带电。当液氢从管口喷出后与空气接触时，将被分散成许多小液滴。较大的液滴很快沉降，而微小的液滴停滞在空气中形成雾状的小液滴云，带有大量的电荷。

③ 冲击带电。当液氢从管口喷出后遇到器壁或挡板的阻碍时，飞溅起的小液滴同样会在空间形成电荷云。

8.2.2　常用的防静电措施

除液氢本身产生的静电以外，还有从外界带过来的静电，对液氢系统的危险程度是同等的，所以防静电的要求是，除了防液氢本身的静电以外，还要对可能从外界带来静电的所有因素进行完备的管理。静电现象本身的100％再现十分困难，因为一旦发生火灾或爆炸就难以恢复原状，所以想通过实验来证明某些防静电措施的有效性是非常困难的。因此其中哪些措施是最有效的不能一概而论，但是，对于液氢系统而言，完成一些具体的静电检查事项是非常必要的。

8.2.2.1　液氢系统设计方面的防静电措施

① 液氢系统必须设置在通风良好的区域；
② 系统设计中必须要有完备的接地措施；
③ 液氢贮存场地应避开雷电高发区域，并设置完备的防雷击装置；
④ 各个法兰之间必须使用金属跨接线牢固跨接；
⑤ 液氢贮存场地周围应设置氢气浓度传感器；
⑥ 液氢入口必须设置符合要求的过滤器；
⑦ 整个液氢系统都必须有完善的操作方案。

8.2.2.2　相关人员的防静电措施

① 禁止携带火种进入涉氢区域；
② 禁止携带金属物品进入涉氢区域；
③ 所有进入涉氢区域的人员必须穿戴符合要求的防静电服、防静电鞋、防静电帽；
④ 所有进入涉氢区域的人员必须进行消静电处理。

8.2.2.3　操作方面的防静电措施

① 检查系统接地是否可靠；
② 防止危险性杂质进入液氢系统；

③ 所有操作必须按照操作规程进行；

④ 检查流速是否超过限定值；

⑤ 取样检测、泄出或加注时要严格按规程执行；

⑥ 出现反常现象要追查到底。

8.3　液氢安全操作规程

8.3.1　液氢生产与使用操作

整个液氢生产系统一般包括液化装置、液氢贮存装置、液氢制备用辅助装置以及相应的管路系统等，为降低液氢或氢气泄漏带来的危害，液氢生产系统应有系统的安全与防火防爆等措施。液氢和氢气设施应设有防火防爆措施，防火防爆措施的设置应根据当地气象和建设地的实际条件、危险因素分析、暴露建筑物等综合因素确定。液氢生产和使用操作还应该对如下几点作出相应的要求。

8.3.1.1　人员的基本要求

操作人员应无影响工作的疾病及其他生理缺陷，应经过安全教育，专业知识及操作培训考核合格，持证上岗。教育培训内容主要包括：

① 氢气、液氢的有关理化性质与安全防护知识；

② 液氢贮存运输及相关作业岗位职责、操作规程与安全守则；

③ 急救与自救方法；

④ 应急处理方法；

⑤ 氢着火消防技术等。

8.3.1.2　安全防护基本要求

氢、液氢的安全防护分别按第 8.1.1 节和第 8.2.2 节有关要求执行。

8.3.1.3　安全保障

（1）保证液氢质量

① 准备充装液氢的贮运槽罐和管路应确认置换合格；

② 充装至贮罐的液氢品质应符合《液体火箭发动机用液氢规范》（GJB 71A—2019）或《液氢贮存和运输技术要求》（GB/T 40060—2021）的规定；

③ 液氢罐的排气装置应密封良好；

④ 液氢贮罐和管线应定期进行升温和吹扫作业，清除可能积存的固体颗粒物和其他气体。

（2）防止液氢和氢气泄漏

注意检查液氢贮运槽罐阀门和管道接头（尤其是焊缝处）有无泄漏迹象，维护和保持槽罐整体密封性能和绝热性能，防止液氢和氢气泄漏。

（3）合理排放液氢和氢气

管道和贮槽的吹除置换和增压气体应通过专用排空管缓慢排放，不准随意排放液氢和氢气。

（4）保证良好的通风

各种液氢作业应在自然通风良好的开阔场地进行，室内进行与氢相关的操作时必须保持通风。

（5）消除点火源

① 避免高压氢突然排放，通过管道输送或排放液氢和氢气时应严格限制流速；

② 采用防爆电器设备和照明灯具；

③ 避免冲击、碰撞和过大的摩擦；

④ 消除槽罐、管道、设备和人体静电；

⑤ 装设完备的防雷与接地设施；

⑥ 远避高温热源和烟气，暴露的热表面温度不应超过 450℃；

⑦ 严禁各种明火；

⑧ 严禁吸烟和携带火种以及非生产必需的金属物品进入涉氢区域。

8.3.1.4 紧急停车

对于液氢生产来讲，除考虑上述相关因素以外，还要重点考虑紧急停车的情况。当发生意外情况时，紧急停车能够迅速切断重点危险设备运行状态，使其在短时间内关闭，从而避免人员伤害、设备的更大损坏、火灾持续或扩大等危害。

8.3.2 液氢的转注操作

液氢的转注是从液氢工厂向运输车输送液氢，或者从液氢运输车向液氢站的储罐输送液氢的过程。

液氢转注过程中，首先要做好液氢输送管道、氢气置换和排放管道、氮气置换管道、氦气置换管道（如有需要的话）以及相关阀门驱动器的连接。

其次要将相关控制信号接入中控室，原则上各系统连接结束后所有的操作指令都应该由中控室发布，所有的动作都应该可以通过中控室操控。

再次是做好连接管道的气密性检查工作，防止氢气或者液氢的泄漏，各连接处应设置氢浓度传感器。

最后还要做好管线的吹除和置换工作，由于连接液氢转注的管线系统在连接过程中不可避免地接触到空气，为防止空气或者氮气在管系中存留造成冰堵、产生阀门密封失效或者其他风险，必须做好转注管系的吹除和置换工作，这是液氢转注过程中至关重要的一环，一般可以采用增压吹除置换或者抽空法进行。对于能承受负压的液氢系统（管路、阀门等），建议优先使用抽空法置换。用无油真空泵对需要置换的管路系统进行抽空，再用氦气增压置换，取样分析符合表 8-1 规定的各项指标方可准备转注。

正式转注前还需要对转出容器中的液体进行取样化验，符合技术指标才可以开展转注。转注一般采用自增压法，在转注后期液位较低后，也可以采用外部增压氢气来补充增压，以达到较高的效率。

需要强调的是，不管是气密性检查还是吹除置换，所使用的气体都必须符合表 8-1 的要求。

表8-1　置换气体的要求

置换气体	指标值	
氮气	氮含量	>96%
	水含量	≤ 100 × 10⁻⁶
氦气	氦含量	>99.9%
	氧(含氩)含量	≤ 30 × 10⁻⁶
	氮含量	≤ 800 × 10⁻⁶
	水含量	≤ 30 × 10⁻⁶
	其他	≤ 50 × 10⁻⁶

注：含量均为体积分数。

　　液体转注结束后，先关闭接收液氢储罐的液氢进口阀，转注管内的液氢也需要使用氢气将其吹至液氢储罐中，然后关闭转出罐的液氢出口阀。再用常温氢气对转注管系进行吹扫，此时氢气一般都回收至液化装置中，也可以直接排放到排放总管中输送至火炬燃烧，待管路排气温度上升至−196℃以上后，才可以使用氮气对转注管路进行吹扫，直至取样化验氮气的成分符合表 8-1 的要求后，才可以进行管道的拆除工作。接收液氢的储罐、转出液氢的储罐以及拆除下来的管道各法兰口均应该使用盲板进行封堵，以防止颗粒物污染。

8.3.3　液氢的泄漏处理方法

8.3.3.1　泄漏处理人员的防护

　　现场操作人员必须穿着符合《足部防护　安全鞋》（GB 21148—2020）规定的安全鞋或长靴，外穿符合《防护服装　防静电服》（GB 12014—2019）规定的防静电工作服或纯棉工作服，内穿纯棉内衣。防护服装的尺码应合体舒适。裤管应罩在鞋（靴）帮外面。防护服装应定期检查，妥善维护保管。

　　任何液氢操作之前都应对个人防护装具进行检查。

　　在液氢溢出或飞溅的场合，操作人员应佩戴防护面罩（或护目镜）和长臂纯棉手套。不应用手触摸非绝热或绝热性能不良的液氢槽罐与管道表面。

　　禁止进入液氢大量泄漏的场所。因特殊需要必须进入时，应佩戴自供空气的防毒面具或长管式面具。使用长管式面具时，软管入口端应处于空气清新处并有专人看管。

8.3.3.2　液氢溢出泄漏处理

　　① 迅速查明泄漏部位，设法阻止或控制液氢的溢出和泄漏。

　　② 液氢溢出泄漏量少或发生在空旷场地时，可任其自然蒸发飘散；液氢大量溢出泄漏时，应防止人员窒息、冻伤和着火爆炸事故的发生。

　　③ 当液氢溢出泄漏不能控制时，无关人员应迅速撤离现场；若已发生火情，所有人员立即后撤至 150m 以外。

8.3.3.3　着火事故处理

　　（1）氢着火事故的处理原则

　　① 尽快阻断着火氢气来源并切断现场电源；

　　② 由经过训练的人员灭火，同时采取水幕隔离与喷淋冷却办法保护附近液氢罐、可燃物及其他相邻设备，防止火灾扩大；

③ 若着火氢源不能阻断或火势难以控制，应迅速撤离现场或实施有效的自我保护。

（2）氢着火时的注意事项

① 氢火焰无色，不易发觉，应避免肤体灼伤；

② 若火焰暂已扑灭但氢源并未阻断，不应急于进入现场，避免复燃危险；

③ 氢着火时须用干粉、二氧化碳、水（水蒸气）、液氮或氮气灭火，禁止用四氯化碳、泡沫及卤代烷灭火剂，灭火时应注意防止窒息；

④ 用水灭火时不应喷射液氢泄漏处和丧失绝热能力的液氢槽罐及管道。

8.3.3.4　人员伤害的应急处理方法

（1）冻伤处理

冻伤部位应用冷水浸泡复温，然后就医诊治。当皮肤被冷金属壁冻住时，不宜生拉硬拽，可用温热空气吹化冻住部位，慢慢解脱。

（2）窒息处理

应尽快将窒息者转移至空气清新处，必要时做人工呼吸，然后送医诊治。

8.4　液氢装备设计与现场布置要求

8.4.1　液氢生产系统的配置

液氢生产系统中的氢液化装置、各类储罐和辅助装置等，应根据原料氢、液氢生产规模和液化工艺等因素确定。

氢液化装置和氢气储罐、液氢储罐等宜集中设置，且应满足相关的安全间距要求，氢气储罐、液氢储罐周边要求地势平坦、开阔，自然通风良好，并应设有防撞围墙或围栏以及明显的禁火和防止静电等标志。

液氢生产系统、氢气储罐和液氢储罐宜布置在厂区常年最小频率风向的上风侧，控制检测系统宜布置在场区常年最小频率风向的下风侧。

8.4.2　管道及其附件的设计安装

液氢系统的管道系统和组件设计参照《液氢车辆燃料加注系统接口》（GB/T 30719—2014），应考虑系统所承受的冷、热循环引起的温差应力造成的影响，以及管道、附件、阀门之间的适用性。安装低温液体管道，应设计完备的吹除和置换接口，以避免低温液体在管道内、阀门前后积存。设备和管道采用的保冷、保温材料，应符合下列要求：保冷、保温材料应采用热导率低、湿阻因子大、吸水率低、密度小、综合经济效益高的材料；保冷、保温材料应为不燃或难燃材料；管道的保冷及保温层厚度，应根据实际操作的需要设置。

管道的具体设计安装要求如下。

① 液氢输送应选择专用的真空绝热或其他形式绝热的奥氏体不锈钢管道（刚性管或波纹管）；

② 低温管道内部应经过仔细清洗和干燥处理，去油、脱脂、脱水，不得有允许尺寸以外的固体颗粒物；

③ 管道接头应密封可靠，宜采用真空法兰连接，连接处应做好绝热处理；

④ 液氢的固定管道应具有轴向冷热补偿结构，每隔一定距离设置一套适应轴向伸缩的托架，且应具有可靠的接地措施，每隔一定距离设置接地，法兰连接处应使用法兰跨接线连接；

⑤ 液氢产品输出管道末端应装设专用的液氢过滤器，其过滤精度不低于 $10\mu m$ 级，连续固定使用，并定期清理或更换；

⑥ 管道的氢气过滤器宜采用可切换式；

⑦ 液氢输送管道应地上敷设，管道应避免与道路交叉。

8.4.3　低温阀门的保养管理

液氢系统的故障多数和阀门有关，整个液氢系统里，故障率最高的就是阀门。除了从原理上保证阀门的工作机理可靠之外，还要建立定期保养的管理机制。

① 根据低温阀门所处位置确定阀门的绝热形式。

② 阀门应具有良好的密封性能，在低温状态下开启灵活，一般建议使用波纹管防止外漏。

③ 阀门应具有符合图样或技术文档规定的证明材料。

④ 低温阀门内腔的流道应畅通，结构复杂的低温阀门应设置吹除阀。

⑤ 低温阀门每隔一定周期必须进行全面保养维护，包括运转件检查清理以及密封圈更换等。

8.4.4　液氢储存方面的考虑

液氢装置生产的液氢接收至罐内进行储存，液氢罐的总容量应满足液化装置连续生产的要求，一般储存量不少于液氢装置 7 天的液化量（随着液氢产业的发展，现阶段应考虑足够的容量），同时应考虑到储罐自身的蒸发损失以及转注损失等。

液氢接收罐宜选用球形储罐或者卧式储罐，采用高真空多层绝热的形式。储罐夹层不宜设置波纹管。夹层内的支撑设计应考虑设备自重、介质载荷，并应能承受罐内的膨胀和收缩，还需考虑液氮测试状态的需求。液氢接收罐的间距应符合《氢气站设计规范》（GB 50177—2005）的有关规定。液氢接收罐应设有安全装置及附件，包括夹层真空监测接口、安全阀、爆破膜片、真空夹层安全泄放装置、蒸发气体排放装置、液位计、压力表、温度传感器、液氢过滤装置等。

8.4.5　氢气排放的要求

液氢生产系统的氢气排放管设置要求如下：

① 液氢生产系统的放空阀、安全阀和置换系统均应设排放管；

② 液氢生产系统根据工艺要求应设置置换及放空管路；

③ 吹除、置换和再生等工艺排放管路宜设置单向阀；

④ 禁止高压排放管和低压排放管共用排放总管；

⑤ 氢液化装置出口处的低温氢气排放管外壁应设保温层，以防人员冻伤，且低温氢气排放管路应具有足够的长度，以确保排空口处氢气温度高于空气液化温度；

⑥ 分析设备后端放空管路应独立设置，采样管路在进入分析设备前安装放空管，并设置切断阀门；

⑦ 不得随意排放液氢和氢气，氢应通过专门设计的固定排放管向高空排放。

氢排放管的设计和操作要求如下：

① 氢气排放管应采用不产生铁锈的金属材料（不得使用塑料管或橡皮管），且金属材料内不得含有氧化剂、焊渣；

② 排放管应垂直设置，管口应设阻火器以及防空气倒流、雨雪侵入、凝结体和外来物堵塞的装置，并采取有效的静电消除措施；

③ 排放管口处应安装氢气火焰探测器，并与消防管路联锁；

④ 室外排放管应高于附近有人员作业的最高设备 2m 以上，高度应不低于 20m，室内排放管高出屋顶 2m，且应高出相邻建筑物 2m 以上；

⑤ 储存场所设有氢气排空管，室外氢气排空管与避雷针的水平距离不小于 10m，高度上低于避雷装置 5m；

⑥ 氢气排放速度应不超过 150m/s；

⑦ 雷雨天气禁止排放氢气；

⑧ 液氢生产系统运行过程中一旦发现氢气或液氢品质不符合规定要求应立刻停止液化，视情况对氢气排空或回收；

⑨ 液氢生产系统停车后储存容器应定时排空、置换以保证氢的品质；

⑩ 大量液氢和氢气的处理宜采取燃烧法，使用专门设计的排氢管路系统、引燃装置，排放管中应设单向阀、阻火器等安全装置，其出口应有水封装置，燃烧处理应在严密监控下进行，保持适当的水封高度。

8.4.6 辅助设施

8.4.6.1 仪表用气源

仪表用气源一般采用洁净、干燥的压缩空气（氮气）。仪表用气在工作压力下的露点，应比工作环境温度或历史上当地年（季）极端最低温度至少低 10℃。当供气管网对多套装置（如制氢装置、氢液化装置、氢气管网等）的仪表供气时，宜采用环形管网供气。

8.4.6.2 吹扫置换用氮气供应

液氢生产系统的氮气主要作为系统的置换气、正压防爆用气、消防用气、气动仪表调试检修用气、仪表吹扫用气等。液氢生产系统应设置高压氮气储存装置，氮气的纯度应不低于 99.99%，纯度及杂质的检测应符合《纯氮、高纯氮和超纯氮》（GB/T 8979—2008）的有关规定。

8.4.6.3 氦气供应

液氢生产若采用氦循环制冷工艺方式，应配置氦气的储存及输送管路系统。氦气一般采用外购气瓶组的供应方式，氦气的纯度应不低于 99.999%，纯度及杂质应符合《纯氦、高纯氦和超纯氦》（GB/T 4844—2011）的有关规定。液氢生产系统应设置专门的氦气纯化装置，对氦气进一步纯化。宜设有在线分析氦气中氧、氮、水等含量的分析仪器。

8.4.6.4　检测分析系统

应按液氢生产工艺要求选择检测点，一般为氢液化装置入口、氢气低温吸附器出口、氢液化装置出口等位置。

① 氢液化装置入口，应对氢气中的氧、水和总碳含量进行在线分析。氢气质量应符合表 8-2 的要求。

表8-2　氢液化装置入口氢气技术指标

项目名称	指标值	项目名称	指标值
氢含量	≥99.995%	一氧化碳含量	$\leq 1 \times 10^{-6}$
氧含量	$\leq 1 \times 10^{-6}$	二氧化碳含量	$\leq 1 \times 10^{-6}$
水含量	$\leq 1 \times 10^{-6}$	碳氢化合物含量	$\leq 2 \times 10^{-6}$

注：含量均为体积分数。

② 氢气液化低温吸附器出口，应对氢气中的氮、氧、水和总碳含量进行在线分析。

③ 氢液化装置出口，应对液氢中的仲氢、氧、氮、水和总碳含量进行分析，仲氢含量根据液氢客户需求而定，为保证液氢的长期储存，仲氢含量一般应 >95%。

④ 如果采用氦气制冷循环，则装置中宜采用在线分析仪检测氦气露点以及杂质含量，氦气中杂质总含量（体积分数）应小于 0.001%。氢气及液氢中杂质的分析应按照《氢气 第 2 部分：纯氢、高纯氢和超纯氢》（GB/T 3634.2—2011）的有关规定执行；氦气中杂质氧、氮、水含量的分析应符合《纯氦、高纯氦和超纯氦》的有关规定。

8.4.6.5　测量仪表与自动控制系统

测量仪表与自动控制系统的设置应根据液氢生产工艺要求和相应产品技术状况、经济性来确定。控制系统设计应具有技术先进、经济实用、可互换、易于维护、可集中操作等特点。有爆炸、火灾危险隐患的场所，其控制系统的设置应符合《爆炸危险环境电力装置设计规范》（GB 50058—2014）的有关规定。

液氢生产系统采用的仪表应为经国家授权部门认可、取得制造许可证的合格产品，并经过有资质的第三方检测机构计量合格。在液氢生产系统中，仪表品种规格宜协调统一。生产过程中关键参数的测量应设置现场仪表和远传仪表两种形式，远传仪表宜采用 4～20mA 的电流信号或开关信号。爆炸和火灾危险场所的仪表应根据仪表安装场所的爆炸危险类别和范围以及爆炸混合物的级别、组别进行选型，应符合《爆炸危险环境电力装置设计规范》的有关规定。温度仪表的刻度单位应采用摄氏度（℃）或开尔文（K）。压力仪表的单位一般应使用 MPa 或 Pa。液氢、液氮储罐的液位连续测量宜采用差压式液位计，远传显示宜换算成标准体积或质量。冷箱入口氢气的流量宜采用质量流量计进行测量。

液氢生产系统的控制选用集散控制系统（DCS）、工业微机或可编程序控制器系统（PLC）等数字控制系统，控制系统的硬件、软件配置应与生产规模和控制要求相适应。控制系统及其有关设备应是集成的、标准化的，应按照易与其他控制设备形成一个整体、易于扩展的原则选型。控制系统和可编程序控制器系统的供电应配备不间断电源，备用电源持续工作时间应不小于正常停车所需的最短时间，液氢生产系统所设的自动控制系统，需要时可按无人值守要求配置，氢气等检测报警系统应为独立的仪表系统。

生产过程工艺参数的检测、控制应包括下列内容：

① 液氢生产工艺全过程的运行参数检测；

② 用于进行核算或调度的重要参数，应设置累计功能；

③ 可能用于对事故、故障原因进行分析的主要参数，应设置记录功能；

④ 重要阀门、压缩机、泵、储罐等设备的运行状态、参数检测；

⑤ 循环水系统、液氮储存系统等辅助系统的运行参数检测；

⑥ 环境参数检测。

8.4.6.6 电气设施

位于爆炸危险环境中的电气装置和线路设置，应按照《爆炸危险环境电力装置设计规范》以及《爆炸性环境 第 4 部分：由本质安全型"i"保护的设备》（GB/T 3836.4—2021）、《爆炸性环境 第 14 部分：场所分类 爆炸性气体环境》（GB 3836.14—2014）的规定执行。液氢生产系统处于爆炸危险环境内的电气设施防爆等级应划分为 1 区或 2 区。

8.4.6.7 供电

液氢生产系统的供电，按《供配电系统设计规范》（GB 50052—2009）规定的负荷分级，宜为二级负荷。供电主接线应简单可靠、运行安全、操作灵活、维修方便。供电电压等级与供电回路应按照生产规模、性质和用电量，并结合地区电网的供电条件确定。液氢生产系统最小供电规模宜采用 10kV 供电。液氢生产系统的配电设备宜靠近负荷中心，并应集中控制，配电室、控制室不应与有腐蚀性和容易积水的场所毗邻。

8.4.6.8 电气设备及线路

有爆炸危险房间的照明应采用防爆灯具，宜采用荧光灯等高效光源。灯具不得安装在氢气释放源的正上方。液氢生产系统区域内应设置应急照明。

在有爆炸危险环境内的电缆及导线敷设，应符合《氢气站设计规范》的有关规定。敷设导线或电缆用的保护钢管，应在导线或电缆引向电气设备接头部件前及相邻的环境之间做隔离密封。

8.4.6.9 防火和防漏

对潜在液氢溢出和火灾风险的区域，包括封闭的建筑物，防火防爆措施的设置应根据当地实际条件、危险分析暴露建筑物等综合因素确定。液氢生产系统内应设置连续工作的可燃气体检测系统，设计要求氢气检测系统应在空气中氢气限度高于 0.4% 时发出声光警报。液氢生产区内应设置火焰探测器。液氢生产系统应设置消防水系统并设有消防设施，应按《建筑设计防火规范》（GB 50016—2014）的要求计算最大预期火灾的设计用水量和压力，并加上 50% 的余量确保消防供水能力。气体灭火的手提或推车式灭火器应设置在氢液化装置和液氢储罐的管路侧附近。驶进液氢生产系统的汽车应安装阻火器，应至少配备 1 台手提干粉灭火器，其容量不能少于 5L。应在可能存在大量氢气与液氢排放的区域配备氮气消防系统。

参 考 文 献

[1] GJB 71A—2019. 液体火箭发动机用液氢规范 [S].

[2] GJB 5405—2005. 液氢安全应用准则 [S].

［3］　GJB 2645A—2019. 液氢包装贮存运输要求［S］.

［4］　GB 21148—2020. 足部防护　安全鞋［S］.

［5］　GB 12014—2019. 防护服装　防静电服［S］.

［6］　GB 50016—2014. 建筑设计防火规范：2018 年版［S］.

［7］　GB 50052—2009. 供配电系统设计规范［S］.

［8］　GB 50058—2014. 爆炸危险环境电力装置设计规范［S］.

［9］　GB 50177—2005. 氢气站设计规范［S］.

［10］　GB/T 3634—2006. 氢气［S］.

［11］　GB/T 3836.4—2021. 爆炸性环境　第 4 部分：由本质安全型"i"保护的设备［S］.

［12］　GB/T 4844—2011. 纯氦、高纯氦和超纯氦［S］.

［13］　GB/T 8979—2008. 纯氮、高纯氮和超纯氮［S］.

［14］　GB/T 40061—2021. 液氢生产系统技术规范［S］.

［15］　GB/T 40060—2021. 液氢贮存和运输技术要求［S］.

第9章
浆氢技术与应用

9.1 浆氢概述

9.1.1 浆氢和胶氢

液氢是比冲最高的火箭推进剂燃料之一。比冲也叫比推力，是发动机推力与每秒消耗推进剂质量的比值，比冲越高，相同条件下推进剂能够产生的速度增量也越大。液氢作为推进剂的缺点也很明显，即密度低且比较容易汽化。火箭飞行时与大气摩擦产生热量使推进剂贮箱中的液氢大量汽化，由此产生的气氢必须被排除，不仅减少了燃料的可利用量，同时复杂的排气装置亦给控制程序带来了困难。改进的途径有以下两条。

① 将液氢进一步冷冻降温，获得液氢和固氢的混合物，即浆氢（slush hydrogen），也有人将其称作氢浆或泥氢，可以提高密度。

② 在液氢中加入凝胶剂使其成为凝胶状液氢，即胶氢（gelling liquid hydrogen）。在一定的压力下，胶氢像液氢一样呈流动状态，同时又具有较高的密度。

在火箭推进剂应用领域，甲烷就是很好的胶凝剂，氢气与甲烷混合比例不同，会使胶氢的密度有很大变化，如表 9-1 所示。

表9-1 胶氢 H_2/CH_4 混合比及密度

CH_4 装填量（质量分数）/%	推进剂混合比	密度/(kg/m³)
0.0	6.0	70.00
5.0	4.2	73.17
10.0	4.2	76.63
15.0	4.2	80.44
20.0	4.3	84.65
25.0	4.3	89.33
30.0	4.3	94.55
35.0	4.2	100.41
40.0	4.3	107.06
45.0	4.2	114.65
50.0	4.2	123.39
55.0	4.1	133.58
60.0	4.1	145.60
65.0	4.0	160.00
70.0	4.0	177.56

和液氢相比，胶氢的优点有如下几方面。

① 液氢凝胶化以后黏度增加 1.5～3.7 倍，降低了泄漏带来的危险。

② 减少蒸发损失。液氢凝胶化以后，蒸发速率仅为液氢的 25%。

③ 减少液面晃动。液氢凝胶化以后，液面晃动减少了 20%～30%，有助于长期储存，并可简化储罐结构。

④ 提高比冲，提高发射能力。

胶氢是氢和凝胶剂的混合物，其应用场景会受到一定限制。而组分是纯氢的浆氢则更具备工程应用意义。

浆氢是固态氢和液态氢混合的低温两相流体，其中直径为毫米级的固态氢颗粒悬浮在液氢之中。与液氢相比，浆氢的密度更高，比热容更小，焓值更低，因此浆氢的利用使氢的储存和运输效率更高。在管道内流动时，外部环境漏入的热量或超导体被淬火而生成的热量先由固体颗粒所吸收作为其熔化热，可以减缓流体温度上升以及从液体到气液两相的相变。

表 9-2 列出了浆氢应用所涉及的主要技术。

表9-2　浆氢应用所涉及的主要技术

应用产业链环节	涉及的技术
生产	喷淋法、冻融法、螺旋推进法（氦制冷法）
储存	磁制冷氢液化、固态颗粒的老化效应
运输	热分层、运输设备、流动特性
传热	数值分析、池沸腾、强制对流
测量	密度测量（γ 射线、电容、微波等）

9.1.2　浆氢的热物理性质

氢有两种不同的分子形式：正氢和仲氢。正氢分子中的两个质子自旋方向相同，而仲氢分子中的两个质子自旋方向相反。

正氢与仲氢的平衡浓度因温度的不同而不同。在标准状态下，仲氢占比约为 25%，而在液氢状态下其占比则可达 99.8%。在氢的沸点处，正氢转变为仲氢所释放的转换热为 703kJ/kg。若仲氢浓度为 25% 的氢气直接液化储存，后续会缓慢发生正仲氢转化，产生的转化热约为 527kJ/kg。而液氢的汽化热只有 446kJ/kg，如果没有对液氢进行彻底的正仲氢转化，则长期储存过程中会产生大量的蒸发损失，储存效率极低。因此，液氢的工业化生产必须采用催化剂来加速正仲氢转化，从而获得仲氢浓度接近 100% 的液氢以便于存储与运输。

仲氢的压力与温度的关系见图 9-1。从图中可以看出氢的气相、液相和固相区域，以及临界点、标准沸点和三相点。

仲氢的温-熵图见图 9-2，图中的曲线是氢在大气压力（0.1MPa）下饱和蒸气与液体的状态曲线。图中标示了氢的标准沸点（饱和液态与饱和气态）、三相点和固相占比 50% 浆氢状态点，以及各状态点之间的焓差。

表 9-3 给出了仲氢在标准沸点和三相点下的热物理学特性，以及浆氢（固相 50%）的特性。可以看出，浆氢的密度比标准沸点下的液氢高 15%，且转变到气态所吸收的热量（焓差）增加了 18%。

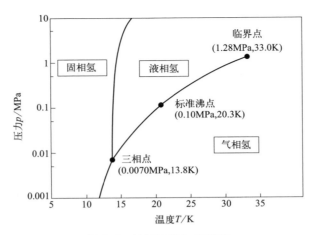

图 9-1　仲氢的压力-温度图

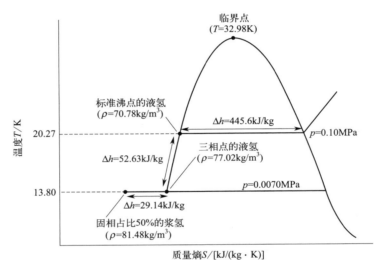

图 9-2　仲氢的温-熵图

表9-3　仲氢的热物理性质

状态参数	标准沸点（0.1MPa,20.3K）		三相点（0.007MPa,13.8K）			浆氢（固相50%）
	气态	液态	气态	液态	固态	
密度 ρ /（kg/m³）	1.338	70.78	0.1256	77.02	86.50	81.49
比焓 h /（kJ/kg）	189.34	-256.26	140.28	-308.89	-367.17	-338.03
比热容 c_p /[kJ/（kg·K）]	12.153	9.688	10.516	6.513	—	—
热导率 k /[mW/（m·K）]	16.3	100	10.4	73	900	—
动力黏度 μ /(mPa·s)	0.0011	0.0133	0.0073	0.026	—	—
相对介电常数 ε	1.004	1.230	1.0004	1.252	1.286	1.269

　　另外一种有代表性的泥浆状低温流体是氮浆，可作为制冷剂应用到高温超导设备之中。在这种应用场景下，氮浆比液氮的密度高 16%，而转变到气态所吸收的热量（焓差）增加了 22%。

　　表 9-4 给出了液氢、浆氢、胶氢、凝胶浆氢的特性比较。

项目	液氢	浆氢（固相 50%）	胶氢	凝胶浆氢（固相 50%）
温度/（K）	20.3	13.8	>20.3	13.8
密度/（kg/m³）	0.07080	0.08154	大于液氢	大于浆氢
蒸气压/（kPa）	101.325	7.093	—	—
汽化热/（kJ/kg）	446.4	530.0	—	—
比焓/（kJ/kg）	−256.36	−338.25	—	—
蒸发率/%	100.0	84.4	50.0~75.0	—
运动黏度/（m²/s）	10.93×10^{-6}	一般比液氢大	比液氢大 2~3 倍	介于浆氢、胶氢之间
状态	液态	半流体	半固态	半固态
均匀性	单相	使用时需搅拌	均匀两相	均匀两相
贮存稳定性	易汽化、常放空	先融化固氢	胶体可能变质	介于浆氢、胶氢之间
输送性能	容易	需要高速输送	较难	介于浆氢、胶氢之间

表9-4　液氢、浆氢、胶氢、凝胶浆氢的特性比较

　　浆氢中固氢颗粒尺寸一般在 0.5~10mm，其中 2mm 左右的颗粒最易生成。新鲜浆氢中，固氢呈现疏松、多孔状。一段时间后，由于浆氢的老化，固氢颗粒形成密度较高的光滑球团，这种固氢颗粒的变化主要发生在前 5h。老化现象是由热量进入浆氢中引起的。

　　新鲜颗粒的沉降速度比老化颗粒慢。老化颗粒形状比较有规则，且沉降速度比较一致。老化颗粒的沉降速度取决于固氢颗粒直径的大小，一般在 20~70mm/s。为保证浆氢成为一种均匀的混合物，使用时需要搅拌。

9.2　浆氢的生产

　　生产浆氢需要先把液氢冷却至三相点，再进一步冷却才能获得固态氢，然后将液氢和固氢混合成浆氢，直至达到一定的固相体积分数。生产低温浆体的关键在于冷却过程的高效性以及获得的固液混合物具有足够的流动性。比较成熟的浆氢生产方法有冻结-融化法、喷淋法、氦冷却法和螺旋推进法，磁制冷生产浆氢则被认为是一种更高效的生产浆氢的新方法。

9.2.1　冻结-融化法生产浆氢

　　冻结-融化法的原理是通过降低气相压力来改变液氢的饱和状态，液氢汽化吸热从而达到冷却的目的。对密闭系统内的液氢进行抽空，使其冷却至三相点温度，继续抽空使液氢表面冻结生成固体层，因此冻结-融化法也称作抽空法。可以将液氢放在绝热良好的杜瓦瓶中，顶部装设搅拌器和抽空管路，可以连续抽空，也可以间歇抽空。控制压力使固体层略微融化并沉入液氢中，再通过搅拌将两者混合。固体层的特性与抽吸速度有关。在较慢的抽吸速度下，形成密集的近乎透明的固体层，这种固体层破碎后的坚固碎片，即使剧烈搅拌，也不能形成均匀混合物。在较快的抽吸速度下，形成多孔、疏松、相连的凝团，这种固体层容易破碎成均匀的固液混合物，但抽速过快时生成相同固相体积分数的浆氢所需抽走的氢气量会增多。多次重复冻结和融化的过程可以制备出浆氢，固相体积分数可以达到 50%~65%。

　　有学者认为没有必要以消耗大量能源为代价生产高质量浆氢，因为一段时间后浆体会开始自然老化，而在生产过程中会浪费大量的氢。可举例说明。真空泵入口条件为 300K 和 6.666kPa 时，每平方米液体抽速为 0.9m³/s。如果将抽吸速度增加 40%，由于氢气将小液滴带到热区，生成固体时抽走的气体量将增多 12%。因此，抽吸速度不能过快，一般是

$0.8\sim1.2m^3/s$。在完全绝热的条件下抽空，大约需抽走 20% 的液氢才能使剩下的液氢全部固化。若生成含 50% 固氢的浆氢，则需要抽走 15.4% 的液氢。其中液氢从正常沸点状态到三相点状态会造成约 10% 的液氢损失，而在浆氢的固相体积分数达到 50% 时将再损失约 6%。采用机械搅拌打碎生成的固体氢，颗粒形状不规则，大小也难以控制。有研究发现，浆氢中固体颗粒的尺寸大小服从对数正态分布规律，颗粒的平均粒径在 $0.5\sim0.7mm$，最大粒径在 $2.5\sim3.5mm$，且浆体的老化主要影响固体颗粒的特性。

冻结-融化法需要通过抽空降低液氢的气相压力，使液氢蒸发获得生成固氢的冷量，因此制备浆氢的杜瓦瓶内始终需要维持真空状态。这种方法生产浆氢存在如下缺点：

① 操作过程中需要严格密封，防止空气漏入系统内造成爆炸危险，大型生产系统的风险尤其高；

② 不适宜连续大批量生产浆氢；

③ 产出的固体氢块状物尺寸较大、密度低，需要用机械破碎，为了使固氢粒子有良好的流动性和充填性能，需要老化 3h 左右；

④ 抽空过程中有产品损失。

9.2.2　喷淋法生产浆氢

喷淋法生产浆氢的原理是利用焦耳-汤姆孙效应（Joule-Thomson effect），通过气体节流膨胀引起温度变化，将过冷的低温液氢通过膨胀阀喷射入压力比其三相点压力更低的真空绝热容器（杜瓦容器）中，经过节流膨胀可得到固体氢颗粒，继而形成固液两相混合物也就是低温浆氢。

通过喷嘴膨胀时，良好的湍流可以防止固体堆积，在提高浆体质量的同时使颗粒分布更均匀。但此方法制备出的浆氢密度较低，且固体颗粒形状并不规则，主要取决于膨胀阀孔的尺寸和系统压力参数。另外当制备过程中储存固氢的杜瓦瓶内压力过低时，容易造成喷嘴的堵塞。因此采用该方法的不确定因素较多，在实际工程中很少使用，仅用于制备科研试验用的少量浆氢。

9.2.3　氦冷却法生产浆氢

冻结-融化法和喷淋法均通过一部分液氢的汽化吸热来使液氢凝固，因此存在液氢的损耗。冷却法则是直接或间接使用低温流体作为制冷剂对液氢进行冷却，过程中可以没有液氢的损失；同时冷却法生产浆氢的系统内压力可保持在大气压以上，在生产过程中不容易漏入空气，降低了爆炸的风险，因此更适合大规模连续生产浆氢。

能够用来冷却液氢的制冷剂只有沸点比氢三相点温度更低的氦，通过液氦和冷氦气来降低液氢的温度，使其发生相变生成固体，然后混合得到浆氢。根据冷却方式的不同，冷却法又分为采用氦直接冷却的氦冷却法和间接冷却的螺旋推进法。

氦冷却法有输送氦气、注入液氦、喷入氦气腔三种途径。使用氦气冷却时，将低温氦气通过供应管输送至杜瓦瓶底部液氢中。在相变传热作用下，沿低温氦气的流动路径将有管状固氢在输送管前端形成，并被输送管前端旋转的叶片打碎成颗粒。一段时间后，停止输送氦气并启动真空泵，此时固氢颗粒的单元结构由管状变为柱状，同时液氢表面生成固体层，再关闭真空泵恢复氦气输送，表面固体层沉入液体且管端生成新的固氢颗粒。重复上述过程，可以获得固相体积分数 55%～75% 的浆氢。合理地设计系统使低温氦气和液氢可以持续供应，就能够实现浆氢的持续生产，因此氦冷却法在实际工程中有广阔的应用前景。

若以注入液氦的方式冷却液氢，在液氦输送管前端形成的固体氢结构为灯泡状，该方法制备出的浆氢中会含有一些大块固体氢。也有人将液氢通过雾化喷管喷入低温的氦气腔中，用低温氦气作为制冷剂，使液氢与其混合后被雾化为均匀的液滴，继而在与低温氦气间的相变传热作用下，生成平均粒径为 0.2mm 的固氢颗粒。

9.2.4　螺旋推进法生产浆氢

螺旋推进法（auger）是通过间接冷却来生产浆氢的方法，采用低温氦作为制冷剂。氦和已经冷却至三相点状态的液氢通过换热器壁面进行热交换，在换热壁面生成固氢，然后用螺旋状推进的刀片将壁面生成的固氢刮去形成颗粒，旋转的螺旋刀片同时起到将固氢和液氢搅拌均匀的作用，形成的浆氢从容器底部连续放出。

图 9-3 为采用螺旋推进法在实验室小规模生产浆氢时的热交换器系统示意图，图中右侧是螺旋搅拌器的横截面图。低温氦气从热交换器的顶端引入，然后从底部向上流出，经过铜翅片管换热器与液氢产生热量传递。在热传递表面另一侧形成的固氢薄层，被螺旋搅拌器刀片粉碎形成固体颗粒。

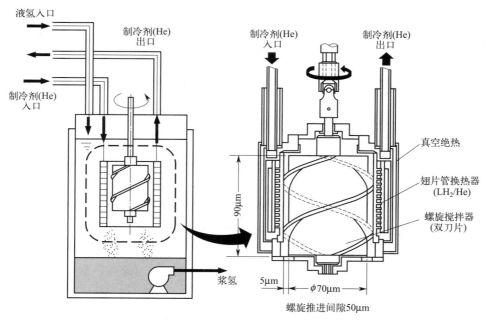

图 9-3　螺旋推进法生产浆氢的热交换器系统与螺旋搅拌器截面图

图 9-4 展示了不同螺旋搅拌器转速下的固氢生产速度及提供的制冷量。当螺旋搅拌器转速在 30～80r/min 的范围内，固氢生产速度随着转速增加而增加，而颗粒尺寸会随之变小。当双刀片螺旋搅拌器转速为 80r/min 时，达到 0.062g/s 的最大固氢生产速度，相当于 5.5L/h 的浆氢（固氢 50%）生产速度。

热交换器入口处超临界氦气的压力 0.44MPa、温度 11.4K、流量 1.1g/s。所测得的制冷量为 13.0～14.3W。然而，从固氢生产率来估算，实际用于固氢生产的制冷量是 2.5～

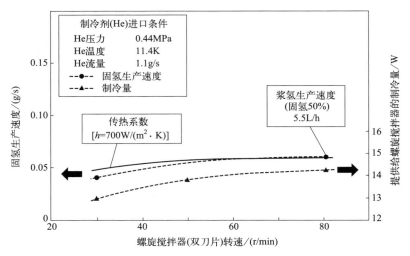

图 9-4　不同螺旋搅拌器转速下的固氢生产速度及提供的制冷量

3.6W，有大约 10W 的制冷量因为漏热而损耗。

固氢生产速度和机器提供的制冷量之所以随着螺旋搅拌器转速的增加而增加，是因为高速旋转刮掉的固氢更多，残留在换热器表面的固氢层更薄。固氢的热导率约为铜换热器表面的 1/1000，当换热器表面固氢层的厚度增加时，换热效率降低。图 9-4 也给出了根据传热模型得到的分析计算结果，氢到翅片换热表面的传热系数 h 约为 $700W/(m^2 \cdot K)$。

为了实现螺旋推进法高效大规模生产浆氢，提高热交换器的性能和提升螺旋搅拌器在低温下的寿命与可靠性是非常必要的。要注意适当扩大换热器底部的浆氢出口，并合理设计螺旋搅拌器的结构。一方面，固氢层生成太快，导致换热壁面固氢层过厚从而影响换热效率；另一方面，被刮落的固氢在搅拌器叶片间形成沉积会使流道变窄、流速下降，最终导致螺旋搅拌器堵塞。同时旋转的螺杆从顶端到底部的温度梯度较大，导热产生的漏热不可忽视。因此需要减小螺杆直径并且加大叶片螺距，以防止流道堵塞。推荐的搅拌器与传热表面的间隙是 $50\mu m$。通过调整螺旋推进器与传热表面的间隙，或者改变螺旋搅拌器的转速，可以控制浆氢中固氢颗粒的尺寸。

有学者比较了用冻结-融化法和螺旋推进法两种方法生产固体分数为 50％ 的浆氢时，每单位制冷量所需消耗的理论功（W/W）。结果发现，在 10K 温度下，采用氦制冷的螺旋推进法的理论功为 29W/W，而冻结-融化法的理论功为 28W/W。此外，利用螺旋搅拌器和换热器的传热模型进行数值分析，可以看出影响浆氢生产效率的因素不仅仅是螺旋搅拌器转速，还有氦制冷剂的温度。在氦制冷剂流量为 25g/s、转速为 60r/min 的情况下生产固体分数为 50％ 的浆氢，预测氦气温度 10K 时的生产速度为 14g/s（620L/h），而在氦气温度 6K 时的浆氢生产速度为 30g/s（1330L/h）。

9.2.5　磁制冷法生产浆氢

上述四种生产浆氢的方法研究较为成熟，同时生产过程能耗较高，限制了浆氢在实际工程中的应用，因此近年来不断有学者提出能耗更低的新方法。Waynert 等人采用磁制冷法，可在 1～2 天内生产出 5000US gal（约 18927L）浆氢（固相质量分数 50％）。磁制冷能够更加理想地实现逆卡诺循环，因此单位制冷效率较高，理论效率可以达到逆卡诺循环的 $30\%\sim60\%$。图 9-5 为磁制冷循环与蒸气压缩式制冷循环的比较。磁制冷循环因其结构紧凑、高效环保的优越性而颇具潜力，在大规模生产浆氢的领域有着广阔的应用前景。

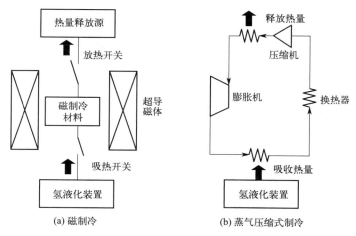

图 9-5　磁制冷循环与蒸气压缩式制冷循环比较

　　磁热效应（magnetocaloric effect，MCE）是一种变化磁场下磁性材料磁矩有序度发生变化而导致的热现象。在磁性材料被磁化时，磁矩有序度增加，磁熵减小，温度上升，向外界放出热量；退磁时，磁性材料磁矩有序度减少，磁熵增加，温度下降，从外界吸收热量。在氢液化的过程中，绝热去磁可获得最低至 1K 的温度，也可拓展到更高的温度区间。利用外部磁场对顺磁性材料进行反复的磁化和退磁，从而通过磁热效应产生低温。磁制冷由于在理想情况下可以实现逆卡诺循环，因此理论上可以实现更高的液化效率。

　　以卡诺效率（制冷循环效率与逆卡诺循环效率之比）来比较磁制冷和蒸气压缩式制冷。液化能力为 60t/d 的大规模氢液化循环系统，采用蒸气压缩式制冷循环，其卡诺效率大约为 38%；而如果采用磁制冷循环，卡诺效率最高有望达到 50%，远超过蒸气压缩式制冷循环。此外，考虑到磁制冷循环使用固体磁性材料，其熵密度比氢气大得多，因此磁制冷液化器可以做得结构更紧凑、质量更轻。

　　图 9-6 是液氢容器中气相的氢气通过磁制冷液化时实验结果与理想逆卡诺循环对比。以钆镓石榴石（$Gd_3Ga_5O_{12}$，GGG）作为磁性材料，用超导脉冲磁铁产生磁场，脉冲磁铁的最大磁场 B 为 5T，最大磁化速度为 0.35T/s。采用 GM 制冷机来模拟 25K 的高温热源。

　　效率不能趋近于逆卡诺循环的原因是吸热和放热开关的传热性能不足，以及磁性材料附近未凝结氢气的影响。氢液化实验证明了该方法的高效性，尽管液化的规模很小（3.55g/h，50mL/h），却依然实现了 37% 的卡诺效率。

　　可以通过多级磁制冷机来实现氢气从常温到液化的转变，也有人利用磁制冷机获得 13.8K 以下的低温使液氢凝固来生产浆氢。以磁制冷替代氦制冷剂，结合螺旋推进法可以大规模生产浆氢，比氦冷却法的效率更高。

9.2.6　浆氢生产方法的比较

　　除喷淋法不确定性因素较多而很少应用外，冻结-融化法和氦冷却法各有优劣。冻结-融

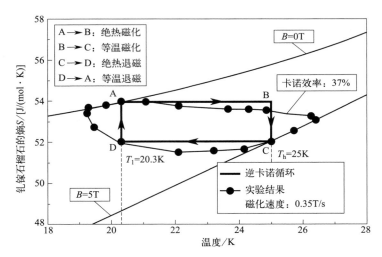

图 9-6   磁制冷理想逆卡诺循环与实验结果比较

化法的系统相对简单且易于实现，已经被广泛应用于实验室级别的浆氢制备中。螺旋推进法的优势在于可以连续生产，并且能耗较小。但其系统存在一些不确定性因素，主要是单位表面积的冻结率及其对固体颗粒大小和形状的影响。若想通过该方法在实际工程中扩大生产，必须进行一些新的实验测试和大量的理论研究。氦冷却法通过调节低温流体的流速等可以得到相对均匀的固体颗粒，主要缺点是制备过程需要消耗大量的氦气。表 9-5 从颗粒直径、颗粒结构、固氢最高含量方面比较了常见浆氢制备方法。

表9-5   浆氢制备方法的产品特性比较

制备方法	颗粒直径/mm	颗粒结构	最高固相分数/%
冻结-融化法	0.5~0.7	透明针片状	65~85
喷淋法	0.3~0.6	毛虫状/雪花状,乳白结晶质地	—
螺旋推进法	0.1~0.4	透明薄板壳状	65~95
氦冷却法	0.2~0.5	输入液氦：透明灯泡状，含大块固体;输入氦气：透明柱状	55~70

与冻结-融化法相比，氦冷却法具有如下优点。

① 该系统是在环境压力或更高的压力下操作，所以即使浆氢在冻结温度下的压力只有700Pa，也不存在漏入空气的危险。

② 适于大型连续操作生产。

③ 浆氢中固氢粒子的密度和质量分数得到提高。

④ 避免了生产过程中的液氢损失。

几种浆氢生产方法的能耗比较见表 9-6。

表9-6   几种浆氢生产方法的能耗比较

生产方法	能耗	
	/(W/W)	/(kW·h/kg)
液氦冷却法（只使用汽化热）	334.0	2.70
液氦冷却法（氦气升温至 10K）	12.4	1.00
卡诺冷冻机（在 6K 下操作）	49.0	0.40

生产方法	能耗	
	/(W/W)	/(kW·h/kg)
卡诺冷冻机（在 10K 下操作）	29.0	0.23
卡诺冷冻机（在 13.8K 下操作）	21.0	0.17
冻结-融化法	28.0	0.23

9.2.7　浆氢生产装置

美国是最早实现浆氢产业化的国家，主要用于航天火箭发射推进剂及相关试验研究。美国有两个主要的浆氢生产装置。一个是位于玛尔汀·玛瑞塔公司设在科罗拉多州丹佛市航天试验区的生产装置，通过管路与麦克唐纳·道格拉斯公司相连。另一个浆氢生产装置位于美国航空航天局格伦研究中心设在俄亥俄州圣达斯基的勃拉姆·布洛克试验站。

这两个浆氢生产装置都采用典型的冻结-融化法，并使用螺旋推进法来改进工艺。每个批次可生产 227kg 浆氢（固相 50%），包括老化时间在内，每个循环大约 20h。

美国航空航天局格伦研究中心浆氢生产设备每秒可以冷却 0.9kg 液氢，热交换器能力为 63.3kJ/s。液氢入口温度 43K，压力 274Pa，出口温度 27K。浆氢试验装置由下列几部分组成：

① 直径 7.6m 的真空舱；

② 控制间；

③ 低温液体贮存区；

④ 气体贮存区；

⑤ 长 11m 宽 2.6m 的浆氢生产设备；

⑥ 两个 59.1m³ 可移动液氢容器；

⑦ 可移动 400kVA、7200V/480V 变压器，可以提供 480V、208V 三相电。

美国洛克希德公司圣克卢斯试验基地有一套采用冻结-融化法生产和储运浆氢的试验装置，装置系统中的主要设备有以下几种。

① 有效容积 0.25m³ 的高真空多层绝热容器，用于制造浆氢。

② 两台机械真空泵：一台 Stokes 412H-11 型真空泵，抽速为 7.93m³/min；一台 Busch Buss M651 型真空泵，抽速为 7.08m³/min，真空度为 66.66Pa。

③ 增压气体换热器：为减少浆氢的融化，使用一台液氮换热器，冷却增压用的氮气。

④ 浆氢制造杜瓦瓶放空气体换热器。

⑤ 1.89m³ 的液氢容器，用于储存从实验设备返回的液氢。

⑥ 3.04m³ 的浆氢储存容器。

⑦ 49.2m³ 的液氢容器，用于提供系统吹扫所需的氢气以及制造浆氢时所需的液氢。

⑧ 56.6m³ 的液氮容器，用于提供增压氮气和冷却用液氮。

⑨ 高压球形氮气瓶组，单瓶容积 1.1m³，最高工作压力为 8.33MPa。

该试验基地曾经用冻结-融化法分批生产了 143 批次的浆氢，每批 0.132m³，总产量 18.9m³。

9.3 浆氢的测量

通过测量流体的温度、压力和体积流量，可以很容易地确定液氢等单相流体的密度或质量流量。然而，浆氢的密度随固相质量分数的变化而变化，浆氢的固相体积分数对其流动换热特性有较大影响，因此确定浆氢中固液两相的组分对浆氢研究极为重要。通过测量浆氢的密度，再结合温度、气相分压等参数，可以得出浆氢的固相分数。低温环境在一定程度上提高了浆氢的测量难度。

9.3.1 浆氢的密度测量

测量浆氢密度的方法有以下几种。

（1）β 辐射衰减法

β 粒子通过浆氢时，有一些被吸收，有一些透过浆氢，透过浆氢的 β 粒子被检测器吸收。每个 β 粒子在检测器中都产生一个微小的电脉冲，将这些电脉冲放大、辨别和计量，并由此间接测定出浆氢的密度。

（2）γ 辐射衰减法

γ 辐射衰减法的原理与 β 辐射衰减法相同，只不过是用 γ 射线代替 β 射线。

（3）电容法

对于几何形状固定的电容器，电容取决于电极间介电常数。根据浆氢的介电常数就可以测得其密度。

电容法测量浆氢密度具有结构简单、易于安装、动态响应快、安全可靠等优点，被广泛应用于各种两相流测量中。电容法的原理是探测电容器间流体密度变化引起的其相对介电常数的变化，从而转换为电容量的变化，通过密度计测出即可。但电容测量法的缺点也比较明显，主要是寄生电容大、抗干扰能力弱。在测量低温浆体的密度时，前端探测电极与电容测量仪之间的引线较长，使得线路的寄生电容很大，降低了密度测量的灵敏度和测量精度。因此，在采用电容法测量浆体密度时，要从电容器结构和线路屏蔽保护两方面提升电容式密度计的性能。

其他测量浆氢密度的方法还有声速法、微波法等。

美国国家标准局在测量浆氢密度方面进行了大量研究。20 世纪 90 年代，美国贝尔航天系统公司和洛克威尔国际公司成功研制用于航空航天飞机（空天飞机）的浆氢密度计。这种密度计的原理基于电容法，测量精度为±0.5%。

表 9-7 比较了几种浆氢密度的测量方法。

表9-7　浆氢密度测量方法的比较

测量方法	优点	缺点	测量误差/%	性能比较
β 辐射衰减法	检测器简单	电学仪器复杂，检测器易破裂	±1	可能作为标准
γ 辐射衰减法	无检测器	有放射性危险，不能任意换用	±0.5	容器更换后须重新标定
电容法	装置简单	存在取样问题	±0.5	密度测量标准
微波法	测量范围大	有假反射干扰	±0.5	可能作为标准

9.3.2 浆氢的液位测量

测量浆氢的液位可以采用电容液位计或超导传感器。

（1）电容液位计

用于低温液体的电容液位计也可以测量浆氢液位。液位计由四个同心环组成，环间距为1cm。这种液位计结构简单，容易复制，使用时无危险。

（2）超导传感器

美国国家标准局研制的超导铌锡传感器，是一根张紧并直立于浆氢中的超导丝。由于氢的三相点（13.81K）低于铌锡的转变温度（18.05K），浆氢传热速率高于氢气的传热速率，所以气相中超导丝只需通过很小的电流，就可被加热至转变温度以上；而浆氢中超导丝仍保持超导状态，不呈现电阻。因此可以根据金属丝电阻的变化来测量液位。用三种传感器进行的试验表明，在正常状态下具有高电阻率超导丝的传感器灵敏度最高。使用50mA电流操作时，能测出0.2mm的液位变化。

9.3.3 浆氢的流量测量

美国国家标准局创造了一些浆氢流量测量方法，有以下几种：

① 微波辐射多普勒频移法；

② 热敏元件法；

③ 激光束跟踪法；

④ 正氢分子磁性定位跟踪法；

⑤ 振动晶体法。

上述方法中，前两种方法应用前景最广。

9.4 浆氢的储运

9.4.1 浆氢的储存

浆氢的储存与液氢的储存相比，在容器和管路的材料、结构、真空绝热、监测报警装置等方面基本完全相同。浆氢主要需额外考虑两个问题：漏热和浆氢质量的提升。

值得注意的是，浆氢比液氢更容易受到漏热的影响。这是因为浆氢的温度比液氢的温度更低，需要在绝热更好的条件下储存，即便如此，仍会有蒸发损失。因此，很多浆氢容器会考虑主动绝热的方式，即通过制冷机耗能来维持储存容器的低温，可以将浆氢和液氢的无损储存周期从几个月延长到几年。漏热量较大的浆氢容器，一旦热流进入其中，10min后液面温度就可达到20.3K，进而使液氢不断汽化，这时要对容器放空减压，势必又会引入热流造成恶性循环。在漏热的影响下，浆氢中疏松多孔的固体颗粒逐渐变成密度较大的光滑球团，即开始老化。

另外一个问题是浆氢质量的提升。为了更好地应用于火箭推进剂致密化的实际工程，需要将浆氢的固相体积分数提高到60%以上。为了提高浆氢的固体含量，在系统内循环利用低固相体积分数（50%左右）的浆氢进行制备，直到体积分数达60%。美国洛克希德公司圣克卢斯试验基地的浆氢生产和储运系统中设有一个液氮换热器，就是用来增压气体，减缓浆氢的融化。

实际上浆体在储存一段时间后，开始老化的同时也会逐渐产生分层，固体含量较高的浆氢逐渐沉降至下层，上层是三相点状态的液氢，下层是固氢含量较高的浆氢。热分层的剖面情况取决于初始的浆体质量和固体颗粒的老化程度。通常浆氢中固体颗粒的沉降速度在$20\sim50$mm/s，老化颗粒则更快。

漏热量小的容器中，浆氢可以长期储存，液氢液面温度也不会达到液氢的沸点。对于漏热量较大的容器，当浆氢液面温度达到20.3K时，液氢不断汽化，此时要求容器连续放空泄压。而这一放空的过程又会引起浆氢液面上的对流换热。这样反复循环，会引起容器内压力剧烈波动，不利于浆氢的储存和输送。因此要求浆氢储运的管道漏热量越小越好。

浆氢经管道输送或存放一段时间后，部分固氢融化，减少了浆氢中固氢含量。有学者提出浆氢加浓的概念，即用30目的筛网过滤掉上层三相点液氢而保留固氢颗粒含量较高的浆氢。通过这种浆氢加浓的方法，新鲜浆氢的固相体积分数可提升至53%，而老化浆氢的固相体积分数可提升至63%。

9.4.2　浆氢的输送

浆氢与液氢一样可以采用液氢泵来进行输送。三相点液氢和浆氢的气蚀特性无明显差异，即使浆氢固氢含量高达55%也不会影响泵的性能。因此浆氢对泵不会产生额外的磨损，可以采用与液氢相同的泵来输送。在浆氢的输送系统中，热声效应导致的漏热更为普遍。当管内气体在低温段因为接触过冷液体或浆体而迅速冷却时，管内压力大幅降低，使得低温流体进入一个温度更高的环境中，而一旦温度升高，液体蒸发使得压力骤升，又会推动流体回流，这一过程的反复就是热声振荡产生的原因。因此在输送浆氢时必须对传输管道进行预冷，以避免浆体回流引起的较大振荡和漏热。在输送浆氢的过程中，也可以采用氦冷却法来有效地提高其固相体积分数。

在直径为16.6mm的管路中，当浆氢流速为0.5m/s时，流体内开始出现固氢的浓度梯度；当浆氢流速低至0.15m/s时，固氢沉降形成固体床且固体床以0.09m/s的速度移动。因此，在设计应用于实际工程的输送管道时，需合理设计直径以保证适当的流体速度。通常可以把浆氢输送率、输送距离、管道进口的温度与压力、周围环境的温度与压力以及浆氢储罐的容量等参数作为已知条件，再根据允许的能量损失和流动的制约条件，求出浆氢输送管道的最佳直径。

气相的低压对浆氢输送产生的影响有别于对液氢输送的影响。浆氢的状态一般在低压的三相点（$p=0.007042$MPa，$T=13.80$K），低于环境大气压力，因此带来了输送过程的安全隐患。低压使空气容易漏入系统凝固成颗粒物，而液氢和固态氧颗粒混合后，极易引发爆炸。氢是非导电体，在输送管道中流动易产生静电，若其中有过多的气体杂质，且杂质在低温条件下以固体形式存在，更易因摩擦和扰动产生静电积聚而发生爆炸。因此浆氢和液氢中气体杂质的总体含量要低于5μL/L。

另外，系统的低压会使浆氢储罐渐渐产生变形。通过输入氦气可以维持储罐内压力高于大气压，这种实现增压控制的方法虽然简单直接，但需要消耗大量氦气，成本较高。若采用保压运输的方式，需要定时检测储罐压力，保证其不得超过0.15MPa，及时泄压且应选择周围空旷及安全的地点排放，控制排放速率并要求出口温度高于90K。

低流速时，老化 1h 的浆氢在内径 16.6mm 管路中输送，压力损失为三相点液氢的两倍。高流速时，若固氢含量接近 35%，压力损失小于三相点液氢。老化 10h 的浆氢流动损失比老化 1h 的浆氢流动损失大 4%～10%。在内径 16.6mm 管路中测量了浆氢的临界速度。当浆氢流速为 0.5m/s 时，出现了固氢的浓度梯度；当浆氢流速为 0.15m/s 时，固氢沉降，形成固体床，固体床以 0.09m/s 的速度移动。因此认为，浆氢在内径 16.6mm 管路中的临界速度为 0.5m/s。

为比较液氢和浆氢的抽吸特性，用土星ⅣB 火箭的离心式液氢泵抽吸浆氢，使用时做了一些修改，增加一台氢气透平传动装置。泵的转速变化范围为 6000～19000r/min。流速为 350g/min，压升为 179.34kPa。浆氢中固氢含量变化范围为 19%～55%，平均为 33%。在四种转速（8000r/min、11000r/min、14000r/min 和 19000r/min）下进行试验，还在 11000r/min 和 14000r/min 的条件下测定了浆氢和三相点液氢的气蚀特性。试验结果表明，即使浆氢中固氢含量高达 55%，也不会影响泵的性能。三相点液氢和浆氢的气蚀特性无明显差异，浆氢对泵不会产生额外的磨损。用冻结-融化法制备的浆氢，不论是新鲜的还是老化的，都可以用通常的液氢泵输送。

在用管道输送浆氢时，必须考虑由管道流动阻力产生的压降，以及阀门、汇流-分流管、孔口等处的流量限制。长距离输送管道还经常利用波纹管来补偿低温收缩（奥氏体不锈钢的收缩率约在 0.3%，即每 1m 长度收缩 3mm）。因此输送浆氢会比输送同样液氢的压降更大，需要更大功率的液氢泵。如果将浆氢用作超导电力传输的制冷剂，由于超导体淬火会产生热量，因此不仅要考虑传热过程中浆氢的压力损失，还要考虑浆氢输送过程中的强制对流换热。

9.5　浆氢的应用

浆氢是一种低温固液两相流体，液态氢中含有直径为几毫米的固体氢颗粒。浆氢的优点是减少液氢的汽化，因为固体颗粒的熔化吸收了储存过程中漏入的热量。当浆氢储存在大气压以下时，需要有密闭措施，以防止空气或其他污染物渗透到储罐中。

与标准状态下的液态氢（20.3K）相比，固体分数为 50% 的浆氢（13.8K）密度增加 15%，制冷剂热容量（焓差）增加 18%。利用固体颗粒较高的密度和熔化热，浆氢体现了作为功能性热流体的优越特性，将在氢的运输和储存方面得到应用。

9.5.1　浆氢在火箭推进剂中的应用

对浆氢的研究最早始于美国，早在 20 世纪 60 年代美国就开始了对浆氢的热物理特性研究。

在 20 世纪 60 年代初，美国联合碳化物公司林德分公司、美国国家标准局等就开始研究浆氢。

在 1963 年的低温工程会议上，卡尼作了关于浆氢生产和处理的报告，指出由于浆氢在密度和热容量方面优于液氢，用作火箭推进剂有相当大的意义。与液氢相比，使用浆氢能节省 18.5%（质量分数）的氢。

1970 年，美国国家标准局辛达在低温学杂志上发表《浆氢特性研究概述》一文，主要内容包括：浆氢的制备、固体粒子性、输送与抽吸特性、浆氢密度计、处理特性、尚需研究的特性等。1972 年辛达又发表了《浆氢的混合和传热特性》一文。

早在阿波罗计划初期（1965 年），美国航空航天局马歇尔航天中心就曾考虑在土星 Ⅴ 火箭四级上使用过冷液氢，因为飞船在轨飞行期间将近蒸发 1361kg 液氢。如果将液氢冷却 10℃ 就可以消除放空，增加 544kg 有效载荷，只是由于当时技术尚不成熟而取消了这个方案。

美国航空航天局原计划在 1975 年载人航天中采用地球-轨道运载火箭（earth-orbital launch vehicle）。这种火箭由三个土星 Ⅳc 级组成，要求推进剂的贮存时间达 30 天之久。分析结果表明：土星 Ⅳc 在飞行中如果用浆氢（固相 50%）代替液氢，氢的放空损失可以从 8500kg 降至 850kg，载人飞船的有效载荷增加 5829kg，即增加 7.12%。

洛克希德公司曾耗资几百万美元在圣克卢斯试验基地建立了低温火箭飞行模拟装置，用于研究先进的低温推进剂，探索浆氢用于宇宙火箭的前景，还在这里研究了浆氢生产、贮存和输送特性等。

1974 年，美国芝加哥科学应用公司的尼霍夫和弗里德兰德在《未来星际火箭先进推进剂性能比较》一文中，设想把浆氢作为核火箭工质。20 世纪 80 年代，美国计划将浆氢用作国家空天飞机（National Aerospace Plane，NASPX-30）高速推进系统燃料。NASPX-30 如果用浆氢代替液氢作燃料，起飞重量将减少 30%。

90 年代美国考虑将浆氢用于单级入轨飞行器（如 X33）和重复使用运载器。美国航空航天局路易斯研究中心于 1996 年用 RL10B-2 发动机进行两次对比点火试验，分别采用液氢与液氧、浆氢与液氧双组元推进剂。低温推进剂的致密化使发动机性能和燃烧效率得到提高，减小了贮箱尺寸，使飞行器质量更小、性能更强，因此近年来得到大力发展。这种推进系统可用于空间发动机、组合循环发动机、探测火箭、小型冲压喷气火箭、巡航导弹、导弹拦截器等多种结构。

90 年代，美国同时考虑将浆氢用于单级入轨（SSTO）运载火箭（例如 X33）和可重复使用运载火箭（RLV）。这个时期，美国将浆氢之类可以提高密度的新型推进剂称为致密化推进剂（densified propellant）。据估算，可重复使用运载火箭如果使用致密化推进剂代替液氢/液氧，可以将火箭起飞重量降低 15%～32%（一说 17%）。由于火箭起飞重量大为降低，原定采用 7 台主发动机，现在可以减少到 6 台。减少一台主发动机，还可以相应减少液氧/液氢供应管路、相关部件（阀门、循环管路、仪器等）和剩余液体。

推进剂致密化不仅可以减轻运载火箭起飞重量，而且可以降低成本。对于可重复使用运载火箭，可以节省 11% 的发射成本。实际上，对降低发射成本而言，推进剂致密化所做的贡献要比所有其他降低发射成本的措施（采用铝-锂合金贮箱、复合结构、先进的主发动机）大 1 个数量级。

1996 年 10 月 4 日，在美国航空航天局路易斯研究中心 Plum Brook 实验站卫星推进研究设备（B2）上用普拉特·惠特尼公司 RL10B-2 型发动机进行致密化推进剂两次热点火试验。试验工作由美国航空航天局、麦克唐纳·道格拉斯公司和普拉特·惠特尼公司合作完成。B2 设备可以进行从全尺寸上面级发动机到 87kN 推力发动机的高空模拟试验。真空舱内安装了 1 个 0.95m³ 液氢贮箱、1 个 0.15m³ 液氧贮箱、推进剂供应管路、1 台 RL10B-2 发动机。B2 试车台外有 1 个 53m³ 液氢杜瓦瓶和 1 个 45.42m³ 液氧杜瓦瓶，用于向舱内推进剂贮箱补充推进剂。第一次点火试验采用普通的液氢/液氧，第二次采用致密化推进剂。

欧洲航天局于 1994 年制定了欧洲未来空间运输研究计划（FESTIP），对与重复使用运载器有关的技术进行研究，其中就包括浆氢。

9.5.2　浆氢在超导储能电力系统中的应用

高温超导技术的发展和应用状况令人鼓舞。在美国纽约州奥尔巴尼市，一种超导电力传输系统于 2008 年成功引入，采用以液氮为制冷剂的铋基高温超导材料，成为第一个连接到实际应用电网的系统。在日本三重县龟山市的一家工厂，使用液氢作为制冷剂的商业超导储能（SMES）系统于 2003 年被引入，以保护液晶面板生产线免受电压突然下降的影响。为了氢能系统的实际开发，其他与高温超导技术密切相关的验证试验和产品也正在欧洲、北美和亚洲进行。在我国，科技部 2021 年"高端功能与智能材料"重点研发计划中，"高性能高温超导材料及磁储能应用"项目也把浆氢（液氢）作为超导设备的制冷剂。

在超导材料 MgB_2（二硼化镁）的开发应用中，该材料的超导转变温度为 39K，可以采用浆氢或液氢作为高温超导设备所需的制冷剂。随着燃料电池使用的急剧增长、信息技术相关方面电力需求的扩大以及减少温室气体排放的需要，有人提出了一种使用浆氢的能源系统，如图 9-7 所示。在以浆氢的形式通过长输管道输送氢气时，浆氢也可以作为高温超导材料 MgB_2 实现超导电力传输的制冷剂，包括在管道终端采用 MgB_2 的超导储能装置中以浆氢或液氢作为制冷剂。氢燃料和电力可以同时高效地运输和储存，从而产生协同效应。图 9-7 中所包含的浆氢生产、储存和运输技术构成了浆氢能源系统的基础。

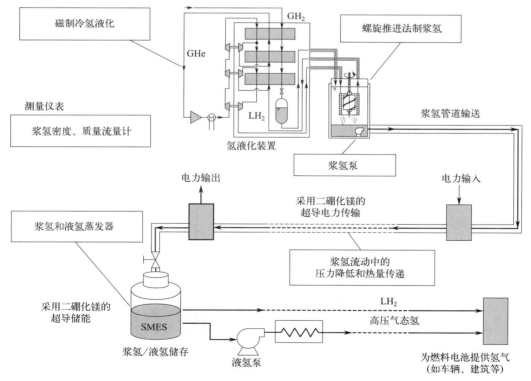

图 9-7　使用浆氢的能源系统

9.5.3　浆氢在燃料电池交通工具中的应用

随着可再生能源与氢能技术的发展，交通工具电气化的道路越走越远。在纯电动交通工具难以企及的领域，氢燃料电池乘用车、重卡、列车、轮船、飞机等大功率、长续驶里程的交通工具逐渐从示范走向推广。欧洲、北美和亚洲正在努力实现氢能社会，包括燃料电池汽车加氢站基础设施网络的全面普及。

燃料电池乘用车燃料罐将携带 70MPa 的高压氢气，而重卡、列车、轮船和飞机将采用液氢燃料。液氢储氢型加氢站既可以为上述交通工具加注液氢燃料，也可以通过液氢泵增压实现 35MPa 和 70MPa 高压加注，比气体压缩机的效率更高、能耗更低。

2019 年 NASA 资助了"低温高效飞机电气技术中心（CHEETA）"探索开发不产生温室气体排放的全电动客机的可能性。该项目由伊利诺伊大学领衔，探索液态氢燃料电池作为环保能源的潜力。CHEETA 项目平台使用低温液态氢通过燃料电池转化为电能驱动超高效推进系统。整体采用碳纤维增强复合材料的液氢燃料罐具有超过 60% 的质量储氢密度（质量分数），运行液氢系统所需的低温可以允许同时使用高效超导能量传输技术和高功率电动机系统，具有很高的功率密度和效率。

然而，在加氢站直接用液氢来加注燃料罐不可避免地会产生液氢的大量汽化损失，同时带来加注阻力增加、液氢泵气蚀、燃料罐压力升高过快等一系列问题。采用浆氢储存和加注氢燃料则可以很好地解决这些问题，在提升加注效率的同时提高系统的安全性。

2020 年戴姆勒卡车推出的梅赛德斯-奔驰 GenH$_2$ 氢燃料电池重卡，采用两个液氢燃料罐，可携带 80kg 液氢燃料，实现超过 1000km 的续驶里程（图 9-8）。为实现快速高效的燃料加注，戴姆勒卡车与林德公司合作开发过冷液氢加注的创新工艺，具有存储密度更高、加注更为便捷等优势。两家公司已经合作开发出原型车和浆氢生产加注试验系统，并计划在德国的加氢站实现商业化加注。这一技术将来也会推广至列车和飞机的液氢燃料加注，获得更高的燃料储存密度和加注效率。

图 9-8　给 GenH$_2$ 氢燃料电池重卡加注液氢

参 考 文 献

［1］　Bryan Palaszewski. Gelled Liquid Hydrogen：A White Paper ［M］. Cleveland：NASA Lewis Research Center，1997.

［2］　禹天福，吴志坚. 美国浆氢的研究与应用 ［J］. 低温工程，2004（4）：11 -17.

［3］　Park Y M. Literature research on the production，loading，flow，and heat transfer of slush hydrogen ［J］. International Journal of Hydrogen Energy，2010，35（23）：12993-13003.

［4］　江芋叶，张鹏. 浆氢与浆氮技术研究现状 ［J］. 低温与超导，2007（3）：205-214 .

［5］　McCarty R D. Hydrogen technological survey-thermo physical properties：NASA SP-3089 ［R］. Scientific and Technical Infor mation Office，National Aeronautics and Space Administration，1975.

［6］　Ohira K. Slush hydrogen production，storage，and transportation ［M］//Compendium of Hydrogen Energy，Volume2：Hydrogen Storage，Distribution and Infrasture. Cambridge：Woodhead Publishing，2016：15-42.

［7］　Carney R R. Slush hydrogen production and handling as a fuel for space projects ［J］. Advances in Cryogenic Engineering，1964，9：529-536.

［8］　Ohira K. Study of production technology for slush hydrogen ［C］//AIP Conference Proceedings. American Institute of Physics. 2004，710（1）：56-63.

［9］　Niendorf L R，Noichl O J. Research of production techniques for obtaining over 50% solid in slush hydrogen ［R］. Union Carbide Corp Tonawandany Linde Div，1965.

［10］　Chain D. Use of "slush hydrogen" for the propulsion of spacecraft ［Z］. MASA TT F-12，928. 1970.

［11］　Daney D E，Mann D B. Quality determination of liquid-solid hydrogen mixtures ［J］. Cryogenics，1967，7（5）：280-285.

［12］　Mann D B，Ludtke C F. Slush hydrogen fluid characterization and instrumentation analysis ［R］. NBS Report 9265，1966.

［13］　Brunnhofer K，Paragina A S，Scheerer M，et al. Slush hydrogen and slush nitrogen production and characterization ［C］//42nd AIAA / ASME / SAE / ASEE Joint Pro- pulsion Conference & Exhibit，Sacramento：AIAA/ASME/SAE/ASEE，2006.

［14］　Fujiwara H，Yatabe M，Tamura H，et al. Experiment on slush hydrogen production with the auger method ［J］. International Journal of Hydrogen Energy，1998，23（5）：333-338.

［15］　Sindt C F，Ludtke P R，Daney D E. Slush hydrogen fluid characterization and instrumentation ［R］. The Supt. of Docs.，US Government，1969.

［16］　Ewart R O，Dergance R H. Cryogenic propellant densification study：NASA CR-159438 ［R］. Washington，D. C.：NASA Head quarters，1978：66-74.

［17］　Park Y. A critical review of thermo-fluid characteristics of slush hydrogen as a propellant ［C］//Korean Energy Engineering Association，Fall Meeting，2008：342-348.

［18］　Gürsu S，Sheriff S A，Vezirocglu T N，et al. Review of slush hydrogen production and utilization technologies ［J］. International Journal of Hydrogen Energy，1994，19（6）：491-496.

［19］　Waynert L A，Barclay J A，Claybaker C，et al. Production of slush hydrogen using magnetic refrigeration ［Z］. Cryogenic Proc Equip，1989：9-13.

［20］　Ohira K. Slush hydrogen production，storage，and transportation ［M］//Compendium of Hydrogen Energy，Volume 2：Hydrogen Storage，Distribution and Infrasture. Cambridge：Woodhead Publishing，2016：53-90.

［21］　Sindt C F，Ludtke P R. Heat transfer and mixing of slush hydrogen ［R］. Washington，D. C.：NASA Headquarters，1973：73-344.

［22］　江芋叶，张鹏. 浆氮电容式密度计及液位计的实验研究 ［J］. 低温与超导，2010，38（5）：19-23.

附录
氢的基本热物理性质

附表 1   氢的基本性质[1]

密度	0. 0837kg/m³（气态） 70. 85kg/m³（液态）	分子量	2. 02
膨胀比	1：848（液态） 1：251（35MPa） 1：502（70MPa）	沸点	−252. 88℃
熔点	−259. 16℃	扩散系数	0. 756cm²/s
三相点[2]	−259. 35℃,0. 007MPa	临界点[3]	−240. 21℃，1. 296MPa
比容[4]	11. 9m³/kg	比热容	C_p=14. 29J/(g·K) C_v=10. 16J/(g·K)
燃烧热	低热值 1. 12×10⁸ J/kg 高热值 1. 42×10⁸ J/kg	最小点火能	0. 02mJ（空气中） 0. 007mJ（氧气中）
体积能量密度（低热值）	10050kJ/m³	质量能量密度（低热值）	119643kJ/kg
燃烧范围 （百分数表示氢气 在混合物中体积占比）	4. 0%~75% （氢气-空气混合物） 4. 0%~95% （氢气-氧气混合物）	爆炸范围 （百分数表示氢气 在混合物中体积占比）	18. 3%~59% （氢气-空气混合物） 15. 0%~90% （氢气-氧气混合物）
闪点	−253. 15℃	自燃温度	585℃

注：① 标准氢，即室温下的氢，其正氢与仲氢之比为 3：1。由于室温的范围较广，主要有三个定义，即（20±2）℃、（23±2）℃、（25±2）℃，所以这里仅取101325Pa以及20℃环境下的氢作为标准氢。表格中的气态氢未经注明，均指标准氢。

② 可使一种物质三相（气相、液相、固相）共存的温度和压强的数值。

③ 物体由一种状态转变成另一种状态的条件，这里指氢从气态变为液态对应的最高温度，以及该条件下的最小压力。

④ 单位质量的物质所占有的容积称为比容。

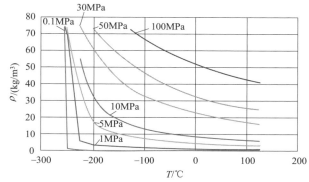

附图 1   氢的密度随温度与压力变化图（参见文前彩插）

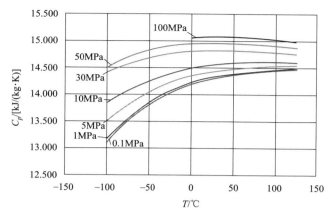

附图 2　氢的定压比热容随温度与压力变化图（参见文前彩插）

附表 2　标准氢的热物性参数

温度 T/ K	压力 p/ MPa	密度 ρ / (kg/m³)	比焓 h/ (kJ/kg)	比熵 s/ [kJ/ (kg · K)]	定容比热容 C_v/ [kJ/ (kg · K)]	定压比热容 C_p/ [kJ/ (kg · K)]	声速 v/ (m/s)
13. 950	0. 007759	76. 897	218. 13	14. 082	5. 491	7. 775	1362
		0. 13723	667. 36	46. 224	6. 530	10. 90	304
14. 000	0. 007974	76. 858	218. 57	14. 109	5. 431	7. 713	1360
		0. 14058	667. 83	46. 147	6. 514	10. 89	305
15. 000	0. 013339	76. 022	22633	14. 610	4. 815	7. 151	1318
		0. 22111	676. 93	44. 697	6. 384	10. 86	316
16. 000	0. 021134	75. 122	233. 45	15. 075	4. 787	7. 295	1272
		033144	685. 55	43. 411	6. 398	11. 00	325
17. 000	0. 031999	74. 181	240. 89	15. 530	4. 960	7. 720	1226
		0. 47756	693. 70	42. 260	6. 437	11. 19	333
18. 000	0. 046631	73. 203	248.98	15. 984	5. 188	8. 260	1185
		0. 66591	701. 30	41. 220	6. 479	11. 43	341
19. 000	0. 065772	72. 183	257. 79	16. 441	5. 414	8. 854	1147
		0. 90348	708. 29	40. 270	6. 523	11. 71	347
20. 000	0. 090200	71. 107	267. 28	16. 904	5. 617	9. 485	1111
		1. 1979	714. 59	39. 393	6. 570	12. 04	353
21. 000	0. 12072	69. 963	277. 44	17. 374	5. 792	10. 15	1075
		1. 5578	720. 11	38. 576	6. 622	12. 46	359
22. 000	0. 15816	68. 735	288. 28	17. 852	5. 942	10. 88	1039
		1. 9929	724. 76	37. 806	6. 680	12. 96	363
23. 000	0. 20336	67. 412	299. 88	18. 340	6. 069	11. 68	1001
		2. 5147	728. 42	37. 074	6. 744	13. 58	367
24. 000	0. 25717	65. 982	312. 33	18. 840	6. 180	12. 58	960
		3. 1369	730. 99	36. 369	6. 817	14. 35	371
25. 000	0. 32045	64. 434	325. 76	19. 351	6. 278	13. 65	918
		3. 8766	732. 30	35. 683	6. 898	15. 34	373
26. 000	0. 39404	62. 753	340. 30	19. 877	6. 371	14. 94	872
		4. 7556	732. 17	35. 007	6. 992	16. 63	375
27. 000	0. 47879	60. 915	356. 13	20. 421	6. 463	16. 56	824
		5. 8030	730. 36	34. 330	7. 100	18. 36	377

温度 T/ K	压力 p/ MPa	密度 ρ/ (kg/m³)	比焓 h/ (kJ/kg)	比熵 s/ [kJ/(kg·K)]	定容比热容 C_v/ [kJ/(kg·K)]	定压比热容 C_p/ [kJ/(kg·K)]	声速 v/ (m/s)
28.000	0.57555	58.875	373.47	20.989	6.562	18.72	772
	7.0595	726.52	33.642	7.226	20.79	378
29.000	0.68516	56.546	392.73	21.596	6.679	21.85	715
	8.5862	720.17	32.925	7.375	24.41	378
30.000	0.80844	53.761	414.74	22267	6.834	27.13	650
	10.482	710.51	32.157	7.555	3032	378
31.000	0.94620	50.165	441.43	23.059	7.069	38.73	573
	12.928	696.15	31.298	7.774	41.37	378
32.000	1.0992	44.894	477.91	24.112	7.485	84.77	482
	16.307	674.36	30.271	8.042	67.41	378
33.000	1.2684	34.380	547.52	26.097	8.308	1139	394
	21.437	640.52	28.951	8.311	144	381
33.190	1.3152	30.110	577.17	26.962			

注：当表中出现两组数据时，上面为液氢数据，下面为气态氢数据。

附表 3 氢在不同压力下的热物性参数

温度 T/ K	密度 ρ/ (kg/m³)	内能 u/ (kJ/kg)	比焓 h/ (kJ/kg)	比熵 s/ [kJ/(kg·K)]	定容比热容 C_v/ [kJ/(kg·K)]	定压比热容 C_p/ [kJ/(kg·K)]	声速 v/ (m/s)
0.1MPa							
20.000	71.119	265.95	267.36	16.902	5.617	9.481	1111
20.345	70.721	269.23	270.71	17.065	5.680	9.711	1098
20.345	1.3142	640.50	716.59	39.105	6.587	12.18	355
30.000	0.83604	705.64	825.25	43.492	6.235	10.80	447
40.000	0.61575	769.35	931.75	46.558	6.202	10.55	521
50.000	0.48896	832.30	1036.8	48.902	6.215	10.48	585
60.000	0.40598	895.23	1141.5	50.812	6.268	10.48	640
70.000	0.34728	958.83	1246.8	52434	6384	10.57	690
80.000	0.30351	1023.8	1353.3	53.856	6.566	10.74	734
90.000	0.26959	1090.8	1461.8	55.133	6.802	10.96	773
100.00	0.24251	11604	1572.7	56.302	7.075	11.23	809
110.00	0.22040	1232.7	1686.4	57.385	7.366	11.51	842
120.00	0.20199	1307.9	1803.0	58.400	7.660	11.80	874
130.00	0.18642	1386.1	1922.5	59.356	7.946	12.09	903
140.00	0.17309	1467.0	2044.7	60.261	8.218	12.36	932
150.00	0.16154	1550.5	2169.5	61.123	8.469	12.61	960
160.00	0.15144	1636.4	2296.7	61.943	8.700	12.83	987
170.00	0.14253	1724.5	2426.1	62.728	8.908	13.04	1014
180.00	0.13461	1814.6	2557.5	63.479	9.094	13.23	1040
190.00	0.12752	1906.4	2690.6	64.198	9.261	13.39	1065
200.00	0.12115	1999.8	2825.2	64.889	9.408	13.54	1090
210.00	0.11538	2094.6	2961.3	65.553	9.539	13.67	1115

续表

温度 T/ K	密度 ρ / (kg/m³)	内能 u/ (kJ/kg)	比焓 h / (kJ/kg)	比熵 s/ (kJ/kg)	定容比热容 C_V / [kJ/(kg·K)]	定压比热容 C_p / [kJ/(kg·K)]	声速 v / (m/s)
				0.1MPa			
220.00	0.11013	2190.6	3098.5	66.191	9.654	13.78	1139
230.00	0.10535	2287.6	3236.9	66.806	9.756	13.88	1163
240.00	0.10096	2385.7	3376.2	67.399	9.845	13.97	1186
250.00	0.096921	2484.5	3516.3	67.971	9.923	14.05	1209
260.00	0.093195	2584.1	3657.2	68.523	9.992	14.12	1232
270.00	0.089744	2684.4	3798.6	69.057	10.05	14.18	1254
280.00	0.086540	2785.2	3940.7	69.574	10.10	14.23	1276
290.00	0.083557	2886.4	4083.2	70.074	10.15	14.27	1298
300.00	0.080773	2988.1	4226.2	70.559	10.19	14.31	1319
310.00	0.078168	3090.2	4369.4	71.028	10.22	14.35	1340
320.00	0.075727	3192.5	4513.0	71.484	10.25	14.37	1361
330.00	0.073433	3* *.51	4656.9	71.927	10.27	14.40	1382
340.00	0.071274	3397.9	4801.0	72.357	10.29	14.42	1402
350.00	0.069238	3500.9	4945.2	72.775	10.31	14.43	1422
360.00	0.067316	3604.1	5089.6	73.182	10.32	14.45	1442
370.00	0.065497	3707.3	5234.1	73.578	10.33	14.46	1462
380.00	0.063774	3810.7	5378.7	73.964	10.34	14.46	1481
390.00	0.062140	3914.1	5523.4	74.339	10.35	14.47	1501
400.00	0.060587	4017.6	5668.1	74.706	10.35	14.48	1520
450.00	0.053858	4535.7	6392.5	76.412	10.37	14.50	1611
500.00	0.048474	5054.7	7117.7	77.940	10.39	14.51	1698
				0.2MPa			
20.000	71.255	265.50	268.31	16.879	5.621	9.434	1116
22.931	67.506	296.00	299.06	18.306	6.061	11.62	1003
22.931	2.4759	647.43	728.21	37.123	6.740	13.53	367
30.000	1.7349	698.95	814.23	40.405	6.300	11.42	440
40.000	1.2516	764.87	924.67	43.586	6.217	10.81	519
50.000	0.98612	828.87	1031.7	45.975	6.222	10.63	584
60.000	0.81571	892.46	1137.6	47.907	6.274	10.58	640
70.000	0.69636	956.52	1243.7	49.542	6.389	10.65	690
80.000	0.60787	1021.8	1350.9	50.972	6.570	10.79	734
90.000	0.53953	1089.1	1459.8	52.255	6.806	11.01	774
100.00	0.48512	1158.9	1571.1	53.428	7.079	11.26	810
110.00	0.44074	1231.4	1685.1	54.515	7.370	11.54	843
120.00	0.40384	1306.8	1802.0	55.531	7.663	11.83	875
130.00	0.37267	1385.0	1921.7	56.489	7.950	12.11	904
140.00	0.34599	1466.0	2044.1	57.396	8.221	12.37	933

续表

温度 T/ K	密度 ρ/ (kg/m³)	内能 u/ (kJ/kg)	比焓 h/ (kJ/kg)	比熵 s/ [kJ/(kg·K)]	定容比热容 Cᵥ/ [kJ/(kg·K)]	定压比热容 Cₚ/ [kJ/(kg·K)]	声速 v/ (m/s)
0.2MPa							
150.00	0.32288	1549.6	2169.1	58.258	8.472	12.62	961
160.00	0.30268	1635.6	2296.4	59.080	8.702	12.85	988
170.00	0.28486	1723.8	2425.9	59.865	8.910	13.05	1015
180.00	0.26902	1813.9	2557.3	60.616	9.096	13.24	1041
190.00	0.25486	1905.8	2690.5	61.336	9.263	13.40	1066
200.00	0.24212	1999.2	2825.3	62.027	9.410	13.55	1091
210.00	0.23059	2094.1	2961.4	62.691	9.541	13.67	1116
220.00	0.22011	2190.1	3098.7	63.330	9.656	13.79	1140
230.00	0.21055	2287.2	3237.1	63.945	9.757	13.89	1164
240.00	0.20178	2385.3	3376.5	64.538	9.846	13.98	1187
250.00	0.19371	2484.2	3516.6	65.111	9.924	14.05	1210
260.00	0.18627	2583.8	3657.5	65.663	9.993	14.12	1233
270.00	0.17937	2684.0	3799.0	66.197	10.05	14.18	1255
280.00	0.17297	2784.9	3941.1	66.714	10.10	14.23	1277
290.00	0.16701	2886.2	4083.7	67.214	10.15	14.28	1299
300.00	0.16145	2987.9	4226.6	67.699	10.19	14.32	1320
310.00	0.15624	3089.9	4370.0	68.169	10.22	14.35	1341
320.00	0.15137	3192.3	4513.6	68.625	10.25	14.38	1362
330.00	0.14678	3294.9	4657.5	69.068	10.27	14.40	1383
340.00	0.14247	3397.8	4801.6	69.498	10.29	14.42	1403
350.00	0.13840	3500.8	4945.8	69.916	10.31	14.43	1423
360.00	0.13456	3603.9	5090.2	70.323	10.32	14.45	1443
370.00	0.13093	3707.2	5234.8	70.719	10.33	14.46	1463
380.00	0.12748	3810.6	5379.4	71.104	10.34	14.47	1482
390.00	0.12422	3914.0	5524.1	71.480	10.35	14.47	1501
400.00	0.12112	4017.5	5668.8	71.847	10.35	14.48	1520
450.00	0.10767	4535.7	6393.2	73.553	10.37	14.50	1612
500.00	0.096910	5054.7	7118.5	75.081	10.39	14.52	1699
0.5MPa							
20.000	71.650	264.21	271.19	16.813	5.630	9.301	1131
27.231	60.465	351.76	359.98	20.549	6.485	17.00	812
27.231	6.0722	647.33	729.67	34.173	7.127	18.84	377
30.000	4.9851	674.72	775.02	35.762	6.645	14.73	416
40.000	3.2941	750.68	902.47	39.448	6.272	11.73	510
50.000	2.5287	818.39	1016.1	41.987	6.245	11.11	581
60.000	2.0675	884.09	1125.9	43.989	6.290	10.89	640
70.000	1.7542	949.57	1234.6	45.664	6.403	10.86	691
80.000	1.5258	1015.9	1343.6	47.120	6.584	10.96	736
90.000	1.3514	1084.0	1454.0	48.420	6.819	11.13	776

续表

温度 T/ K	密度 ρ / (kg/m³)	内能 u/ (kJ/kg)	比焓 h/ (kJ/kg)	比熵 s/ [kJ/(kg·K)]	定容比热容 Cᵥ/ [kJ/(kg·K)]	定压比热容 Cₚ/ [kJ/(kg·K)]	声速 v / (m/s)
0.5MPa							
100.00	1.2134	1154.4	1566.5	49.605	7.090	11.36	812
110.00	1.1014	1227.4	1681.4	50.700	7.380	11.62	846
120.00	1.0086	1303.2	1799.0	51.723	7.673	11.90	877
130.00	0.93033	1381.8	1919.3	52.686	7.959	12.16	907
140.00	0.86348	1463.2	2042.2	53.597	8.229	12.42	936
150.00	0.80566	1547.0	2167.6	54.462	8.480	12.66	964
160.00	0.75516	1633.3	2295.4	55.286	8.709	12.88	991
170.00	0.71065	1721.6	2425.2	56.073	8.917	13.08	1018
180.00	0.67113	1812.0	2557.0	56.826	9.103	13.26	1044
190.00	0.63579	1904.0	2690.4	57.548	9.269	13.42	1069
200.00	0.60400	1997.6	2825.4	58.240	9.416	13.57	1094
210.00	0.57525	2092.5	2961.7	53.905	9.546	13.69	1119
220.00	0.54912	2188.7	3099.2	59.545	9.661	13.81	1143
230.00	0.52527	2285.9	3237.8	60.161	9.762	13.90	1166
240.00	0.50341	2384.1	3377.3	60.754	9.851	13.99	1190
250.00	0.48331	2483.1	3517.6	61.327	9.929	14.07	1213
260.00	0.46475	2582.8	3658.6	61.880	9.997	14.13	1235
270.00	0.44757	2683.1	3800.3	62.415	10.06	14.19	1258
280.00	0.43161	2784.0	3942.4	62.932	10.11	14.24	1280
290.00	0.41676	2885.3	4085.1	63.432	10.15	14.29	1301
300.00	0.40289	2987.1	4228.1	63.917	10.19	14.32	1323
310.00	0.38992	3089.2	4371.5	64.388	10.22	14.36	1344
320.00	0.37776	3191.7	4515.2	64.844	10.25	14.38	1365
330.00	0.36634	3294.3	4659.2	65.287	10.28	14.41	1385
340.00	0.35558	3397.2	4803.3	65.717	10.29	14.42	1406
350.00	0.34545	3500.3	4947.7	66.135	10.31	14.44	1426
360.00	0.33587	3603.5	5092.1	66.542	10.32	14.45	1446
370.00	0.32681	3706.8	5236.7	66.939	10.33	14.46	1465
380.00	0.31823	3810.2	5381.4	67.324	10.34	14.47	1485
390.00	0.31009	3913.7	5526.1	67.700	10.35	14.48	1504
400.00	0.30235	4017.2	5670.9	68.067	10.35	14.48	1523
450.00	0.26882	4535.5	6395.5	69.774	10.37	14.50	1614
500.00	0.24199	5054.6	7120.8	71.302	10.39	14.52	1701
1.0MPa							
20.000	72.275	262.23	276.06	16.710	5.639	9.105	1155
30.000	55.275	392.88	410.97	22.027	6.721	23.11	702
31.363	48.522	432.56	453.08	23.398	7.190	47.49	542
31.363	4.016	617.96	689.31	30.951	7.866	48.07	378
40.000	7.2728	723.76	861.26	35.895	6.414	14.08	498

续表

温度 T/ K	密度 ρ / (kg/m³)	内能 u/ (kJ/kg)	比焓 h/ (kJ/kg)	比熵 s/ [kJ/(kg·K)]	定容比热容 C_V/ [kJ/(kg·K)]	定压比热容 C_p/ [kJ/(kg·K)]	声速 v / (m/s)
				1.0MPa			
50.000	5.2821	800.13	989.46	38.764	6.286	12.05	577
60.000	4.2290	869.93	1106.4	40.897	6.317	11.44	640
70.000	3.5511	937.95	1219.5	42.642	6.426	11.24	694
80.000	3.0709	1006.1	1331.7	44.140	6.605	11.23	740
90.000	2.7102	1075.5	1444.5	45.469	6.839	11.34	780
100.00	2.4280	1147.0	1558.8	46.673	7.109	11.53	817
110.00	2.2007	1220.9	1675.3	47.782	7.397	11.76	851
120.00	2.0133	1297.4	1794.1	48.816	7.689	12.01	882
130.00	1.8560	1376.6	1915.4	49.787	7.973	12.26	912
140.00	1.7219	1458.5	2039.2	50.704	8.243	12.50	941
150.00	1.6061	1542.8	2165.4	51.575	8.493	12.73	969
160.00	1.5052	1629.4	2293.8	52.403	8.721	12.94	996
170.00	1.4163	1718.1	2424.2	53.194	8.928	13.14	1023
180.00	1.3375	1808.7	2556.4	53.950	9.113	13.31	1049
190.00	1.2670	1901.0	2690.3	54.673	9.278	13.46	1074
200.00	1.2037	1994.9	2825.6	55.368	9.425	13.60	1099
210.00	1.1464	2090.0	2962.3	56.034	9.555	13.73	1123
220.00	1.0944	2186.4	3100.1	56.676	9.669	13.84	1147
230.00	1.0469	2283.8	3239.0	57.293	9.770	13.93	1171
240.00	1.0034	2382.1	3378.7	57.887	9.858	14.02	1194
250.00	0.96339	2481.2	3519.2	58.461	9.936	14.09	1217
260.00	0.92645	2581.1	3660.5	59.015	10.00	14.15	1240
270.00	0.89226	2681.5	3802.3	59.550	10.06	14.21	1262
280.00	0.86051	2782.5	3944.6	60.068	10.11	14.26	1284
290.00	0.83095	2884.0	4087.4	60.569	10.16	14.30	1306
300.00	0.80336	2985.9	4230.6	61.055	10.20	14.34	1327
310.00	0.77755	3088.1	4374.2	61.525	10.23	14.37	1348
320.00	0.75335	3190.6	4518.0	61.982	10.26	14.39	1369
330.00	0.73061	3293.3	4662.1	62.425	10.28	14.42	1389
340.00	0.70921	3396.3	4806.3	62.856	10.30	14.43	1410
350.00	0.68904	3499.4	4950.7	63.274	10.32	14.45	1430
360.00	0.66997	3602.7	5095.3	63.682	10.33	14.46	1449
370.00	0.65194	3706.1	5239.9	64.078	10.34	14.47	1469
380.00	0.63486	3809.5	5384.7	64.464	10.35	14.48	1488
390.00	0.61865	3913.1	5529.5	64.840	10.35	14.48	1507
400.00	0.60324	4016.7	5674.4	65.207	10.36	14.49	1526
450.00	0.53648	4535.2	6399.2	66.914	10.38	14.50	1618
500.00	0.48303	5054.5	7124.8	68.443	10.40	14.52	1704

温度 T/ K	密度 ρ / (kg/m³)	内能 u/ (kJ/kg)	比焓 h/ (kJ/kg)	比熵 s/ [kJ/ (kg · K)]	定容比热容 C_V / [kJ/ (kg · K)]	定压比热容 C_p / [kJ/ (kg · K)]	声速 v / (m/s)
2.0MPa							
20. 000	73. 419	258. 78	286. 02	16. 521	5. 644	8. 781	1198
30. 000	59. 919	372. 12	405. 50	21. 268	6. 487	16. 48	870
40. 000	19. 239	647. 43	751. 38	31. 013	6. 961	26. 71	486
50. 000	11. 555	760. 31	933. 40	35. 119	6. 389	14. 54	578
60. 000	8. 8244	840. 84	1067. 5	37. 569	6. 367	12. 65	646
70. 000	7. 2575	914. 64	1190. 2	39. 462	6. 468	12. 00	701
80. 000	6. 2070	986. 61	1308. 8	41. 046	6. 644	11. 77	749
90. 000	5. 4424	1058. 8	1426. 3	42. 430	6. 875	11. 75	790
100. 00	4. 8562	1132. 4	1544. 3	43. 673	7. 143	11. 85	827
110. 00	4. 3901	1208. 0	1663. 6	44. 810	7. 430	12. 02	861
120. 00	4. 0094	1286. 0	1784. 8	45. 864	7. 720	12. 22	893
130. 00	3. 6919	1366. 4	1908. 1	46. 851	8. 002	12. 44	923
140. 00	3. 4225	1449. 2	2033. 6	47. 781	8. 269	12. 66	952
150. 00	3. 1909	1534. 4	2161. 2	48. 661	8. 518	12. 86	980
160. 00	2. 9895	1621. 8	2290. 8	49. 498	8. 745	13. 06	1007
170. 00	2. 8125	1711. 1	2422. 3	50. 295	8. 950	13. 24	1033
180. 00	2. 6557	1802. 4	2555. 4	51. 056	9. 134	13. 40	1059
190. 00	2. 5158	1895. 2	2690. 2	51. 784	9. 298	13. 54	1084
200. 00	2. 3901	1989. 5	2826. 3	52. 482	9. 443	13. 67	1109
210. 00	2. 2765	2085. 1	2963. 6	53. 152	9. 572	13. 79	1133
220. 00	2. 1734	2181. 8	3102. 0	53. 796	9. 685	13. 89	1157
230. 00	2. 0794	2279. 6	3241. 4	54. 416	9. 785	13. 98	1181
240. 00	1. 9932	2378. 2	3381. 6	55. 013	9. 873	14. 06	1204
250. 00	1. 9140	2477. 6	3522. 6	55. 588	9. 949	14. 13	1226
260. 00	1. 8408	2577. 7	3664. 2	56. 143	10. 02	14. 19	1249
270. 00	1. 7731	2678. 4	3806. 4	56. 680	10. 08	14. 24	1271
280. 00	1. 7103	2779. 7	3949. 1	57. 199	10. 13	14. 29	1293
290. 00	1. 6517	2881. 4	4092. 2	57. 701	10. 17	14. 33	1314
300. 00	1. 5971	2983. 4	4235. 7	58. 188	10. 21	14. 36	1335
310. 00	1. 5460	3085. 8	4379. 5	58. 659	10. 24	14. 39	1356
320. 00	1. 4981	3188. 5	4523. 5	59. 116	10. 27	14. 42	1377
330. 00	1. 4531	3291. 4	4667. 8	59. 560	10. 29	14. 44	1398
340. 00	1. 4107	3394. 5	4812. 3	59. 992	10. 31	14. 45	1418
350. 00	1. 3707	3497. 8	4956. 9	60. 411	10. 32	14. 47	1438
360. 00	1. 3330	3601. 2	5101. 6	60. 819	10. 34	14. 48	1457
370. 00	1. 2972	3704. 7	5246. 4	61. 215	10. 35	14. 49	1477
380. 00	1. 2634	3808. 2	5391. 3	61. 602	10. 35	14. 49	1496
390. 00	1. 2312	3911. 9	5536. 3	61. 978	10. 36	14. 50	1515
400. 00	1. 2007	4015. 6	5681. 2	62. 345	10. 37	14. 50	1534
450. 00	1. 0683	4534. 5	6406. 6	64. 054	10. 38	14. 51	1625
500. 00	0. 96228	5054. 2	7132. 6	65. 584	10. 40	14. 53	1711

续表

温度 T/ K	密度 ρ/ (kg/m³)	内能 u/ (kJ/kg)	比焓 h/ (kJ/kg)	比熵 s/ [kJ/(kg·K)]	定容比热容 Cᵥ/ [kJ/(kg·K)]	定压比热容 Cₚ/ [kJ/(kg·K)]	声速 v/ (m/s)
				10.0MPa			
30.000	72.487	322.47	460.42	19.135	6.352	10.64	1332
40.000	63.188	422.41	580.67	22.575	6.535	13.38	1171
50.000	52.699	536.22	725.98	25.809	6.567	15.47	1025
60.000	42.884	651.08	884.27	28.694	6.605	15.89	940
70.000	35.312	756.70	1039.9	31.094	6.703	15.16	914
80.000	29.897	852.92	1187.4	33.065	6.873	14.38	918
90.000	25.970	943.43	1328.5	34.727	7.099	13.88	934
100.00	23.016	1031.3	1465.7	36.174	7.360	13.60	955
110.00	20.713	1118.3	1601.1	37.464	7.639	13.49	978
120.00	18.864	1205.6	1735.8	38.636	7.919	13.47	1002
130.00	17.342	1294.0	1870.6	39.715	8.192	13.51	1026
140.00	16.066	1383.6	2006.1	40.719	8.450	13.58	1050
150.00	14.977	1474.7	2142.4	41.659	8.688	13.68	1074
160.00	14.037	1567.2	2279.6	42.545	8.906	13.78	1098
170.00	13.215	1661.1	2417.9	43.383	9.103	13.87	1122
180.00	12.489	1756.4	2557.1	44.179	9.278	13.97	1145
190.00	11.844	1852.8	2697.2	44.936	9.435	14.05	1168
200.00	11.265	1950.4	2838.1	45.659	9.573	14.13	1191
210.00	10.743	2049.0	2979.8	46.350	9.695	14.21	1213
220.00	10.269	2148.4	3122.2	47.013	9.802	14.27	1236
230.00	9.8370	2248.6	3265.2	47.648	9.896	14.33	1257
240.00	9.4413	2349.5	3408.7	48.259	9.979	14.38	1279
250.00	9.0773	2451.0	3552.7	48.847	10.05	14.42	1301
260.00	8.7413	2553.0	3697.0	49.413	10.11	14.46	1322
270.00	8.4301	2655.5	3841.7	49.959	10.17	14.49	1343
280.00	8.1409	2758.4	3986.8	50.486	10.21	14.51	1363
290.00	7.8714	2861.6	4132.0	50.996	10.25	14.54	1384
300.00	7.6196	2965.1	4277.5	51.489	10.29	14.56	1404
310.00	7.3839	3068.8	4423.1	51.967	10.32	14.57	1424
320.00	7.1626	3172.7	4568.9	52.430	10.34	14.58	1443
330.00	6.9545	3276.8	4714.7	52.878	10.36	14.59	1463
340.00	6.7583	3381.0	4860.7	53.314	10.38	14.60	1482
350.00	6.5731	3485.3	5006.6	53.737	10.39	14.60	1501
360.00	6.3980	3589.7	5152.6	54.149	10.40	14.60	1520
370.00	6.2321	3694.1	5298.7	54.549	10.41	14.60	1538
380.00	6.0748	3798.5	5444.7	54.938	10.41	14.60	1557
390.00	5.9253	3903.0	5590.7	55.317	10.42	14.60	1575
400.00	5.7831	4007.4	5736.6	55.687	10.42	14.60	1593

注：当表中出现温度相同的两组数据时，上面为液态氢数据，下面为气态氢数据。